生物质综合利用

主　编　杜　伟　潘　波
副主编　陈　龙　张　鹏　侯巍楹
参　编　岑启宏　田森林　常兆峰
　　　　孙　杰　崔占朋

北　京
冶　金　工　业　出　版　社
2025

内 容 提 要

本书系统阐述了生物质资源的分类、结构特性及其综合利用技术，聚焦生物质在能源转化、材料开发、环境修复等领域的应用潜力，探讨生物质资源化利用的可持续发展路径。书中重点介绍了生物质的多种利用方式，还特别关注生物质高值化利用技术的研究进展，涉及可持续航空燃料、包装材料、医疗用品等新兴领域。本书既涵盖生物质热解、堆肥等传统技术，又纳入生物炭改性、藻类柴油等前沿发展方向，突出先进性与实用性。面向“双碳”需求，强调生物质在碳减排、土壤修复、绿色材料开发中的战略价值。书中附有翔实的数据图表及参考文献，便于读者延伸学习。

本书适合环境工程、生物质能源相关领域的科研人员、工程技术人员和大专院校有关师生阅读，也可供政府有关部门工作人员制定政策时参考。

图书在版编目（CIP）数据

生物质综合利用 / 杜伟，潘波主编 . -- 北京 ：冶金工业出版社，2025. 7. -- ISBN 978-7-5240-0267-3

Ⅰ. TK62

中国国家版本馆 CIP 数据核字第 2025QU5085 号

生物质综合利用

出版发行 冶金工业出版社　　**电　　话** (010)64027926
地　　址 北京市东城区嵩祝院北巷 39 号　　**邮　　编** 100009
网　　址 www. mip1953. com　　**电子信箱** service@ mip1953. com

责任编辑　任咏玉　美术编辑　吕欣童　版式设计　郑小利
责任校对　郑　娟　责任印制　范天娇
三河市双峰印刷装订有限公司印刷
2025 年 7 月第 1 版，2025 年 7 月第 1 次印刷
710mm×1000mm　1/16；14 印张；273 千字；214 页
定价 84. 00 元

投稿电话　(010)64027932　投稿信箱　tougao@cnmip. com. cn
营销中心电话　(010)64044283
冶金工业出版社天猫旗舰店　yjgycbs. tmall. com
（本书如有印装质量问题，本社营销中心负责退换）

前　言

生物质资源作为一种可再生的能源形式，近年来在全球范围内受到广泛关注。随着全球能源需求的不断增加和化石能源的日益枯竭，开发和利用生物质资源不仅是应对能源危机的重要手段，也是实现碳达峰、碳中和目标的重要途径之一。本书旨在全面系统地介绍生物质资源的相关理论、技术与应用，分析生物质的开发利用现状，并探讨其在不同领域中的潜在应用价值，特别是在推动绿色低碳发展、实现可持续发展的过程中，生物质资源的多元化利用所带来的经济与社会效益。

本书的编写旨在通过详细的理论阐述和技术总结，为读者提供一个关于生物质资源的全面解读。书中涵盖生物质资源的分类、组成、开发现状及利用技术，重点关注生物质在能源、化学品、建筑材料、医疗材料等领域的高值化应用。通过对生物质资源开发与利用的深入探讨，旨在为学术研究人员、工程技术人员以及政策制定者提供有价值的参考，推动生物质资源的合理利用和技术创新，促进绿色能源技术的进步，进而为实现“双碳”目标作出贡献。此外，本书还旨在帮助广大读者深入理解生物质资源的潜力，认识到其在现代社会中的重要性，激发更多的科研人员和企业在生物质领域进行创新与探索。本书力求为学术界与产业界提供一个相互连接的桥梁，促进两者的协同发展。

本书内容分为6章，具体如下：第1章对生物质资源进行概述，包括生物质的定义、分类、特点及其全球资源分布情况。介绍我国及国外生物质资源的开发与利用现状，并结合生物质的综合利用技术，分析其在“双碳”目标下的重要战略意义。第2章重点介绍林业生物质、农业生物质、畜禽粪便及工业废弃物等不同类型生物质的资源量、利用现状及处理技术。通过对各类生物质资源的来源、储量、特性等进行分析，为后续章节中生物质资源利用的具体方法奠定基础。第 3 章系统介绍生物质的多种利用途径，包括直接燃烧、气体燃料、液体燃料、化学品及其他生物质产品的应用。尤其深入探讨了生物质发电、沼气、氢气等新能源的技术和市场发展趋势，以及生物柴油、藻类柴油等液体燃料的最新研究进展。第 4 章介绍生物炭近年来如何作为一种重要的生物质衍生产品，在土壤改良、水质净化及环境修复等领域得到广泛应用。本章详细介绍了生物炭的制备工艺、理化性质、应用领域及改性技术，分析了其在可持续农业和环保领域的潜力。第 5 章探讨了生物质堆肥的基本原理、工艺及应用，重点介绍了不同堆肥方法及其对土壤改良的影响。分析了堆肥过程中的影响因素，如原料、添加剂和环境条件等，并提供了堆肥腐熟度评价指标。第 6 章专注于生物质高值化利用技术，包括可持续航空燃料、建筑材料、化妆品、能源储存、包装材料等方面的研究进展。重点介绍了生物基材料在各行业中的应用，探讨了当前面临的挑战与未来的发展方向。

本书的最大特色在于其系统性与实践性。书中的内容既涵盖了生物质资源的基础理论，也深入探讨了生物质的应用技术，特别是在能源、环境保护和高值化利用方面的创新性应用。通过对最新研究成果的总结和实践案例的分析，本书为读者提供了生物质资源开发利用的全景视野。此外，本书特别关注生物质资源的高值化利用。随着技术进步和市场需求的变化，生物质资源的应用已不再局限于传统的能源利用，越来越多的高附加值产品正在成为研究和应用的热点。通过对生物质衍生产品的多维度解析，本书为生物质资源的高效利用提供了新的思路和方向。

本书由杜伟（昆明理工大学）、潘波（昆明理工大学）担任主编，陈龙（华东师范大学）、张鹏（昆明理工大学）、侯巍楹（昆明理工大学）担任副主编。本书的编写得到了昆明理工大学环境科学与工程学院、华东师范大学地理科学学院的多位专家学者的大力支持，正是有了大家的帮助和支持，才使得本书的编写工作得以顺利进行。同时，感谢所有指导本书编写的导师和学术前辈，他们的严谨学术态度和无私帮助为编者提供了很多启发和帮助。特别要感谢彭雪莲、姜肃、孙杰、崔占朋、李泽坤等研究生在本书撰写过程中在资料收集、数据整理等方面提供的大力帮助。

希望本书能够为广大读者提供有价值的参考，助力生物质资源的合理开发与利用，推动可持续发展事业的进步。

编　者

2025 年 3 月

于昆明理工大学

目　　录

1 生物质资源与利用现状概况

能源是人类文明进步的源动力。从古代人类燃烧木材取暖，到工业革命依赖煤炭资源，再到石油、天然气的开采利用，能源与人类社会发展密不可分。13世纪以来，煤炭、石油、天然气等能源相继开发和利用，极大地推动了人类社会的发展，但过度依赖化石能源使得人类面临着能源短缺、环境污染、经济危机等问题。“能源危机”问题开始引发世界各国的思考，“可持续发展”和“可再生能源”也逐渐成为时代发展的趋势。生物质能源作为仅次于煤炭、石油、天然气的第四大能源，是一种可再生能源，具有碳替代和碳循环发展的潜力，以及环境友好、分布广泛、总量丰富、应用潜力大等优点，是可持续发展的出路之一。在“双碳”目标的历史机遇下，生物质能源产业迎来黄金发展期。作为共建人类命运共同体的重要一员，中国提出要力争于2030年前实现碳排放峰值，争取在2060年前实现碳中和，充分彰显负责任大国的担当。生物质能源作为推动“双碳”目标实现的关键力量，其产业化进程势必得以进一步加速。在科技和政策“双轮驱动”下，生物质能源必将发挥巨大的作用，推动中国乃至全球的绿色低碳发展。

1.1 生物质概述

生物质（biomass）最初用来表示生物现存量，后续逐渐发展成为“作为能源的生物资源”，囊括范围也逐渐扩大。国际能源机构（International Energy Agency，IEA）将其定义为通过光合作用而形成的各种有机体，包括所有的动植物和微生物。而生物质能源则是太阳能以化学能形式储存在生物质中的能量形式，是仅次于煤炭、石油、天然气之后的第四大能源，在整个能源系统中占有重要的地位。生物质能源直接或间接地来自植物的光合作用，是太阳能的一种表现形式。因此，生物质是一切直接或间接通过光合作用形成的有机物质，包括所有的动物、植物、微生物及生物体产生的代谢物和排泄物。由此可见，生物质资源储量丰富，种类繁多。如果能高效利用生物质资源，有望满足人类生活需要，解决能源危机。

1.1.1 生物质的分类

对生物质进行分类，不仅可以反映各行业各场景生物质利用现状，预估生物质利用潜力，还是研究生物圈农林生态物质循环的基础，对改进生物质处理和利用技术有重要意义。不同标准对应的生物质分类不同。例如，从生物学角度可将生物质分为植物性生物质和非植物性生物质。植物性生物质指植物体以及利用植物体过程中产生的植物废弃物；非植物性生物质指的是动物、微生物及其代谢物和排泄物，以及利用动物、微生物等的过程中产生的废弃物。从生物质能否被大规模利用可将生物质分为传统生物质和现代生物质。传统生物质主要包括薪柴、秸秆、稻草、粪便等，而现代生物质多指可进行规模化利用的生物质，如大规模种植的能源作物、城市有机垃圾、城市固体废物、食品工业的加工残渣、林业废弃物等。

由于生物质的种类繁多且分类方式各异。本书从能源利用的角度将生物质分为以下几类。

1.1.1.1 林业生物质

我国林业生物质资源丰富，拥有种类繁多的能源树种、尚未充分利用的能源林以及大量林业生产剩余物，并拥有大量的可用于发展林业生物质能的荒山荒地、沙化土地和盐碱地等。而以木质素为主的生物质材料是人类生存、发展过程中利用的主要能源，也是许多发展中国家的重要能源，还是生物质气化转化的主要原料。现有的林木资源中可作为能源利用的主要是木质资源、木本油料和淀粉植物，且资源储量非常可观，因此林业生物质能源发展前景非常广阔。

通过工业化途径，这些林木生物质材料可转化为多种能源和生物基产品，诸如生物柴油、燃料乙醇、固体成型燃料、气体燃料、直接燃烧发电和生物塑料等。林业生物质能源的开发利用将在确保国家能源安全、改善生态环境方面扮演日益重要的角色，成为我国能源发展战略转型和解决能源与环境问题的关键。

目前，我国在全球能源消耗和碳排放量上都位居前列。发展林业生物质这一可再生资源，不仅能有效解决碳排放问题，还是降低温室气体排放和提升资源利用效率的关键途径。由于我国林业生物质资源的丰富存量以及其可再生性，该资源在环保科技和清洁技术领域具备巨大的开发潜力。

1.1.1.2 农业生物质

农业生物质资源是指农业生产过程中产生的各种有机物质，包括农作物秸秆、农产品加工废弃物等。这些资源具有广泛的用途。

农作物秸秆是常见的农业生物质资源，是成熟农作物茎叶（穗）部分的总称。通常指小麦、水稻、玉米、薯类、油菜、棉花、甘蔗和其他农作物（通常为粗粮）在收获籽实后的剩余部分。农作物光合作用的产物有一半以上存在于秸秆中，秸秆是一种具有多用途的可再生能源。传统上，秸秆主要被用作饲料、烧柴和垫圈等用途。然而，随着农业技术的不断发展，大量秸秆现在被用于还田，以实现增产增收和水土保持的目标。除了还田，部分秸秆还被用于生物质气化、沼气发酵、建材行业等领域。这种综合利用方式为秸秆开辟了新的应用途径，促进了资源的高效利用和可持续发展。

1.1.1.3 畜禽粪便

畜禽粪便是一种富含氮元素的生物质材料，包括猪粪、牛粪、羊粪、鸡粪、鸭粪等，可以作为有机肥加工的重要原料。畜禽粪污有机肥不仅肥效长，能为农作物提供营养，还可改良土质，有效改善土壤的理化性状和生物活性，防止土壤板结和酸化。然而，畜禽粪污有机肥料行业与其他肥料行业一样，具有一定的季节性、地域性，其发展极度依赖农业和总体经济的发展水平。尽管如此，将畜禽粪便的资源化利用作为推动农业绿色发展、实现可再生能源综合利用的重要途径仍然具有重要意义。

畜牧业发展为我国提供了大量的高蛋白食品，丰富的食品满足了人们的生活需要，这一产业已经成为了农业的支柱产业，最近10年，畜牧业保持着持续稳定的发展趋势。但是随着畜牧业的快速发展，也产生了大量的副产品如畜禽粪便。大量的畜禽粪便不合理地排放，造成了农业面源污染，严重污染了土壤和水源。现如今，处理畜禽粪便使其变废为宝、畜禽粪便循环和生态利用成为当前养殖业和大环境可持续健康发展的重大问题。将畜禽粪便的资源化利用作为推动农业绿色发展、实现可再生能源综合利用的重要途径仍然具有重要意义。

1.1.1.4 工业废弃物

一般工业固体废物是工业生产过程中排入环境的各种废渣、粉尘及其他废物(赤泥、盐泥、食品工业残渣、粉煤灰等)。由于这些废弃物不能在其原产企业内部直接被再次利用，它们往往被遗弃或排放到环境中。特别地，这些废弃物中可能含有有害成分，若未经妥善处理，可能对环境和公共健康构成风险。通过回收、再循环或再加工，这些废弃物可以转变为有用的资源，这一转化过程称为工业废弃物的资源化。这不仅降低了资源浪费和环境压力，也为企业创造了额外的价值。尽管工业废弃物的产量日益增加，但只是有限的几种工业废弃物得到利用，剩余的大部分一般工业固体废物仍以消极堆存为主。其中可作为生物质资源进行综合利用的比重相对较少，处理成本较高，现如今利用较多的是制糖工业和食品工业的生物质废料。

1.1.1.5 固体废弃物

固体废弃物定义为在生产、生活及其他活动中产生的、失去原有使用价值或尚未失去使用价值但被废弃的固态、半固态物质，以及存放于容器中的气态物质。根据规定，固体废弃物分为工业固体废物、生活垃圾、建筑垃圾、农业固体废物、危险废物。其中，城市生活垃圾中富含有机物质，如食物残渣、园林绿化废弃物、纸张、木材、棉织物等。这类生物质资源的回收和利用对于能源的持续供应和环境的可持续性具有重要意义。

城市生活垃圾是指在城市日常生活中或者为城市日常生活提供服务的活动中产生的固体废物以及法律、行政法规规定视为城市生活垃圾的固体废物，主要包括居民生活垃圾、商业垃圾、集贸市场垃圾、街道垃圾、公共场所垃圾，机关、学校、厂矿等单位的垃圾（工业废渣及特种垃圾等危险固体废物除外）。城市生活垃圾的成分复杂（在中国，垃圾分类暂时没有严格要求，大部分城市采用的是混合收集的方式），无机物质含量高、有机物质含量较少，其中有机成分占总量的60%，废纸、塑料、织物、玻璃等可回收物约占总量的20%。城市生活垃圾中可燃物质的增多，也会增加其可利用价值，并且随着城市生活燃气的逐步普及，城市生活垃圾中的有机物质含量会逐渐提高，垃圾的热值也会不断增加。因此，城市生活垃圾作为一种潜在的生物质资源，如果得到合理的开发和利用（减量化、资源化、无害化），并伴随处理技术的升级，将会变废为宝，促进社会发展。

1.1.1.6 水生植物

水生植物是还未被充分注意利用的生物质材料，主要有水生藻类、浮萍等。国内许多淡水湖泊因富营养化而滋生大量水生植物与藻类，若能有效结合水体的治理，大规模收集并转化水生植物为可利用的能源，具有十分重要的意义。

1.1.1.7 能源作物

能源作物系指可利用作物生生不息的能量生产方式，将太阳能经光合作用转化成植物的化学能（燃料的热能），此种能量转化可在常温常压下进行，是一种极具希望与效率的能源生产方法。与普通的生物质资源相比，能源作物一般都进行规模化种植，理想的能源作物应具有高效光合能力。常见的能源作物主要分为富含碳水化合物型能源作用、富含油脂型能源作用、富含类石油型能源作物，与化石能源相比，能源作物具有环保、可再生、持续稳定、益农等特性。国内对能源作物产品的研究与开发主要集中在生物柴油和乙醇燃料上。

1.1.2 生物质的特点

作为一种可再生的生物资源，生物质可以在较短的周期内重新生成，它直接或间接地来自太阳能，在碳减排、碳循环等方面拥有巨大的发展潜力。与化石燃料形成鲜明对比，其优越性主要体现在：

（1）时空无限性。生物质的产生不受地域的限制，在符合光照条件下，也不受时间的限制。生物质能源的时空无限性使其成为一种无可比拟的能源，这也促使人类将发展目标转向生物质能源。地球生命活动为人类提供了巨大的生物质资源，这是生物质特性的直接反映。初步估计，每年地球上由植物光合作用固定的碳约 2×10^{11} t，含有的能量约为 3×10^{21} J，相当于人类每年消耗能量的 10 倍。

（2）可再生性。在太阳能转化为生物质能的过程中，光合作用利用了二氧化碳（CO_2）和水（H_2O）作为反应物，在生物质能源消耗利用时，CO_2 和 H_2O

又是过程的最终产物。因此可以说生物质资源具有可再生性。

(3) 减排性。生物质资源的可再生性表明利用生物质资源可实现的 CO_2 零排放。化石能源的使用过程中会排放大量 CO_2，导致温室效应。使用“绿色热源”替代化石燃料可以起到节约能源、提高能效的目的，是实现“碳中和”的最佳途径。

(4) 洁净性。生物质资源是一类清洁的低碳燃料，由于其含硫量和含氮量都较低，同时灰分含量也很低，因此燃烧后 SO_2、NO_x 和灰尘的排放量均比化石燃料少得多，是一种清洁燃料。

(5) 低能源品位性。生物质的化学结构更多的属于碳水化合物，即化合物中的氧元素含量较高，可燃性元素 C、H 所占比例远低于化石能源，能源密度偏低。此外，以生物体形式体现的生物质含水量高达 90%，因此生物质在利用前需要经过预处理及提高能源品位等过程，从而增加生物质能源利用的实际成本。

(6) 分散性。除规模化种植的作物及大型工厂、农场的废弃生物质原料外，生物质的分布分散。生物质的分散处理与利用不利于生物质转化成本的降低，并且难以使生物质能源成为能源资源系统的主流能源。生物质的集中处理必然加大运输成本比例，这是目前生物质能源在能源系统中所占比例不高的重要原因。

(7) 多样性。地球上存在着数量巨大、种类繁多的生物质，遍及森林和海洋。而且伴随着光合作用，源源不断地产生着新的生物质。据统计，陆地地面以上总的生物质含量约为 1800 亿吨，海洋中约有 40 亿吨，土壤中存在的生物质量基本与陆地地面上的相当。

1.1.3 生物质的资源分布

国际能源署生物质能执行委员会（IEA Bioenergy Executive Committee）发布的《2021 IEA 生物质能国家报告》统计了截至 2019 年 IEA 各成员国生物质能的发展情况，包括了中国、欧盟、美国、德国、英国、巴西、印度、日本、加拿大等共计 27 个国家和地区。内容涵盖了可再生能源（生物质能、核能、水能、太阳能、风能）各自的占比，以及各国生物质能在电力、供热和交通等应用中的发展情况。截至 2019 年，可再生能源在总能源供应中的最高占比前三名的国家是挪威（48%）、巴西（46%）和瑞典（41%）。据统计，生物质能源占可再生能源供应的一半以上。生物质能源可分为固体生物质、生物液体燃料、可再生废物（城市固体废物）和沼气、生物天然气。其中固体生物质是所有国家用于能源的主要生物质类型。固体生物质能源使用率最高的国家往往拥有较高的国内森林面积，如加拿大，爱沙尼亚和芬兰。近些年来，可再生废物，生物液体燃料和沼气、生物天然气也有了长足的发展。可再生废物一般用于发电或供热。西欧国家建立了相当先进的管理发展理念，并且已实施高性能收集系统。生物液体燃料主要用作运输燃料，在巴西和瑞典，使用生物液体燃料已经相当于化石石油使用量的15%以上。沼气过去主要直接用于热电联产，德国在沼气、生物天然气的使用方面最为先进。此外，丹麦最近在沼气、生物天然气方面采取了重大举措，瑞典的沼气、生物天然气使用量达到总体天然气使用量的20%以上。

中国幅员辽阔，自然条件复杂多样，形成了生物质能源分布的地域特点。东北、华北、西北地区森林资源丰富，且存在大量林业废弃物，适合栽种不同的能源作物，以满足不同生物质资源需求；东部地区农业生产和畜牧养殖业比较发达，农作物秸秆、畜禽粪便、有机垃圾等生物质资源开发潜力巨大；西南山区适合种植油料作物和薯类作物，以发展生物燃油和燃料乙醇的生产。

1.1.3.1　林业废弃物

我国林木薪柴资源量分布呈现出种类及数量较为分散，地区差异较大的特点，其中林业采伐造材剩余物主要集中于我国华南、华东，两地区林业采伐造材剩余物资源总量共占全国的63.84%。相比于西北、东北地区，华东、华南两地所拥有林业剩余物资源在种类、数量等方面均占据优势。2010年我国森林生物质能源资源总量约为1.69亿吨，主要由木材加工剩余物（38%）和木材砍伐剩余物组成（37%），其次是薪柴、竹剩余物和薪材。木剩余物和竹剩余物两种生物质资源占总资源量的81%，其中木材加工剩余物和木材砍伐剩余物和竹剩余物分别占剩余物资源总量的47%、45%和8%。燃烧用木材资源，包括薪材和薪柴，仅占资源总量的19%，而农民使用的薪材和薪柴分别占燃烧木材总量的21%和79%。从各省（市）林业生物质能源资源总量来看，山东分布最高，占资源总量的11.9%，其次是广西和福建，分别占资源总量的10.3%和10.2%。甘肃、青海、宁夏、北京、上海、山西等地资源量相对较低。总体来看，林业生物质能源资源丰富的省份主要分布在我国东部和南部地区。

根据林业剩余物资源在我国各省的分布，我国林木剩余物总量为30284万吨，其中林木抚育间伐物与林木采伐造材剩余物的资源量最大，分别为20543万吨和4710万吨；此外，还包含竹子采伐与加工剩余物2818万吨，木材加工剩余物1493万吨，废旧木材回收720万吨。总体而言，我国华东、华南、西南三地区林业剩余物资源量最大，分别为7594万吨、6395万吨、5966万吨，三者共占我国林业剩余物资源总量的65.89%。

1.1.3.2　农业废弃物

因我国各个地区农作物秸秆的种类受地域、气候、社会经济条件及农业政策制度等因素的综合影响，因此表现出一定的差异性。据统计，我国农作物秸秆资源丰富，其分布与我国耕地分布状况密切联系，主要分布于华东、华中、东北和华北等耕地资源较为集中的地区。在我国农村地区，最主要的农作物副产品是作物秸秆。2014年我国农作物秸秆资源总量为8.1亿吨，所拥有秸秆资源量由大至小排列依次是华东（1.92亿吨）、华中（1.53亿吨）、东北（1.38亿吨）、华北(1.03亿吨)、西南（0.97亿吨）、西北（0.69亿吨）、华南地区（0.58亿吨），其中华东、华中、东北、华北4个地区秸秆资源总和达5.86亿吨，约占我国总量的72.35%。根据各省的数据显示，河南（0.84亿吨）、黑龙江（0.72亿吨）、山东（0.66亿吨）、河北（0.46亿吨）、安徽（0.45亿吨）、吉林（0.44亿吨）、四川（0.42亿吨）和江苏（0.42亿吨）的秸秆资源量位列全国前八。

1.1.3.3 畜禽粪便

在畜禽粪便的空间分布中，我国南北两地畜禽养殖环境差异明显，北方地区拥有一定数量的草场面积，天然牧草资源供应充足；南方农区种植业发达，畜牧业与养殖业原料来源丰富，因此畜禽种类及放养规模超过北方农区，其中西南地区作为中国新兴的畜禽养殖区，畜禽粪便产生量位居全国第一，且其生猪、蛋鸡等畜禽养殖量呈现出逐年递增的趋势。我国畜禽粪便资源总量为31.586亿吨，其中东北、华东、华北、华中、华南、西南、西北地区的资源数量分别为3.338亿吨、5.428亿吨、3.938亿吨、5.572亿吨、2.743亿吨、7.038亿吨、3.529亿吨。因此畜禽粪便资源的地理分布主要集中于西南、华中和华东地区，三地区共占资源总量的约57.11%。四川（2.813亿吨）、河南（2.588亿吨）、山东(2.056亿吨)、内蒙古（1.785亿吨）、湖南（1.679亿吨）、云南（1.662亿吨）六省的畜禽粪便数量最大，共占全国畜禽粪便资源总量的39.89%。

1.1.3.4 城市生活垃圾

中国城市生活垃圾的产生量受到多种因素的影响，其中城市环境基础设施建设水平、常住人口规模以及经济发展水平是最关键的影响因素。一般而言，基础设施较为完善、人口众多且经济较为活跃和发达的城市，生活垃圾的产生量相对较高，这一趋势在中国的东部和西部的大中型城市尤为显著。

根据2017年的数据，中国有17个省级行政区的城市生活垃圾产生量在0~500万吨之间，8个省级行政区的产生量介于500万~1000万吨，3个省级行政区的市区生活垃圾产生量在1000万~1500万吨，还有2个省级行政区的产生量是1500万~2000万吨，而广东省作为城市生活垃圾产生量最大的省份，其总产生量超过了2500万吨。具体到地区分布，东北、华北、西北、西南（除四川省外）、华中（除湖南省外）的城市生活垃圾产生量普遍接近1000万吨。而华东地区除安徽省和江西省外，其他省份的城市生活垃圾产生量多在1000万~2000万吨。

《2018年全国大、中城市固体废物污染环境防治年报》显示，全国城市生活垃圾产生量排名前十的城市中，中国经济最发达的四大城市——北京、上海、广州、深圳的生活垃圾产生量分别是901.8万吨、899.5万吨、737.7万吨和604.0万吨，这反映了它们在经济实力上的领先地位。

1.2　生物质的结构与组成

1.2.1　生物质的结构

生物质组成多样、种类繁多。根据应用类型的不同可以将其分为木质纤维素类、淀粉和糖类、油脂类、畜禽粪便类、城市有机垃圾类。不同种类的生物质，其组成成分差异很大。例如：木质纤维素类主要是由纤维素、半纤维素和木质素组成；常见糖类则由麦芽糖、葡萄糖构成；而淤泥和畜禽粪便又含有一定量的蛋白质和脂质。

1.2.1.1　木质纤维素类生物质

木质纤维素类生物质主要包括木本生物质和草本生物质两种类型，涵盖了木材和农作物秸秆等资源，具有广泛的应用前景。无论是木本生物质还是草本生物质，在去除灰分后，它们主要由纤维素、半纤维素和木质素组成（图1.1）；虽然组成相似，但它们在这三种成分的比例上存在一定差异。草本生物质相较于木本生物质，还包含了较小比例的淀粉、粗蛋白以及其他可提取物质。这些成分比

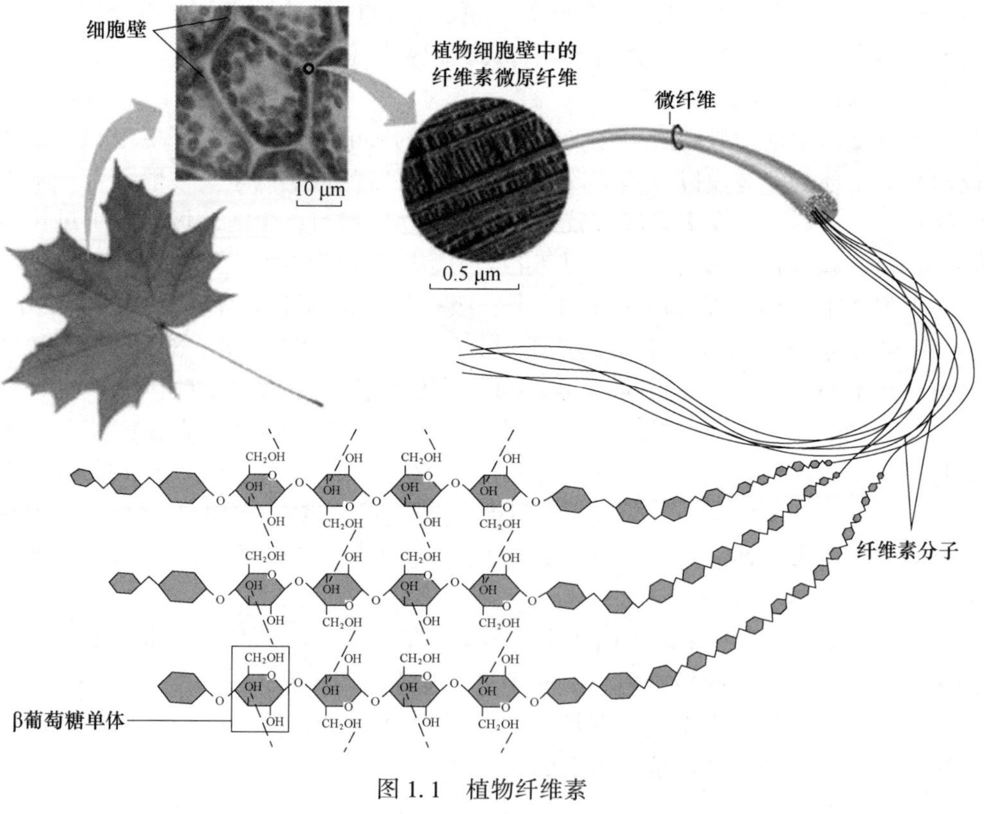

图1.1　植物纤维素

例的差异影响着生物质的物理和化学特性，进而决定了它们在能源转换和其他应用中的表现。在发电领域中，可以利用木质纤维素类生物质进行生物质发电，将其热能转化为电能，也可以进行热能转化，提供城市和农村的供暖和供水。在生物燃料领域，木质纤维素类生物质可以用于生产生物燃料，通过液体组分转化获得生物燃料。基于其低污染和广泛的来源特性，木质纤维素类生物质可以用于生产固体成型燃料、生物质液体燃料，以及直接燃烧或气化发电等用途。

纤维素是生物圈中最丰富的有机物质之一，是植物细胞的主要组成成分。纤维素是由许多葡萄糖分子通过β-1,4-糖苷键连接而成的多聚物。纤维素的分子结构非常有序，具有特定的结晶和非结晶区域。结晶区域是高度有序的区域，其中的葡萄糖链平行排列，并通过氢键相互连接。这种平行排列使得纤维素具有强大的机械强度。在结晶区域之外，存在着非结晶区域，也称为无定形区。在这个区域中，纤维素链是无规则排列的，并且存在更多的缺陷和松散结构。这种无定形区域使得纤维素具有一定的可塑性和柔韧性。纤维素通过多个葡萄糖单元的连接形成长链，这些链可以进一步组装成纤维素微晶或胶束。纤维素微晶是由多个纤维素链平行排列、紧密堆积而成的结构，具有高度有序的结晶区域。纤维素胶束是由多个纤维素链组装而成的球形结构，其中的纤维素链之间存在一定的空隙。

与纤维素由单一葡萄糖组成不同，半纤维素是杂多糖链，包括木聚糖、木葡聚糖、甘露聚糖、阿拉伯聚糖、半乳聚糖和阿拉伯半乳聚糖等。半纤维素除含有长短不一的主链外，还有结构各异的侧链，半纤维素的水解利用较为方便。半纤维素贯穿于纤维素和木质素之间，并将两者紧密连接在一起。

木质素则是一种广泛存在于植物体中，无定形、分子结构中含有氧代苯丙醇或者其他衍生物结构单元的芳香性高聚物，是支持植物细胞和躯干的重要物质，不含发酵糖。

1.2.1.2 淀粉和糖类生物质

淀粉和糖类生物质是一类主要含有碳水化合物的生物质原料。淀粉是植物生长期间以淀粉粒形式储存于细胞中的多糖，主要存在于植物的种子、块茎和块根中，为各类生理活动提供能量。淀粉类生物质包括甘薯、木薯等薯类和高粱、玉米、谷子、大麦等谷物类，是生物质液体燃料（尤其是燃料乙醇）的主要原料。天然淀粉通常含有直链淀粉和支链淀粉两种成分，含量占比为20%~25%，75%~80%。直链淀粉是由D-葡萄糖分子通过α-1,4-糖苷键连接而成的线性分子；支链淀粉存在分支，每25~30个葡萄糖范围就有1个分支点，分支点存在α-1,6-糖苷键的连接。淀粉中葡萄糖的α-1,4键合方式与纤维素中葡萄糖的β-1,4键合方式截然不同，前者极易被水解发酵，后者结合更紧密。

糖类生物质原料包括甘蔗、甜菜和高粱等含糖作物，可通过压榨等方式将糖品提出，并利用糖品制备燃料乙醇等生物质液体燃料。

1.2.1.3　油脂类生物质

油脂类生物质，以其高能量密度和丰富的脂质化合物如甘油三酸酯而闻名，根据油脂的来源，油脂类生物质可分为植物油脂、动物油脂、微生物油脂。

油脂的主要成分是甘油三酸酯，甘油三酸酯从结构上可以认为是一个甘油分子与三个脂肪酸分子缩合而成。天然油脂大多数是混合酸的甘油三酸酯。另外，油脂中还含有少量磷脂、蜡、甾醇、维生素、碳氢化合物、脂肪醇、游离脂肪酸、色素以及产生气味的挥发性脂肪酸、醛和酮等。组成甘油三酸酯的脂肪酸绝大多数是含偶数碳原子的直链单羧基脂肪酸，仅在个别油脂中发现奇碳原子的以及带有支链的脂肪酸。如在海豚油中含有异戊酸，在乳脂及牛、羊的储存脂肪中既含有少量的带有一个甲基支链的奇碳数和偶碳数原子的脂肪酸，也含有奇碳数原子的饱和与不饱和的直链脂肪酸。

1.2.2　生物质的化学组成

生物质的化学组成因其来源和类型的不同而有所差异，但一般来说，它包含以下主要的化学成分。

（1）碳水化合物类。碳水化合物是生物质的主要成分之一，常见的碳水化合物类生物质有纤维素、淀粉、麦芽糖和葡萄糖。这些碳水化合物在生物体内具有不同的功能和形态。例如，两个葡萄糖分子通过脱水反应相连，形成麦芽糖，而更多葡萄糖分子的聚合则形成淀粉，这是植物储存能量的方式。纤维素是由大量葡萄糖分子脱水聚合形成的，它具有稳定的结构，抵抗大多数生物的分解。在生物质的能量转化和利用过程中，碳水化合物起着至关重要的作用。它们可以通过微生物的作用分解成简单糖类，并进一步被转化成乙醇或其他类型的生物燃料。不同类型的碳水化合物在生物质中的含量和分布对于确定其作为能源的利用效率极为关键。

（2）醛类。生物质内一个羰基基团和一个氢基基团，可以组合成一个新的基团，叫作醛基基团，醛类分子的结构特点就是含有醛基。例如碳框架中只有一个碳的甲醛。醛类催化加氢还原成醇，易被强氧化剂甚至弱氧化剂所氧化。

（3）酸类。生物质内一个羰基（$C=O$）基团和一个羟基（—OH）基团，可以组合成为羧基（—COOH）基团，有这个基团的物质叫酸，甲酸、乙酸、丙酸、脂肪酸、氨基酸都是与我们的生活有密切关系的“酸”。甲酸，也称蚁酸，存在于蜜蜂的毒液中，蜇人时会导致皮肤红肿和疼痛。乙酸，俗称醋酸，可通过发酵粮食中的淀粉（转化为葡萄糖）制得。食醋中的乙酸含两个相连的碳原子。丙酸通常指乳酸，它有三个相连的碳原子，可以通过葡萄糖发酵产生。脂肪酸则由多个首尾相连的碳原子链组成。氨基酸是脂肪酸的衍生物，其结构中加入了氨基。

(4) 醇。醇是碳框架中含有羟基（—OH）的物质，其中乙醇（酒精）是一种常见形式。葡萄糖在适当条件下可以发酵成乙醇，这一过程是酿酒的基础。例如，自然界中熟透的水果可能散发出酒精的味道，这是因为其中的葡萄糖转化成了乙醇。此外，许多醇具有独特的香味，常见于植物精油中。

(5) 酯。生物体内的酸和醇会生成酯，酯类广泛存在于自然界中，低级酯存在于各种花草中。例如：苹果里含有戊酸戊酯，菠萝里含有丁酸乙酯，香蕉里含有乙酸异戊酯等。酯的密度一般小于水，难溶于水，易溶于乙醇、乙醚等有机溶剂，许多低级酯因其独特香味被用作香料。脂肪酸的甘油酯是植物和动物油脂的主要成分，存在于植物种子、动物脂肪组织和微生物细胞中。这些甘油酯不仅是重要的能量来源，也在生物质能源转化过程中扮演关键角色。脂肪的存在可能影响这些转化过程的效率和产物质量。此外，胆固醇、维生素 D 及许多生物激素（如性激素）都是脂类物质，对生物体功能至关重要。

(6) 蛋白质。蛋白质是生物质中的重要营养成分，也是生物质利用和转化过程中的重要成分。在生物质中主要起到了细胞构建、养分输送等作用。蛋白质可以提供生命活动所需的氮元素，同时也可以作为微生物饲料和人类食品的重要来源。在生物质能源转化过程中，蛋白质的含量和分布对转化效率和产物的质量也有着重要影响。

(7) 脂溶性物质。脂溶性物质是生物质中的另一类重要成分，主要包括脂肪酸、醇类、酮类等。这些物质维持细胞的结构及功能、参与能量代谢、信号转导、细胞识别和免疫应答、细胞凋亡和坏死等方面，也可以作为生物质转化利用的原料或催化剂。

(8) 矿物质。矿物质是生物体正常生长和发育所必需的。作为机体的重要组成成分，矿物质对于维持生物体的正常生理功能起重要作用，例如维持细胞的渗透压、酸碱度；影响机体的免疫功能。如铁参与合成血红蛋白。矿物质对神经及肌肉兴奋性也有影响，生物质中的矿物质元素包括钾、钙、磷、硫等。

(9) 水。水是生物体内各种化学反应的介质。在生物质利用和转化过程中，水可以作为一种良好的溶剂，使营养物质、代谢产物、电解质等能在胞间进行交换；水也可以引起较高的比热容参与生物体温度的调节，如植物正是通过水的吸收和排放来调节自身温度的；此外水也可以作为生物生命活动所必需化学反应的反应媒介，参与水解、合成等反应。水可能影响生物质的物理性质，如密度、硬度等。

1.3 生物质的开发与利用现状

随着经济的高速发展，化石能源的消耗量不断增加，全球气候变暖也成了国际关注的热点，人类面临的能源短缺和环境破坏问题日益严重。如今的能源主要源于煤炭、石油、天然气等在内的矿物燃料。从积极方面来看，矿物能源的应用促进了社会发展，截至 2019 年年底，世界石油探明储量和煤炭探明储量分别约为 2446 亿吨和 10696 亿吨。按目前的技术水平和开采量计算，石油可开采 49. 9 年，煤炭可开采 131. 6 年。但与此同时，由于过度使用化石能源，造成全球气候变暖、臭氧层破坏、生态系统失衡、有害物质排放、酸雨等日益严重的环境问题。

因此，开发和寻找新的可替代能源已成为人类社会待解决的重大问题之一。生物质能源一直是人类生产所依赖的重要能源，居世界能源消费总量第四位，仅次于煤炭、石油和天然气。与常规的化石能源不同，与传统的化石能源相比，生物质能源具备诸多独特优势。其可再生性体现在生物质可通过自然过程或人工培育持续再生，确保了能源供应的可持续性；低污染性表现为生物质燃烧或转化过程中产生的污染物相对较少，有助于减轻环境污染；广泛分布性意味着生物质资源在全球各地广泛存在，不受地域限制，可就地取材进行能源开发利用。尽管生物质产量存在季节性波动，但是随着农林业的持续发展以及相关技术的进步，其资源潜力有望进一步提升，利用前景极为广阔。作为一个人口众多且经济发展迅速的国家，我国将面临经济增长和环境保护的双重压力，因此，改变能源生产和消费方式，开发利用生物质能源等再生清洁能源，对于建立可持续的能源系统、促进国民经济发展和保护环境具有重大意义。

1. 3. 1　我国主要生物质资源开发与利用现状

1. 3. 1. 1　国内生物质资源

我国生物质能源资源丰富。若折算为标煤总量，为 10 亿～15 亿吨每年，其中有接近 6 亿吨可用于能源化利用。目前，我国可供利用和开发的生物质资源主要有：林业生物质、农作物秸秆、禽畜粪便、生活垃圾、能源植物等。

（1）林业生物质。根据第九次森林资源清查报告数据，我国的森林面积为 22 亿公顷（1 公顷 = 10^4 m^2），森林覆盖率为 22. 96%，森林蓄积量为 176 亿平方米。同时，我国已经建成约 300 万公顷生物质能源林基地，林木生物质资源总量超过 1. 95 亿吨，如若能得到完全利用，理论上可以转化为 9754 万吨标准煤。总体上看，我国的林业生物质能源资源具有巨大的发展潜力，且已经初步形成规模，对替代化石能源供热发电、助力碳减排、确保国家安全具有重要贡献。

（2）农作物秸秆。农作物秸秆是指在农业生产过程中，茎、叶、穗等残余部分在水稻、小麦、玉米等作物收获后的统称。秸秆中含有纤维素、木质素、蛋白质、脂肪等有机物质，还含有丰富的氮、磷、钾、钙、镁、硅等矿物质元素，是具有多种用途的生物资源。中国作为农业大国，秸秆资源丰富，年均产量约为

8.65亿吨，其中81.68%已经实现了资源化利用。为促进大宗固体废弃物综合利用，中华人民共和国国家发展和改革委员会于2021年3月8日发布了《关于"十四五"大宗固体废弃物综合利用的指导意见》，提出"要大力推动秸秆综合利用产业的提质增效"。需要开发多种秸秆利用技术模式，如秸秆肥料、饲料、燃料和工业原料等，以实现秸秆的资源化和商品化。这对于解决大量资源闲置、增加农民收入、促进农牧业系统良性循环、保持生态平衡和减少环境污染等问题具有重要的现实意义。

（3）畜禽粪便。畜禽粪便含有丰富的有机质和无机元素，是一种可循环利用、潜力巨大的生物质资源。这些资源主要来源于猪、牛、羊、鸡、鸭等家畜，粪便的实际数量、可开发量和标准煤折算量可根据其存栏数和不同月龄的日均排粪量估算。据统计，我国主要畜禽粪便年排放量为18.83亿吨，干物质年总量为3.08亿吨。其中猪粪便占40.6%，牛粪便占28.5%，羊粪便占27.1%，家禽粪便占3.8%。这些粪便的化学需氧量（COD）约为9500万吨，是全国工业和生活污水排放量的4倍。

从技术潜力分析，这些粪便可产生793亿立方米的沼气（其中甲烷含量为55%），相当于436.2亿立方米的甲烷产量。按能源等效计算，这相当于2.13亿吨标准煤，或者1.49亿吨原油，或者1610亿立方米天然气。这些能源可满足我国每年4%~5%的能源需求，或者能够满足37%的中国居民日常生活所需能源。如果将这些粪便折合成有机肥计算，全国畜禽粪便养分总量约为4710万吨，其中1130万吨氮肥、1150万吨磷肥、2430万吨钾肥。

（4）生活垃圾。生活垃圾是居民日常生活过程中产生的固体废弃物，主要组分可分为三大类：可腐有机物（主要餐厨剩余物），可燃性有机物（塑料、废纸、橡胶、皮革、竹木、布料等），无机物（煤渣、砖瓦、地灰、玻璃、金属等）。由于地域的不同、经济的发展以及生活方式的不同，生活垃圾构成也有差别。随着我国经济的高速发展，人民群众的消费能力日益增强，相应产生的生活垃圾也日益增多。2019年，全国196个大、中城市的生活垃圾产量达2.35亿吨，每个城市居民平均每年产生0.4 t左右的生活垃圾。城市生活垃圾中有机物质占总量的60%，无机物占40%，其中，废纸、塑料、玻璃、金属、织物等可回收物占总量的20%。根据我国城市垃圾的状况可知，垃圾在焚烧时作为燃料的特点是：多成分、多形态、水分多、挥发分高、发热量低、固定碳低。我国城市的垃圾在产量迅速增加的同时，垃圾的构成及特性也发生了很大的变化。简而言之，中国城市生活垃圾构成的变化趋势主要为：有机物呈上升趋势；可燃物数量增多；可循环利用程度提高；可利用价值上升。

（5）能源植物。我国植物资源丰富，早在1982年就对1581个植物样本进行分析，收集了974种植物，编成《中国油脂类植物》和《四川油脂类植物》等书。乌桕、小桐子、油楠、五角枫等是一些含油量较高的植物。现已查明，我国油料植物有 151 科，697 属，1554 种，种子含油率超过 40%的植物有 154 种。

我国生物质能源资源开发利用面临诸多机遇。如国家能源转型、“双碳”发展目标、乡村振兴和美丽乡村建设等大的战略以及相关政策的扶持，使得生物质能源的重要性越发凸显，为生物质能源规模化利用提供了良好机遇。大力开发、利用生物质资源，不仅可以满足人类对资源能源的需求，还可以解决由于碳排放而导致的温室效应。就全社会应该如何开发利用生物质资源进行了思考，并提供了两条建议。第一条是科学索取，合理利用。生物质资源虽然属于可再生资源，但是生物质伴随生命过程而形成，有其独特的再生规律和再生周期。生物质资源开发利用必须科学合理、可持续优先，按照先种后收、边用、存量资源使用（前提是保证再生补充）的原则，坚决杜绝“吃粮不留种”的掠夺性开发行为。第二条是因地制宜，物尽其用。我国地域辽阔，各地气候条件、农业现状、社会经济发展水平差异较大，其生物质资源的开发利用需要因地制宜地在不同地域开展技术适应性研究和实际应用模式的工程推广。

1.3.1.2　国内生物质利用现状

在应对能源与环境挑战的进程中，我国积极致力于生物质资源的开发与利用，并在相关政策扶持下取得了显著进展。政府部门及有关部门对生物质能源进行了大量的研究和开发，取得了不少成果。例如，生物质发电、沼气、燃料乙醇、生物柴油、生物质成型燃料、生物质衍生碳材料等。

A　生物质发电

我国的生物质发电产业起步于 20 世纪 70 年代，最初在甘蔗制糖、造纸等行业广泛应用和发展，通过自配热电厂的热电联供模式。1986 年，中国第一座垃圾焚烧发电厂——深圳清水河垃圾焚烧发电厂通过成套引进国外设备建成。2006 年，《中华人民共和国可再生能源法》的出台激发了各地发展生物质发电等新能源产业的积极性，同年在山东单县第一个生物质直燃发电国家级示范工程 1×30 MW 机组正式投产发电。2011 年，世界最大的生物质发电厂广东粤电湛江 2×50 MW 生物质发电厂建成投运。

生物质发电主要利用林业废弃物、农业废弃物及生活垃圾进行发电。在“十二五”期间，我国生物质发电方式采取了直接燃料发电、混合发电、气化发电、沼气发电和垃圾焚烧发电等方式。其中，直接燃料发电是我国生物质发电的主要方式。为了推进国家颁布的《关于开展燃煤耦合生物质发电技改试点工作的通知》《生物质能发展“十三五”规划》《能源发展战略行动计划（2014—2020 年）》等相关政策，我国生物质发电装机容量近年来持续稳步增长，增速逐渐扩大。截至 2021 年年底，全国累计并网生物质发电装机 3798 万千瓦，同比增长 27.0%。其中，农林生物质发电 1559 万千瓦，同比增长约 16.9%；垃圾焚烧发电 2129 万千瓦，同比增长约 38.9%；沼气发电 111 万千瓦，同比增长约 23.4%。累计生物质发电并网装机电源装机比重为 1.6%左右，同比增加 0.3 个百分点。我国生物质发电累计并网装机连续四年居世界首位，图 1.2 展示了 2017—2021 年生物质发电累计装机容量变化趋势。“十四五”期间是我国实施乡村振兴战略、加大城乡环境治理和现代能源体系建设的关键时期，是“碳达峰”“碳中和”的推进时期，生物质发电产业将迎来新的发展机遇。

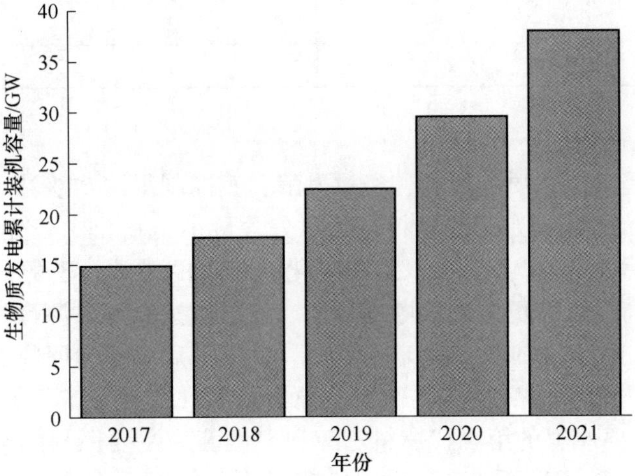

图 1.2 2017—2021 年生物质发电累计装机容量变化趋势

B 沼气

沼气作为一种清洁能源，是利用农作物秸秆、林业废弃物、食物废物、工业和城市废物的有机部分等各种生物质经过厌氧消化得到的。沼气主要成分是 CH_4，以及大量的 CO_2、H_2S、水蒸气和少量其他气体，见表 1.1。我国自 20 世纪 80 年代开始沼气的生产和应用，并经历了几十年的发展历程。我国的生物质沼气产业得到极大的提升，沼气的利用方式主要包括农村供气、发电和净化提纯生产生物压缩天然气。然而，由于技术和应用市场等因素，目前我国沼气主要用于居民生活用气供应，农村居民生活供气占沼气利用量的一半以上，沼气发电也是主要的利用方式之一，只有少量沼气被用于提纯作为城市燃气和车用燃气。截至 2016 年年底，全国沼气用户已经达到 4380 万户，全国规模化沼气工程已经发展到了 11.34 万处。在规模化沼气工程中，日产气量超过 5000 m^3 的特大型沼气工程有 51 处，大型沼气工程有 0.72 万处，中型沼气工程有 1.07 万处，小型沼气工程有 9.52 万处。我国沼气工程主要以小型项目为主，运行多为非营利模式，如农村用户或小规模集中供气。尽管我国沼气工程产量在迅速发展，但是应用领域单一。在未来，希望国家加大研究力度，探索多种应用模式，为我国沼气工程和生物压缩天然气的产业化发展提供技术支持和应用市场。

表 1.1　沼气的化学组成及其浓度

组成	浓度/%
CH_4	50~75
CO_2	25~50
H_2S	0~0.5
NH_3	0~0.05
N_2	0~5
水蒸气	1~5

C　燃料乙醇

燃料乙醇是以生物质为原料，经过发酵，蒸馏制得约95%浓度的乙醇，脱水后加入变性剂，使其成为变性燃料，其水分含量小于0.8%。乙醇作为燃料，能够减少对环境污染的CO_2、NO以及碳氢化合物等的排放；乙醇的辛烷值比石油燃料的辛烷值高，具有更好的抗爆震能力。目前，按原料来源可将生物燃料乙醇生产技术分为三代，分别为以玉米、小麦、甘蔗、甜菜等为原料的第1代燃料乙醇；以木薯、甘蔗等非粮经济类作物为原料的第1.5代燃料乙醇；以农林废料（秸秆等）为主要原料的第2代燃料乙醇和以微藻为主要原料的第3代燃料乙醇技术。2000年，我国为了解决陈化粮库存过多的问题，在全国9个省（区）开展了燃料乙醇的试点工作。根据2007年提出的《可再生能源中长期发展规划》，到2020年燃料乙醇年利用量达到1000万吨。但受多种因素影响，我国燃料乙醇产业发展并不顺利，虽然产能从102万吨增到680万吨，但总体产量并未明显提高。国内燃料乙醇的总产量在2018年、2019年、2020年分别为235万吨、284万吨和274万吨，与产业规划的总体目标相差很大。这主要归因于原料供应稳定性不足、生产成本较高、生产技术有待进一步优化以及市场需求波动等因素。例如，第1代燃料乙醇以粮食作物为原料，面临粮食供应和价格波动的平衡问题；第2代燃料乙醇虽然原料来源广泛，但是技术成熟度仍需提高，如秸秆等农林废料的预处理成本较高，影响了大规模生产的经济性。

D　生物柴油

生物柴油是植物油（如菜籽油、大豆油、花生油、玉米油、棉籽油等）、动物油（如鱼油、猪油、牛油、羊油等）、废弃油脂或微生物油脂与甲醇或乙醇经酯转化而形成的脂肪酸甲酯或脂肪酸乙酯。生物柴油是一种典型的“绿色能源”，具有环保性能好、发动机启动性能好、燃料性能好，原料来源广泛、可再生等特点。我国的生物柴油产业起步较晚，自2002年起私营企业开始进入该领域。随着技术的不断升级，陆续有许多私营企业进入，并在早期取得了较高的利润。生物柴油产业经历了迅速发展、企业分化和普遍经营困难三个主要阶段，这是由于国际油价和国内柴油市场供需情况不断变化所导致的。为了支持和鼓励生物柴油产业的发展，国家相继出台了相关的法律、规划、产业政策、财税政策和产品标准。特别是2009年《中华人民共和国可再生能源法》和2014年《生物柴油产业发展政策》的颁布，对引导和推动生物柴油产业发展起到了重要的作用。财政部和国家税务总局多次发文，明确生物柴油税收优惠政策，例如对生物柴油生产企业给予税收减免或补贴，以降低企业生产成本，提高市场竞争力。但是目前，生物柴油产业仍面临一些挑战，如原料供应的稳定性和质量参差不齐，部分废弃油脂收集困难且质量难以保证，影响产品质量；生产技术水平参差不齐，部分企业生产工艺落后，产品质量和性能不稳定；市场认可度有待提高，消费者对生物柴油的认知和接受程度有限，市场推广难度较大。

E 生物质成型燃料

生物质成型燃料是以农林剩余物为主要原料，经切片—粉碎—除杂—精粉—筛选—混合—软化—调质—挤压—烘干—冷却—质检—包装等工艺，最终制成热值高、燃烧充分、有害物质少等特点的成型环保燃料。然而，生物质成型工艺复杂，原料适应性强，不同的成型设备对生物质的粉碎粒度、含水率等方面的要求并不一致，不同的原料处理范围会导致产品的成型率不高，能耗也会随之增加。因此，对生物质成型设备来说，简化成型工艺，提高原料通用性，制成磨具是未来考虑的关键因素。20世纪80年代中期起我国开始了成型燃料的开发研究，通过引进、消化国外先进机型，研制出各种类型的适合我国国情的生物质成型机，用以生产棒状、块状或颗粒生物质成型燃料。据统计，截至2015年年底，我国生物质成型燃料年利用量约800万吨，在以采暖和工业供热为主的中小城市发展迅猛。现阶段，我国生物质成型燃料主要用于供热采暖行业，尚处于大规模发展初期，生物质成型燃料的机械制造和燃料等技术均处于初步发展阶段，技术整体基础薄弱，商品化、规模化发展有待加强。现阶段，限制生物质成型燃料发展的因素主要有：大多数生物质的体积密度较低，且过于分散、集中难度较大，运输和储存成本相对较高；供应因季节性因素不稳定；生物质的组成性质存在较大差异；我国在环境、经济政策等方面缺乏规范，缺乏相应的鼓励和支持措施；宣传力度不足；生物质能源的生产设备价格昂贵、生产工艺不过关、生产水平不高。

F 生物质衍生碳材料

生物质衍生碳材料具有不同的结构和独特的化学特性，使其在许多商业和潜在应用中具备优势，主要体现在能源、传感和环境领域。在能源方面，3D多孔BCM具有可调的微/宏观结构、多种杂原子掺杂、丰富的表面官能团、大比表面积（SSA）和高孔隙率等特点，因此在能量转换和存储器件中具有许多潜在应用，主要包括超级电容器、燃料电池和锂离子电池。在传感方面，BCM具有许多优点，包括高导电性、良好的柔性、重量轻、高化学和热稳定性以及易于修改，因此成为柔性器件的理想候选者。至今已经开发了不同种类的基于 BCM 的柔性传感器，如应变/压力传感器、电化学传感器、气体传感器。在环境方面，由于高比表面积（SSA）、发达的孔隙率和丰富的表面官能团，不同层次的 BCM 已被广泛研究用作高效的吸附剂和催化剂。

1.3.2 国外主要生物质资源开发与利用现状

2021 年，国际能源署生物质能执行委员会（IEA Bioenergy Executive Committee）发布了《2021 IEA 生物质能国家报告》。该报告全面统计了 IEA 成员国截至 2019 年的生物质能发展情况，反映出各国在生物质能利用方面优劣异同。其中，可再生能源在总能源供应中的占比前三名的国家是挪威（48%）巴西（46%）和瑞典（41%），其中生物质能源贡献了 50%以上。生物质能源可分为固体生物质、生物液体燃料、可再生废物（城市固体废物）和沼气、生物天然气，固体生物质是主要形式。固体生物质能源使用率最高的国家往往拥有较高的国内森林面积，如加拿大、爱沙尼亚和芬兰。可再生废物以生物液体燃料和沼气、生物天然气为代表，一般用于发电或供热。固体生物质在西欧国家应用较为普及，并建立了较为先进的理念体系和收集处理系统。生物液体燃料已在巴西和瑞典等国运输领域得到大规模应用，其使用量已经相当于这些国家化石石油使用量的 15%以上。欧洲国家在沼气利用方面颇有建树，主要用于热电联产。德国是沼气、生物天然气应用最为先进的国家；近年来，丹麦在沼气、生物天然气方面采取了重大举措；瑞典的沼气、生物天然气利用量达到天然气总用量的 20%以上。接下来对生物质利用具有较强特色的国家进行介绍。

（1）虽然美国的生物质能源在总能源结构中占比排名在全球未能进入前三，但其在生物质能源开发和利用技术方面居于世界前列，主要在以下三个领域取得突出成就：首先是生物质发电。美国从 1979 年就开始采用生物质燃料直接燃烧发电，生物质发电总装机容量超过 10000 MW，单机容量达 10~25 MW。其次是燃料乙醇。美国的燃料乙醇产量自 2001 年以来已翻了一番。2006 年，燃料乙醇约占美国汽油消费总量的 5%，燃料乙醇掺烧比例通常为 10%，添加燃料乙醇的混合汽油占全国汽油供应总量的 46%。2007 年燃料乙醇产量为 64 亿加仑［加仑分英制加仑和美制加仑，此处为美制加仑。1 加仑（美）= 3.785 升；1 加仑（英）= 4.546 升］，较 2000 年增加 4 倍。最后是生物柴油。20 世纪 90 年代初，美国开始商业性生产生物柴油。2006 年生物柴油产能为 260 万吨，实际产量为 125 万吨，截至 2007 年年底，美国已有 171 家生物柴油生产企业，生物柴油产量 4.5 亿加仑，比 2006 年提高 80%。美国生物质能源产业的快速发展与近年来尤其是 21 世纪以来一系列促进生物质能源产业发展的相关政策法规是分不开的。

（2）瑞典作为世界最早实现碳达峰的国家，早在 20 世纪 70 年代就启动了生物质资源转化利用进程，政策行动路径不断演进完善。瑞典是世界上生物质产业最发达的国家之一，生物质资源已经成为瑞典的第一大能量消费来源。基于丰富的生物质资源和巨大的取暖需求，以及相关政策行动的保障，瑞典逐步形成了以能源化为主导的生物质供热、生物质发电和生物质交通运输三大生物质资源转化利用路径，生物质资源在能源消费结构中的占比攀升至 31.6%，远高于欧盟的 11%和全球的 12%，为瑞典消除能源安全风险、推动能源转型进程、平衡经济发展和生态保护和履行《欧洲绿色协议》作出了突出贡献，探索形成了生物质资源高效利用的先行经验和模式。

(3) 巴西研究利用甘蔗等农作物来制造生物质能源有很长的历史。早在 20 世纪初，巴西就已经开始研究将甘蔗乙醇作为燃料，该项研究由国家技术研究所（INT）主导，对巴西生物质能源发展产生了深远的影响。1933 年，巴西成立了糖和乙醇研究所（IAA）；1938 年巴西通过了第 737 号法律，强制要求所有石油中都要添加甘蔗乙醇。这些早期的措施为巴西后来大规模发展生物质能源奠定了技术基础，为巴西在生物质能源研究领域处于领先地位打下了基础。作为最早开展生物质能源研究的国家之一，巴西一次能源消费结构中可再生能源已经占到能源消费总量的 44%，而全球平均水平仅为 14%，其中，生物质能源的比重已经超过 40%，而全球仅为 15.6%。巴西通过发展生物质能源获得了包括保障能源安全、节约外汇储备、增加当地就业、降低城市污染和二氧化碳排放等一系列直接收益。此外，包括规模经济，技术进步，生产率的提高，以及在不需要补贴的情况下形成产业竞争力等，都获得了间接收益。

(4) 丹麦建成世界首座秸秆生物燃烧发电站。丹麦生物质直燃发电成果斐然。丹麦 BWE 公司率先对秸秆生物燃烧发电技术进行了研究和开发，至今仍是该领域全球最高水平的保持者。1988 年丹麦第一座秸秆生物质发电厂在 BWE 公司技术的支持下建成，从此丹麦开始普遍采用生物质燃烧发电技术。目前，丹麦已经建立了 130 座秸秆发电厂，发电厂使生物质在丹麦成为一种重要能源。在过去 10 年中，丹麦新建的热电联产项目全部采用生物质为燃料，同时，还将过去许多燃煤供热厂改为了燃烧生物质的热电联产项目。

(5) 芬兰拥有非常丰富的森林资源，全国的森林覆盖率高达 68%。国家开发利用可再生能源在全球处于领先地位。全国年能源消耗总量为 4000 亿千瓦时，其中生物质能源提供 810 亿千瓦时。芬兰的生物质能源主要来源于纸浆厂的废料，木材，泥炭等；提供方式主要是建立燃烧站，规模较小的只提供暖气，提供电力的则是大型燃烧站。

(6) 德国十分重视开发利用可再生能源，是全球最先进的可再生能源开发利用国家之一。生物质能源在德国的使用已初具规模，尤其在供热领域表现突出。尽管面临资源限制和技术挑战，德国仍在通过政策支持和技术创新推动生物质能的可持续发展。生物质能源是德国实现“能源转型”的重要组成部分。生物质能源在德国的可再生能源中占比为 8%~10%，是仅次于风能和太阳能的第三大可再生能源。生物质能源在德国主要用于供热、发电和交通方面。生物质能是德国最大的可再生能源供热来源，占比约为 20%，主要通过燃烧木柴、木屑、秸秆等生物质材料来提供热能，广泛应用于建筑供暖和工业供热。虽然生物质能在发电和交通领域的占比仅 1%~3%，但由于德国政府大量的法规和补贴支持，生物质能的发展越来越快。例如，德国政府从 2007 年开始，在柴油中增加一定比例的生物柴油，即在 100L 的柴油中加入 20~30L 的生物柴油，以扩大生物柴油的使用量。但是，值得提出的是，生物质来源的不足，可能限制其在德国能源结构中所占比例的持续增加。

1.4　生物质综合利用与“双碳”目标

1.4.1　生物质综合利用的战略意义

我国政府积极响应全球应对气候变化的号召，提出了在 2030 年前实现二氧化碳排放量达到峰值，并于 2060 年前达成碳中和的宏伟“双碳”目标。这个目标的实现对于我国来说具有重大意义。从全球视角来看，减少碳排放是全球共同面临的问题，也是国际社会对人类面临的温室效应挑战的回应。作为世界上最大的发展中国家，我国积极承担起应对气候变化的责任，展现出大国担当，为全球气候治理贡献力量。在国内层面，“双碳”目标的实现有助于推动我国的能源转型和经济发展，以实现可持续发展的目标。“双碳”目标的实现还有助于提升我国的国际形象和地位，展现我国在全球应对气候变化中的领导力。

生物质综合利用作为实现“双碳”目标的重要途径之一，在这一宏大战略背景下具有不可忽视的关键作用。生物质综合利用是指通过一系列化学、物理、生物等手段，将各种有机废弃物（如农作物秸秆、林业废弃物、城市有机垃圾等）、农作物以及专门种植的能源植物等转化为能源（如电能、热能、生物燃料等），燃料（如生物柴油、燃料乙醇等），化学品（如生物塑料、生物纤维等）等具有实际价值的有用物质。生物质综合利用具有以下几个方面的意义：

（1）减少碳排放。生物质综合利用可以减少对化石燃料的依赖，降低碳排放，是实现“双碳”目标的重要手段之一。

（2）废物利用。生物质综合利用可以将有机废弃物转化为有用的物质，减少垃圾处理和废物堆积带来的环境问题。

（3）创造经济价值。生物质综合利用可以开发新能源和新产品，促进经济发展和创新。

（4）推动能源转型。生物质综合利用可以提供一种可再生、环保的能源替代方案，有助于推动我国的能源转型。

1.4.2 生物质综合利用技术

生物质综合利用的技术包括生物质能源转化技术、生物质化学品生产技术、生物质热能利用技术等。生物质综合利用技术涵盖了多个领域，呈现出多元化和创新性的特点。

（1）生物质能源转化技术是其中的重要组成部分。生物质气化技术通过在高温条件下使生物质与气化剂发生反应，将其转化为可燃气体，它们可用于发电、供热或合成化学品。生物质液化技术则是将生物质转化为液体燃料或化学品，如生物柴油、生物油等，为交通运输和工业生产提供可再生能源替代品。生物质热解技术在缺氧或惰性气氛下加热生物质，生成生物炭、生物油和可燃气体等产物，这些产物可分别应用于土壤改良、能源和化工领域。

（2）生物质化学品生产技术同样具有广阔的发展前景。生物发酵技术利用微生物的代谢作用，将生物质中的糖类、淀粉等转化为乙醇、乳酸、丙酮等化学品，它们广泛应用于食品、化工、医药等行业。生物裂解技术则通过特定的化学反应，将生物质大分子分解为小分子化合物，为生产高附加值化学品提供原料。

（3）生物质热能利用技术主要包括生物质直接燃烧和生物质热解等方式。生物质直接燃烧用于发电、供暖和工业蒸汽供应等，在农村地区和小型工业企业中具有广泛的应用基础。生物质热解产生的热能可用于发电或区域供热，同时热解产物中的生物炭还可用于土壤改良和碳封存。

1.4.3 生物质综合利用技术的应用

生物质综合利用的应用范围非常广泛，涉及能源、化工、农业、环保等领域，在各个领域发挥着独特且重要的作用，带来了显著的经济效益、环境效益和社会效益。

（1）在能源领域，生物质能源转化技术的应用实现了生物质向可再生能源的高效转化。生物质发电作为一种重要的能源生产方式，利用农林废弃物、生活垃圾等生物质燃料发电，有效减少了对化石燃料的依赖，降低了碳排放。例如，大型生物质发电厂通过先进的燃烧技术和发电设备，将生物质转化为电能输送到电网，为社会提供清洁电力。生物质燃料如生物柴油和燃料乙醇的生产与应用，为交通运输领域提供了低碳燃料选择，有助于减少汽车尾气排放，改善空气质量。

（2）在化工领域，生物质化学品生产将生物质转化为有价值的化学品，为传统石化产品提供了可持续的替代品。例如生物塑料、生物纤维、生物燃料等。生物塑料的研发和生产利用生物质原料，如淀粉、纤维素等，生产出可降解的塑料产品，减少了传统塑料对环境的长期污染。生物纤维的应用范围不断拓展，可用于纺织、复合材料等领域，既满足了市场对高性能纤维的需求，又降低了对石油基纤维的依赖。这些产品的应用可以减少对传统石化产品的依赖，降低碳排放，同时也可以创造经济效益。

（3）在农业领域，农业废弃物利用是将包括农作物残渣、畜禽粪便等在内的废弃物通过生物发酵等方式转化为有机肥料和生物燃气等有用的物质。有机肥料的使用改善了土壤结构，增加了土壤肥力，促进了农作物生长，减少了化肥的使用量。生物燃气（如沼气）可用于农村居民的炊事、照明和取暖，实现了废弃物的能源化利用。这种利用方式可以减少对化肥和化石燃料的依赖，提高农业废弃物的利用率和经济效益。

（4）在环保领域，生物质利用技术发挥着独特的优势。在污水处理方面，利用生物质材料（如微生物菌剂、生物质吸附剂等）处理污水中的污染物，实现水质净化。生物质吸附剂具有成本低、可再生、环境友好等特点，能够有效去除污水中的重金属离子、有机物等污染物。在垃圾处理方面，生物质转化技术可将有机垃圾转化为能源或有用物质，减少垃圾填埋或焚烧对环境的影响。例如，通过厌氧发酵技术将有机垃圾转化为沼气，实现垃圾的减量化、无害化和资源化利用。

综上所述，生物质综合利用可以减少碳排放、实现废物利用、创造经济价值并推动能源转型，对实现“双碳”目标具有重要意义。通过不断发展创新的生物质综合利用技术并将其应用于不同领域，可以实现可持续发展和低碳经济建设的重要目标。

参考文献

[1] 单明. 生物质能开发利用现状及挑战［J］. 可持续发展经济导刊，2022（4）：48-49.

[2] 尹芳，张无敌，许玲. 生物质资源综合利用［M］. 北京：化学工业出版社，2017.

[3] 汪一，江龙，徐俊. 生物质热化学转化原理及高效利用技术［M］. 武汉：华中科技大学出版社，2021.

[4] 赵程乐，孟贵，吴水荣，等. 我国林业生物质能源产业发展与政策演进分析［J］. 林业资源管理，2022（1）：1-7.

[5] 石祖梁，王飞，王久臣，等. 我国农作物秸秆资源利用特征、技术模式及发展建议［J］. 中国农业科技导报，2019，21（5）：8-16.

[6] 石晓晓，郑国砥，高定，等. 中国畜禽粪便养分资源总量及替代化肥潜力［J］. 资源科学，2021，43（2）：403-411.

[7] Wang Y，Zhang Y，Li J，et al. Biogas energy generated from livestock manure in China：Current situation and future trends［J］. Journal of Environmental Management，2021，297（1）：113324.

[8] 周海霞，袁丽红. 能源植物的开发与利用［J］. 中国科技论文在线，2008（3）：179-183.

[9] 张风春，李培，曲来叶．中国生物质能源植物种植现状及生物多样性保护［J］. 气候变化研究进展，2012，8（3）：220-227.

[10] 水电水利规划设计总院．改革开放四十年中国可再生能源发展成就与展望［M］. 北京：中国电力出版社，2018.

[11] 李艳芳，岳小花．我国生物质发电行业存在的问题及对策［J］. 中国地质大学学报（社会科学版），2009，9（2）：37-41.

[12] 王剑利，张金柱，吉金芳，等．生物质燃煤耦合发电技术现状及建议［J］. 华电技术，2019，41（11）：32-35.

[13] 邱辰，赵增海，郭雁珩，等．2021 年中国生物质发电现状与展望［J］. 水力发电，2022，48（11）：1-3.

[14] 袁艳文，刘昭，赵立欣，等．生物质沼气工程发展现状分析［J］. 江苏农业科学，2021，49（6）：28-33.

[15] Surendra K C，Takara D，Hashimoto A G，et al. Biogas as a sustainable energy source for developing countries：Opportunities and challenges［J］. Renewable and Sustainable Energy Reviews，2014，31：846-859.

[16] 秦汉俊，徐建东，开金龙，等．中国燃料乙醇的应用现状及推广建议［J］. 化工管理，2021（4）：3-4.

[17] 王纲，曾静，杨卓妮，等．中国燃料乙醇发展现状及展望［J］. 酿酒，2021，48（4）：27-31.

[18] 乔凯．生物柴油的综合利用与前景分析［D］. 北京：中国石油大学，2016.

[19] 陈晓红，王智勇，毛天宇．生物质成型燃料产业现状与发展前景［J］. 中国资源综合利用，2018，36（6）：83-85.

[20] Wang Y，Zhang M，Shen X，et al. Biomass-derived carbon materials：Controllable preparation and versatile applications［J］. Small，2021，17（40）：2008079.

[21] Chen H，Liu D，Shen Z，et al. Functional biomass carbons with hierarchical porous structure for supercapacitor electrode materials［J］. Electrochimica Acta，2015，180：241-251.

[22] Xu K，Dong J，Li X，et al. Evaluation of biomass and its thermal decomposition products as fuels for direct carbon fuel cells［J］. Biomass and Bioenergy，2019，130：105359.

[23] Zhang F，Wang K X，Li G D，et al. Hierarchical porous carbon derived from rice straw for lithium ion batteries with high-rate performance［J］. Electrochemistry Communications，2009，11（1）：130-133.

[24] Wu L，Shi X，Das P，et al. Recent application progress and key challenges of biomass-derived carbons in resistive strain/pressure sensor［J］. Science China Materials，2023，66：1702-1718.

[25] Jin B，Liu S，Jin D. Electrochemical sensor based on carbon material derived from Physalis Alkekengi L. husks for the analysis of ascorbic acid［J］. Asia-Pacific Journal of Chemical Engineering，2023，18（2）：e2871.

[26] Sun Q H，Wu Z F，Qin Z J，et al. A dog nose-inspired high-performance NH_3 gas sensor of biomass carbon materials with a pleated structure derived from rose tea［J］. Journal of

Materials Chemistry, A. Materials for Energy and Sustainability, 2022, 10 (27): 14326-14335.

[27] Jiang D, Li H, Cheng X, et al. A mechanism study of methylene blue adsorption on seaweed biomass derived carbon: From macroscopic to microscopic scale [J]. Process Safety and Environmental Protection, 2023, 172: 1132-1143.

[28] Zhuo S N, Dai T C, Ren H Y, et al. Simultaneous adsorption of phosphate and tetracycline by calcium modified corn stover biochar: Performance and mechanism [J]. Bioresource Technology, 2022, 359: 127477.

[29] Chen W, Fang Y, Li K, et al. Bamboo wastes catalytic pyrolysis with N-doped biochar catalyst for phenols products [J]. Applied Energy, 2020, 260: 114242.

[30] 苏亚欣，毛玉如，赵精德．新能源与可再生能源概论 [M]. 北京：北京工业出版社，2006.

[31] 张嵎喆，王君，林中萍．美国生物质能产业发展现状和相关政策研究 [J]. 全球科技经济瞭望，2008，23 (12)：5-8.

[32] Börjesson P, Hansson J, Berndes G. Future demand for forest-based biomass for energy purposes in Sweden [J]. Forest Ecology and Management, 2017, 383: 17-26.

[33] Amiandamhen S O, Kumar A, Adamopoulos S, et al. Bioenergy production and utilization in different sectors in Sweden: A state of the art review [J]. BioResources, 2020, 15 (4): 9834.

[34] IEA Bioenergy Implementation of bioenergy in the European Union-2021 update [R]. IEA Bioenergy, 2021.

[35] Word Bioenergy Association Global Bioenergy 2021 [R]. Stockholm: World Bioenergy Assciation, 2021.

[36] 王志伟，雷廷宙，陈高峰，等．瑞典生物质能发展状况及经验借鉴 [J]. 可再生能源，2019，37 (4)：488-494.

[37] 董利苹，曾静静，曲建升，等．欧盟碳中和政策体系评述及启示 [J]. 中国科学院院刊，2021，36 (12)：1463-1470.

[38] 钱炳宏，邵超峰．瑞典生物质资源转化利用政策行动路径演进及启示 [J]. 农业资源与环境学报，2023，40 (6)：1462-1477.

[39] 张宇，杨松．巴西生物质能发展可持续性研究 [J]. 拉丁美洲研究，2018，40 (3)：131-153，158.

[40] 张迪茜．生物质能源研究进展及应用前景 [D]. 北京：北京理工大学，2015.

[41] 钱能志，尹国平，陈卓梅．欧洲生物质能源开发利用现状和经验 [J]. 中外能源，2007 (3)：10-14.

[42] 蔡利祥．欧洲三国生物质能源利用状况与启发 [J]. 林业调查规划，2007 (3)：106-109.

2 生物质的类型

生物质类型丰富多样，涵盖林业生物质、农业生物质、畜禽粪便、工业废弃物和固体废弃物等多个类别，构成了生物质资源的多元体系。生物质资源是指直接或间接地来源于绿色植物的光合作用产物，包括植物、动物及其排泄物、微生物以及由这些生物体派生、排泄或代谢的物质。林业生物质包含各类树木枝干、树叶、木屑等，是森林资源开发利用过程中产生的重要物质资源，具有可再生性与广泛分布性的特点，可在能源转化、材料制造等多领域发挥价值。农业生物质如农作物秸秆、谷壳等数量庞大，随着农业生产的持续进行而源源不断地产生，为生物质能源开发提供了稳定的原料来源，并且在农业生态循环中占据关键地位。畜禽粪便既是农业生产的副产物，也是一种特殊的生物质资源，若加以合理利用，能够有效转化为沼气等清洁能源，减少环境污染的同时创造能源效益。工业废弃物主要来源于各类工业生产活动，如化工、金属加工、纺织等行业在生产流程中所产生的有机残余物、废渣等。这些工业废弃物蕴含着一定的能量与物质价值，通过先进的技术处理与转化手段，能够变废为宝，成为生物质能源或其他高附加值产品的重要来源，从而减少对原生资源的依赖，并降低工业生产对环境的负面影响。固体废弃物则涵盖了日常生活垃圾、建筑垃圾以及部分难以归类的废弃固体物质等。其中有机成分部分同样属于生物质资源范畴，可借助特定的生物处理技术，如堆肥、厌氧发酵等，实现有机物质的分解与转化，可产生沼气、生物肥料等有用产物，也有助于降低固体废弃物的总量与环境危害。划分生物质类型，可以反映各行业各场景生物质利用现状，预估生物质利用潜力，也是研究生物圈农林生态物质循环的基础，对改进生物质处理和利用技术有重要意义。

2.1 林业生物质

我国林业生物质种类丰富，发展潜力巨大。通过工业化利用途径，将富含油脂、木质纤维及非食物类果实淀粉的林木生物质材料转化为多种形式的能源产品和生物基产品，包括液体生物柴油和燃料乙醇、固体成型燃料、气体燃料、直燃发电以及生物塑料等。开发利用林业生物质能源，有利于维护国家能源安全、改善生态环境，推动我国能源发展战略转型，解决能源与环境突出问题。我国目前的能源消耗总量和碳排放总量均居世界前列。发展林业生物质等可再生资源，是降低温室气体排放，提高资源利用效率的关键手段。我国林业生物质资源存量丰富且具有可再生性，因此在环保科技和清洁技术领域有着极大的发展潜力。

2.1.1　林业生物质资源量

截至 2023 年年底，中国森林覆盖率超过 25%，其中福建、江西和广西三省的森林覆盖率已超过 60%。森林蓄积量超过 200 亿立方米，年碳汇量达到 12 亿吨以上，人工林面积居世界首位，成为全球增绿最多的国家。中国林草产业总产值超过 9 万亿元，形成了木竹加工、森林食品、林下经济、生态旅游等年产值超万亿元的支柱产业，成为全球主要林产品的最大贸易、生产和消费国。此外，我国森林面积已达 2.31 亿公顷，其中活立木总蓄积量就高达 190 万公顷，其面积高于包括蒙古及东南亚和东亚在内的许多国家。充分利用林业剩余物、现有部分森林资源和定向培育的能源林等林业生物质资源可以发展生物质能源，发挥森林生态功能，推动森林可持续发展，从而实现生态和能源双赢。

现有林业生物质资源用作能源可分为利用油料作物果实制备生物柴油、利用木本含淀粉果实制备燃料乙醇和利用木质生物燃料三类。我国木本油料植物中，种子含油量在 40%以上的植物有上百种。木本油料树种总面积超过 600 万公顷，果实产量在 500 万吨以上，除油茶、油桐、核桃等少量油料资源已开发食用或工业用途外，大多数油料植物尚未被开发利用，若收集加工，可得到数量可观的生物柴油。目前，具有良好的资源和技术基础并可规模化培育的油料能源林约有 10 种，如黄连木、麻风树、光皮树、文冠果、油桐、乌桕等。

一些食用果实（如板栗等）富含淀粉，此外，还有一些非食用的木本树种果实中含淀粉也很丰富，如栎类果实淀粉含量近 50%。全国栎类现有面积达 2.7 亿亩（0.18 亿公顷，1 亩 = 666.7 m^2），仅内蒙古、吉林、黑龙江三省区栎类林现有面积超过 1 亿亩（667 万公顷）。按栎类林果实现有年平均产量计算，可年产果实 1000 万吨以上，可获得淀粉 500 多万吨，能够生产燃料乙醇 250 万吨。

我国现有 300 万公顷以上薪炭林，每年可获得 0.8 亿～1 亿吨高燃烧值的生物量；全国灌木林地总面积 4500 万公顷以上。灌木都有平茬特点，三五年就需要收割一次，收割下来的生物量是很好的木质燃料。目前，我国北方有大面积的灌木林亟待利用，估计每年可采集木质燃料资源 1 亿吨左右。而且这些年来造林绿化的快速发展，全国用材林已形成大约 5700 万公顷以上的中幼龄林，通过抚育间伐，可提供 1 亿吨以上的生物质原料。

2.1.2　林业生物质利用现状

林业生物质的利用主要是进行木质生物质能源化和资源化，其研究范畴涵盖活性炭、木材制浆和木材胶黏剂等领域，包括相关的基础应用和关键技术研究。

（1）在木质生物质能源化利用以及制备活性炭方面，活性炭产品生产工艺及其设备开发进展显著。随着国家对生物质能源的重视，通过改进裂解工艺、炉型设计、生物质气化及成型燃料等技术来制备活性炭均已广泛开展研究并实现工业化生产。同时，在利用木质素能源化利用方面，也先后开展了大量工作，包括研究木质素热解制活性炭，木质素磺酸盐的生产利用以及木质素直接燃烧技术等。

（2）木材制浆造纸也是进行木质生物质能源化和资源化的方式之一。木材制浆造纸主要集中在高得率制浆、化学机械浆和生物制浆技术。20 世纪 80 年代以前，我国造纸工业原料以草浆为主，但存在生产效率低，产品质量差，废水影响环境的问题。因此，我国提出“林纸一体化”概念，造纸原料逐步向木材过渡，进入 21 世纪后，林纸一体化工程建设步入快车道。目前我国高得率制浆技术，可以利用价格低廉、来源广泛的速生材及林产工业剩余物生产得率高，强度、洁净度和白度均好的纸浆。由于研究条件和手段的限制，目前大部分研究工作集中在传统的木材化学分析、材性和纤维形态、常规制浆方法过程中脱木素机制、纤维素和半纤维素损伤机理等方面。在生物法降解木质素机理、酶法预处理辅助漂白和改善纸浆性能、废水污染特征分析和处理工艺技术研究等领域尚处于起步阶段。

（3）当前我国木材胶黏剂需求量巨大，环境友好型木材胶黏剂亟须开发。我国人造板产量世界第一，制品广泛用于室内装饰。每年需要木材胶黏剂 250 万吨，主要为基于石化产品的脲醛树脂、酚醛树脂和三聚氰胺-甲醛树脂。随着人们的环保意识日益增强，对胶合板的甲醛释放量越来越关注，我国于 2004 年颁布的《胶合板》国家标准（GB/T 9846.1~9846.8—2004）对胶合板及其制品的甲醛释放量加以规范，低（无）甲醛释放的木材胶黏剂具有巨大的市场潜力。采用功能型单体对木质素及其盐结构中活性基团进行化学改性，制备可聚合型木质素；利用脲醛树脂、酚醛树脂中的活性基团与上述可聚合型木质素反应，得到了木质素基复合胶黏剂。该类产品既减少了传统木材胶黏剂有害成分甲醛、苯酚的使用量，又由于具有和木材本身结构的相近性提高了粘接效果。实现了林业生物质的资源化利用。

林业生物质的利用范畴还拓展至非木质资源的化学利用领域。主要是对于原料中所蕴含的各种天然有机产物加以利用，例如萜类化合物、生物碱、黄酮类化合物、多酚、脂肪酸、多糖及其他天然化合物。目前的主要产品为松香、松节油、植物单宁、紫胶、桐油、芳香油、生物活性提取物及其深加工产品等。

（1）在松脂的化学利用方面，主要进行了包括采脂方法、松脂加工工艺，松香、松节油深加工利用，松树化学分类以及松树病虫害化学等方面的研究工作。就松香、松节油深加工而言，我国目前松香深加工利用率已近 40%，松节油的深加工利用率接近 100%，已能够生产氢化松香、无色松香、无色松香脂等高技术含量的产品。但缺少产品的系列化，所以深加工产品的型号种类相较于国外明显匮乏，在技术集成配套能力、工艺水平、新产品开发能力等方面存在较大差距。近年来，我国深加工工艺和技术的引进步伐在加快，缩短了我国松香、松节油深加工工业技术装备与国际先进水平的差距。

（2）针对植物提取物的化学利用，植物提取物的化学成分剖析、加工工艺开发与应用等方面的研究蓬勃发展，为促进我国植物提取物的开发与利用打下了良好的技术基础。经过长期的研究和开发实践，众多高价值的林产植物资源提取物的基础研究与开发利用取得较大的进展。许多研究成果在生产中获得推广应用，五倍子、银杏等我国林业特产资源的综合开发利用取得迅猛发展，其他林业经济植物资源的开发利用也呈现遍地开花之势，这在直接为国家出口创汇的同时，也为山区农民带来可观的经济收入。

最新的研究发现，可以利用红背桂叶提取物作为原料以制备纳米铁（FeNPs），该物质可用于矿山废水中稀土元素的选择性回收。其中，对稀土元素 Y(Ⅲ）的选择性回收率为 89.4%，对 Ce(Ⅲ）的选择性回收率为 79.8%。FeNPs 对 Y(Ⅲ）和 Ce(Ⅲ）的高选择性回收效率是由于其与 O 或 N 络合的选择性吸附、与覆盖层中官能团中存在的 H^+ 的离子交换以及静电相互作用的综合效应。树脂黏合剂（FPL）是一种常见的木材黏合剂，它是通过将分离出的木质素与苯酚在碱性条件下与甲醛发生反应而制成的。然而，现有的商业木质素分子量较高，由于提取过程中的缩合作用，可用的反应位点较少。最近有研究发现未发生缩合或仅有轻微缩合的木质素可以直接用作木材黏合剂，并可在热压时发生交联。其利用高活性木质素制备出粘接性能优异的新型绿色木质素胶黏剂，制备方法简单有效，大大降低制备成本，具有推动工程材料向绿色、低碳和可持续发展方向迈进的巨大潜力。且采用这种新型绿色木质素胶黏剂，可以减少对传统石化基胶黏剂的依赖，降低环境影响，并促进可持续发展。

2.1.3　林业生物质处理工艺与技术

2.1.3.1　直接燃烧技术

直接燃烧技术是林业生物质能源利用的基础方式之一。它通过将林业生物质直接投入特定燃烧设备中，使其燃烧释放热量来加以利用。在一些小型供热场景中，比如农村的小型供暖锅炉，直接燃烧林业生物质（如树枝、木屑等）即可满足局部的热能需求。这种技术的操作相对简单，不需要复杂的转化过程，因而在设备和技术要求上较为基础，易于在资源分散、能源需求规模较小的区域推广应用。然而，该技术也面临着一些挑战。燃烧效率是一个关键问题，由于林业生物质的特性，如含水量、密度等因素的影响，其燃烧效率往往低于传统化石燃料。并且，燃烧过程中的环保问题也不容忽视，例如燃烧产生的烟尘中可能含有大量的颗粒物、二氧化硫等污染物，如果直接排放会对空气质量造成严重影响。所以，在应用直接燃烧技术时，需要采用一系列的改进措施，如优化燃烧设备的设计，提高燃烧温度和空气供给的合理性，以提升燃烧效率；同时，配备有效的除尘、脱硫装置，控制烟尘排放，减少对环境的危害。

2.1.3.2 热化学转换技术

热化学转换技术利用高温、化学反应等手段，让林业生物质发生化学变化，转化为更具价值的能源形式，像常见的气化发电等都依靠此技术。在林业生物质热化学转换过程中，常见的方式有气化、热解等。气化是将林业生物质在高温、缺氧或部分缺氧的条件下转化为可燃气体，这种可燃气体可直接用于燃烧发电或作为合成其他化学品的原料。热解则是在隔绝空气或少量空气的情况下，对林业生物质进行加热分解，得到生物炭、生物油和可燃气体等产物。不过在实施过程中对反应条件的控制要求较高，需要精准把控温度、压力等诸多参数，以保障转化的高效与稳定。例如，在气化过程中，温度通常需要控制在 800~1000 ℃，压力也需维持在一定水平，若温度或压力出现较大波动，可能导致气化不完全、气体热值不稳定等问题，影响能源转化效率和后续利用。

2.1.3.3 生物转换技术

生物转换技术借助微生物等生物手段，促使林业生物质进行发酵等生物过程，进而生成如燃料乙醇等可用能源。在实际应用中，以木质纤维素类林业生物质为例，首先要对其进行预处理，破坏木质素与纤维素、半纤维素的结构，使微生物能够更有效地接触并分解糖类物质。然后，利用特定的微生物（如酵母菌等）在适宜的温度、pH 等条件下进行发酵。一般来说，酵母菌发酵的适宜温度在 25~35 ℃，pH 维持在 4.5~5.5。通过发酵过程，糖类物质被转化为酒精等产物，经过后续的提纯等工艺，就可得到燃料乙醇。这一技术较为环保，因为整个过程中碳排放相对较少，且能有效利用生物质资源。不过微生物的生长环境、发酵周期等都是影响其转化效果的关键因素。例如，微生物生长需要合适的碳氮比，通常在 20∶1~30∶1，如果碳氮比失调，微生物的生长繁殖会受到抑制，从而影响发酵效率。此外，发酵周期过长可能导致染菌风险增加，成本也会相应提高。所以，需要合理调节培养条件来提升能源产出量，包括精准控制温度、pH、碳氮比等参数，优化发酵设备的设计与操作，加强发酵过程中的监测与调控等措施，以实现生物转换技术的高效运行，提高林业生物质能源的生产效率和质量，推动其在能源领域的更广泛应用。

2.1.3.4 液化技术

液化技术可将林业生物质转化为液态的能源产品，这种液态产品便于储存和运输，更利于后续的使用分配，但该技术在转化过程中往往需要特定的催化剂以及合适的工艺设备配合，以确保林业生物质能顺利实现从固态到液态的转变，且保证转化产物质量。在林业生物质的液化反应中，常用的催化剂有金属催化剂（如镍基催化剂、钴基催化剂等）和酸性催化剂（如硫酸、磷酸等）。这些催化剂能够降低反应的活化能，加速林业生物质中大分子化合物的分解和转化。例如，在以木材为原料的液化实验中，使用镍基催化剂在一定的温度和压力条件下，可以使木材中的纤维素和半纤维素较快地转化为糖类和醇类等小分子化合物，进而形成液态产物。同时，液化工艺设备需要具备良好的密封性、精确的温度和压力控制系统等。反应釜作为关键设备，其材质要能够耐受反应过程中的高温、高压以及可能存在的腐蚀性物质。此外，进料系统、出料系统以及产物分离与提纯装置等也都需要精心设计与调试，以保障整个液化过程的高效、稳定运行，实现林业生物质向高附加值液态能源产品的有效转化，为林业生物质能源的多元化利用提供有力支持。

虽然我国生物质资源丰富，但是我国林业生物质能源产业发展尚处于初级阶段，面临资源分布不均、资源利用率低、部分技术研发薄弱、产业链不畅、市场机制不健全、产业政策扶持力度不够、相关政策法规尚未完善等问题。我国目前各项法律中所包含的与林业生物质能源发展相关的内容都是以鼓励开发生物质燃料，鼓励发展能源作物为主，缺乏具体的实施细则，各地方政府的实际操作难度大。因此，国家政府应在现有法律基础上根据林业生物质能源产业的发展特性出台具体的实施细则，根据国家不同阶段能源发展目标，适时对生物质能源相关的法律条例进行调整和更新。

我国林业生物质能源领域的经济扶持政策主要由资金扶持（无偿资助和贷款贴息）、减免税收和政府补贴三方面构成。在 2006 年的《可再生能源发展专项资金管理暂行办法》发布伊始，财政部牵头联合其他部委和局级机构，出台了一批激励可再生能源发展的专项资金和补贴措施，其中重点扶持以生物乙醇燃料和生物柴油为代表的重大项目。

2.2　农业生物质

农业生物质资源是指农业生产过程中产生的各种有机物质，包括农作物秸秆等，如图 2.1 所示。这些资源具有广泛的用途，其中的秸秆作为工农业的重要生产资料，用途广泛，可用于肥料、饲料、造纸与纤维等工业原料，而农产品加工废弃物由于集中度高，利用便捷，已经得到广泛应用，例如稻壳可作为饲料添加剂、甘蔗渣可作为造纸和纤维板原料，玉米芯可用于生产糠醛，扣除非能源消纳部分，约有 46%的农业废弃物可作为生物质能源被利用。农业生物质能源的开发利用不仅能缓解我国能源紧缺问题，而且还有利于解决我国“三农”问题。

图 2.1 农业生物质
（a）玉米秸秆；（b）玉米芯

2.2.1 农业生物质资源量

我国作为农业大国，农业生物质资源量极为可观。最新统计数据显示，每年农作物秸秆总产量高达数亿吨，例如 2022 年，全国农作物秸秆理论资源量约为 9.8 亿吨，可收集资源量约为 7.6 亿吨。其中，玉米秸秆、小麦秸秆和水稻秸秆在总量中占比较大，分别约为 3.6 亿吨、1.7 亿吨和 1.4 亿吨。畜禽粪便方面，随着畜牧业的规模化发展，其产生量也相当惊人。2022 年，全国畜禽粪便产生总量约为 35 亿吨，其中牛粪、猪粪和鸡粪是主要组成部分，分别约占总量的 30%、25%和 20%左右。直至 2019 年年底，全国建成大型沼气和生物天然气工程 7737 处，年处理畜禽粪便、秸秆等农业废弃物约 1.9×10^8 t，已建成成型燃料厂及加工点 2360 处，年产量 1.10×10^7 t，能够替代标煤约 5.0×10^6 t，减排二氧化碳约 1248×10^7 t，建有各类秸秆热解气化工程 376 处、炭化工程 91 处，供气 1.85×10^4 户，生产生物炭 3.43×10^5 t。在农户居住相对集中的村镇、社区，聚焦农村集中供暖用能需求，以秸秆、稻壳、林业剩余物等生物质为原料，推广生物质成型清洁燃烧、打捆直燃技术，建设规模化集中供暖工程，提供清洁能源。截至 2020 年年底，全国建成秸秆打捆直燃供暖试点 238 处，供暖面积约 8.15×10^7 m^2；建成秸秆成型燃料厂及加工点 2664 处，年产量 1.28×10^8 t。农产品加工废弃物同样不容忽视，如甘蔗渣、苹果渣等每年的产生量也达到了数千万吨级别。这些丰富的农业生物质资源，如果得到合理开发利用，将对能源供应和环境保护产生深远影响。

2.2.2　农业生物质利用现状

农业生物质的利用体现在如下方面：

（1）直接燃烧供热。在部分农村地区，农作物秸秆仍然被广泛用于直接燃烧取暖和炊事。然而，这种传统方式燃烧效率较低，通常仅有15%~20%，且会产生大量烟尘等污染物，对环境和人体健康造成一定危害。

（2）生物质发电。近年来，生物质发电产业发展迅速。截至2022年年底，全国生物质发电装机容量达到3800万千瓦，年发电量约为1800亿千瓦时。以某大型生物质发电企业为例，其每年可消耗数十万吨农作物秸秆和林业废弃物，有效减少了这些废弃物对环境的影响，同时为电网提供了清洁电力。

（3）生物天然气生产。通过厌氧发酵技术将畜禽粪便、农作物秸秆等转化为生物天然气，是一种高效的能源化利用方式。目前，全国已建成多个大型生物天然气工程，年产生物天然气总量达到数亿立方米。例如，某生物天然气项目日处理畜禽粪便和秸秆等原料可达数百吨，日产生物天然气量约为3万立方米，可为周边地区提供清洁能源，同时生产的沼渣沼液还可作为优质有机肥料还田。

（4）堆肥还田。堆肥是处理畜禽粪便和农作物秸秆的常见方式之一。通过微生物发酵，农业废弃物转化为有机肥料，可增加土壤有机质的含量，改善土壤结构，提高土壤肥力。据统计，全国每年通过堆肥还田的农业生物质废弃物占总量的30%左右。

（5）沼肥利用。生物天然气生产过程中产生的沼渣沼液富含氮、磷、钾等营养元素，是优质的有机肥料。目前，部分地区已开始推广沼肥在蔬菜、水果等种植中的应用，取得了良好的效果，不仅提高了农产品产量和品质，还减少了化学肥料的使用量。

尽管农业生物质资源开发利用取得了一定进展，但仍面临诸多问题。中国农业用地面积大，生物质资源丰富，随着我国经济发展和生活水平的不断提高，包括作物秸秆在内的农业废弃物已从以前的生活能源和动物饲料转化为“农业废物”。我国水稻、玉米等农作物产量平均增加48%。大量的肥料，特别是化肥的投入提高了作物单产，形成了我国独特的高强度利用生产系统。然而化肥施用强度不断增长的情况下，必然会对土壤造成一定的影响。我国农业生产过程中过度施用化肥、农药、杀虫剂导致土壤污染退化的现象非常严重，各地每年受污染耕地面积达$6.7\times10^7\ hm^2$。因秸秆原料松散、体积大、运输不便、燃烧特性差等缺点，我国约有20%的作物秸秆得不到有效利用，被焚烧或废弃在田间地头。包括田间农业废弃物焚烧在内的人类活动增加了温室气体和有机污染气体的排放总量，影响了气候和大气环境变化；田间和家庭燃烧产生大量的颗粒物和气态污染物，也是引起灰霾天气的主要原因之一。此外，农业废弃物的不合理运用也造成了不可估量的资源浪费和环境污染。

2.2.3 农业生物质处理工艺与技术

在我国当前的农业领域，生物质资源化利用主要体现在能源化、饲料化、原料化、基料化以及生物质炭化等多个维度，各维度均展现出独特的工艺技术特点与应用价值。

（1）能源化利用。在厌氧情况下，农作物秸秆或秸秆与畜禽粪便的混合物可进行发酵反应从而产生沼气。沼气用于发电或供热，发酵过程中产生的沼渣用于生产有机肥，沼液可用于灌溉或经过深度处理达标后排放。然而，沼气工程存在弃置率高的问题，并且受设备和管网条件的限制，制约了其推广程度和应用范围。

（2）饲料化利用。农业生物质，尤其是农作物秸秆，由于其中含有较高的木质纤维素，可将秸秆木质纤维素有效降解成葡萄糖和易消化利用的低分子碳水化合物，进而转化成能量饲料和蛋白饲料等。农业生物质饲料化利用有助于解决畜牧生产中饲料短缺和秸秆资源浪费的问题。

（3）原料化利用。原料化利用主要是将秸秆作为工业生产的原料加以利用。秸秆不仅是造纸行业的主要原料，还可用于生产秸秆人造板材。此外，秸秆在复合材料生产领域也具有广泛应用前景，包括秸秆纤维粉体加工、秸秆生物活化功能材料制备、秸秆改性碳基功能材料制备、超临界秸秆纤维塑性材料制备、秸秆树脂强化型复合型材料制备等技术在内的秸秆复合材料生产。这将加快工业材料应用技术研究，对于提升农业生物质的消纳量具有至关重要的意义，有助于推动农业与工业之间的资源循环利用与协同发展。

（4）基料化利用。基料化利用的主要方式是利用农作物秸秆全部或部分替代锯末、科学配制食用菌培养基料进行食用菌生产。利用农作物秸秆栽培食用菌既能解决食用菌大规模生产发展中存在的主料来源问题，也有效降低了生产成本；同时还实现了废弃的农作物秸秆的资源化利用，减少环境污染，达成了经济效益、社会效益与生态效益的有机统一，为农业废弃物的高值化利用提供了可行路径。

（5）生物质炭化利用。生物炭是动植物废弃物和生活生产产生的有机废弃物，在完全或部分缺氧条件下，经过低温热解所产生的固体残渣。生物质炭化过程如图 2.2 所示。生物炭大多呈现碱性，具有特殊的多孔性结构、超强的吸附性能，以及富含多种营养元素和特殊官能团等特点。这些特性使得生物炭在改善土壤质量、改良酸性土壤、增加作物产量、去除土壤中的污染物等方面有一定成效，为农业生态环境的优化与可持续发展提供了新的技术手段与物质基础。

图 2. 2　农业生物质经过炭化炉加工获得生物炭
(a) 炭化前；(b) 炭化中；(c) 炭化完成

2. 3　畜禽粪便

畜牧业作为我国农业的重要支柱产业，在过去近十年间始终保持着持续且稳定的发展态势，为满足民众对高蛋白食品的需求、丰富食品供应体系发挥了不可替代的关键作用。其为社会提供了丰富多样的动物性蛋白质来源，有力保障了人民群众日益增长的美好生活需要。然而，随着畜牧业的迅猛发展，一个不容忽视的问题逐渐凸显，即大量畜禽粪便的产生极其不合理排放所引发的一系列环境与生态挑战。随着畜牧业的快速发展，产生了大量的副产品畜禽粪便。大量的畜禽粪便不合理地排放，造成了农业面源污染，严重污染了土壤和水源。现如今，如何科学有效地处理畜禽粪便，实现其从废弃物向宝贵资源的转化，推动畜禽粪便的循环利用与生态化应用，已成为当前养殖业实现可持续发展以及维护整个大环境生态平衡与健康的核心议题与重大挑战。因此，深入探索并实施畜禽粪便资源化利用的创新技术与可持续发展模式，已成为当前农业与环保领域的研究重点和实践方向，对于构建资源节约型、环境友好型农业生产体系，实现经济发展与生态保护的协同共进具有深远的战略意义。

2. 3. 1　畜禽粪便资源量

直至 2021 年年底，我国畜禽养殖在不同品类上呈现出多样化的规模格局。在种猪养殖方面，我国有种猪场 4323 个，存栏种猪 3294. 9 万头；种牛养殖领域，有种牛场 604 个，存栏种牛 165. 9 万头；种羊养殖上，有种羊场 1162 个，存栏种羊 377. 5 万只；种禽养殖规模也较为可观，有种禽场 2193 个，祖代以上种禽存栏蛋鸡 278. 3 万只、肉鸡 1207. 6 万只；有种马场 45 个，存栏 1. 4 万匹；有种兔场 70 个，存栏种兔 202. 4 万只；有种蜂场 88 个，存栏种蜂 7. 5 万群；此外，还有其他种畜禽场113个。在政策支持层面，中央财政持续发力，对120个县整县推进畜禽粪便资源化利用，开展农业绿色发展综合试点等，持续完善制度和政策，推动构建种养结合、粮草兼顾的新型农牧业结构，全国畜禽粪便资源化综合利用率超过76%，畜禽养殖废弃物资源化利用水平进一步提升。

我国主要畜禽废弃物的产生与当代畜牧业规模化的养殖模式紧密相关。其中，猪、鸡和牛是我国主要的畜禽，其粪便资源量颇为可观。根据这些畜禽品种、体重、粪便排泄量等因素估算畜禽粪便能源发现，我国畜禽粪便实物总量达到1.27×10^9 t，具备可开发潜力的量为8.84×10^8 t，其中猪粪、鸡粪和牛粪分别为3.39×10^8 t，8.00×10^7 t和4.46×10^8 t。从能量角度分析，每千克猪粪、鸡粪和牛粪的能量值分别为12545 kJ、18817 kJ和13799 kJ，折算为年产能分别是3.93×10^7 t、2.91×10^7 t和4.14×10^7 t（标准煤），共计1.10×10^8 t标准煤。这一庞大的能量资源量充分彰显了畜禽粪便在能源开发领域的巨大潜力，若能实现有效利用，将为我国能源结构优化和可持续发展提供有力支撑。

2.3.2 畜禽粪便利用现状

从畜禽粪便开发利用现状来看，目前，我国在畜禽粪便开发利用方面已开展了多维度的实践探索。在能源化利用领域，厌氧发酵技术被广泛应用于畜禽粪便处理，通过发酵产生沼气，进而用于发电或供热，实现了废弃物向能源的转化；部分地区还探索将畜禽粪便进行热解气化处理，获取生物燃气等清洁能源。在肥料化利用方面，堆肥处理是常见方式之一，将畜禽粪便与秸秆等农业废弃物混合堆肥，制成有机肥料还田，有效提升土壤肥力，促进农作物生长，实现了资源的循环利用；此外，一些先进的生物处理技术也被应用于生产高效有机肥料，提高了肥料品质和利用效率。在饲料化利用层面，虽然仍处于探索阶段，但是部分研究致力于通过微生物发酵等技术处理畜禽粪便，将其转化为饲料资源，用于养殖动物的饲料补充，若取得突破，有望缓解饲料资源压力。

然而，尽管已取得一定进展，畜禽粪便开发利用仍面临诸多挑战。例如，技术应用成本较高，限制了部分中小企业和养殖户的参与积极性；收集与运输体系不完善，导致粪便资源分布不均衡，难以实现规模化集中处理；相关标准与规范尚需进一步健全，以确保处理过程的安全性和有效性等。未来，需要持续加大技术研发投入，优化政策支持体系，完善产业链条，以全面提升畜禽粪便的开发利用水平，实现畜牧业与生态环境的协调发展。

畜禽养殖业快速发展的同时也对世界各国生态环境构成了严重威胁。无论是个体养殖，还是大中型规模养殖，产生的大量污水、粪便都难以用传统的还田方式处理，如果处理不当，则极易对环境、饮用水源和生态造成严重危害。畜禽粪便一般会造成以下几类危害：

（1）空气污染。畜禽养殖场业排放的恶臭（包括有毒有害气体，如氨、甲烷、含硫化合物等）粉尘和微生物等各种污染物，不但危害人畜健康，还污染大气环境。例如，氨的排放会促进酸雨的形成，含硫化合物会加剧大气的酸化程度，甲烷作为一种温室气体，其大量排放会加剧全球气候变暖的趋势，对全球生态系统的稳定产生深远影响。

（2）水体污染。养殖场产生的未经处理的畜禽排泄物若浸入周边地表径流，将引发一系列水体污染问题。其中，水体中的微生物数量增多导致水体的卫生状况恶化，增加水传播疾病的风险；有机物含量增高会消耗水中的溶解氧，引发水体缺氧现象，导致水生生物死亡，严重破坏水生态系统的平衡；固体悬浮物的增加会使水体浑浊度上升，影响水体的光学性质，进而干扰水生植物的光合作用。

（3）土壤污染。畜禽粪便本身具有一定的土壤改良作用，例如增加土壤养分、增强土壤微生物活性、降低污染土壤的重金属物质的毒性以及改善作物品质等。当未经过无害化处理的动物粪便作为有机肥料直接施用于土壤，而土壤中这些物质富集到一定数量，超过土壤自身的承载和自净能力时，便会出现厌氧腐化和降解不完全等现象，使土壤性状发生变化，造成土壤板结、土壤透水透气性下降，损害土壤质量，甚至使土地失去生产价值。另外，畜禽饲料及添加剂中往往添加一些能促进动物生长的微量元素、抗生素等物质，其在环境中可能会被生物缓慢修复、降解，但也会在土壤中积累，这些物质被作物吸收后，最终富集于人体，威胁人类健康。

（4）传播病菌。畜禽体内的微生物通过消化道，以粪便为载体被排出体外，其中包括大量的病原菌和有害微生物。我国“人畜共患疾病”达 120 多种，其传播途径主要是通过患病动物的排泄物、废水等污染物。如大肠杆菌、禽流感病毒、蛔虫卵和球虫卵等会从患病或带病的家畜随粪便排出，如果粪便未经处理而使用，将会成为危险的传染源，造成疫病传播，不仅影响畜禽健康，有些病原体还会危害人类的健康。

综上所述，畜禽粪便对环境的危害是多方面、多层次的，若不加以有效治理，将对生态环境、人类健康和社会经济发展产生深远的负面影响。因此，加强畜禽粪便的无害化处理和资源化利用技术研发与推广应用，已成为当前畜牧业可持续发展和环境保护领域亟待解决的关键问题。

2.3.3 畜禽粪便处理工艺与技术

2.3.3.1 堆肥法

堆肥法是畜禽固体废弃物肥料化及无害化方式中最常用的方法，其原理是利用堆肥化对有机废弃物进行处理，堆肥化是一种可控的生物降解和转化的过程。在此过程中，关键环节是分解难利用的木质纤维素等物质，而木质纤维素的分解速率在很大程度上决定了堆肥化进程的快慢。

近年来，对于堆肥接菌剂的应用存在不同观点。一些研究者们尝试运用接种微生物的方法提高堆肥效率与品质。该方法可以丰富堆肥物料中微生物群体的种类、扩大微生物群体的数量，使堆肥达到高温的时间缩短、堆肥高温持续时间加长、微生物的分解活性增强、木质纤维素等有机物的分解速率加快，同时促进堆肥材料的腐熟、缩短堆肥进程，从而增强堆肥的效率，提高堆肥质量。也有学者认为接种微生物的方法不能有效地加速堆肥进程或提高堆肥产品的质量，因为堆肥原料本身含有各种各样数量庞大且繁殖速度较快的微生物，这些微生物在适宜的条件下会在很短时间内快速繁殖，堆肥原料中的这些自身因素直接影响堆肥效率及堆肥产品质量。

另外，接种的微生物多在实验室条件下培养得到，除了存在对环境适应性的问题，还存在与土著微生物竞争的问题。堆肥化是一个复杂的过程，其中微生物群体起着重要作用，影响着环境的变化，如温度、pH 等。同时，可利用的有机物质和环境条件在一定程度上决定了堆肥化过程中微生物群体的数量和种类。可以说，在每个阶段中，优势微生物种群与特定的有机物质和温度条件相对应。在堆肥化的早期阶段，较易分解的有机物质（如富含碳和氮的物质）为优势微生物提供了丰富的营养来源。这些微生物通常是快速生长的好氧微生物，它们通过分解有机物质产生热量，导致堆肥堆的温度升高。当堆肥堆内部温度升高时，好氧微生物逐渐被厌氧微生物所取代。厌氧微生物能够在低氧环境中生存并分解堆肥堆中难以降解的有机物质，如纤维素和木质素。这些微生物产生的代谢产物进一步促进了堆肥化过程。在堆肥化的后期阶段，堆肥堆中的有机物质逐渐减少，同时堆肥堆的温度和 pH 趋于稳定。此时，一些慢速生长的微生物种群，如真菌和放线菌，开始在堆肥堆中发挥重要作用。它们能够分解较为复杂的有机物质，进一步降低堆肥堆的碳氮比，并促进养分的释放。接种的外源微生物菌剂也可能与堆肥土著微生物之间存在竞争，致使二者均不能充分地发挥其作用。因此，微生物接种剂能否与土著微生物竞争而且繁殖，从而占优势是其发挥作用的关键。有些微生物虽然在单独培养时具有很强的分解活性，但是在实际应用中，易被土著菌抑制，发挥不到期望的作用，甚至是完全失效的。有机废弃物分解腐熟过程是极其复杂的微生物代谢过程，要使微生物菌剂发挥作用，需要创建特定分解微生物种群，使其具有稳定的功能及特性，尤其要使添加的微生物菌剂在初期占据优势显得极为重要。实际生产中，微生物接菌剂的功能稳定性、抵抗外来杂菌污染能力、对特定环境的适应性及可利用营养物质的经济适用性等特性是评价其利用价值的重要指标，其中微生物接菌剂功能的稳定性又是其发挥作用的基础。

2.3.3.2 厌氧发酵技术（沼气工程）

畜禽粪便多作为原料运用于生物质沼气工程，其原理是利用厌氧发酵技术产生沼气。畜禽粪便中含有大量的能量，通过厌氧发酵技术可以将粪便中的能量转化成可燃气体，不仅有效保留畜禽粪便中的肥分，为人类生活提供清洁能源，还减轻了环境污染，具有良好的农业经济效益。沼气是在厌氧微生物降解过程中产生的以甲烷为主的混合气体，经提纯和净化后甲烷质量分数可达97%以上，被认为是替代天然气比较可行的生物能源之一。沼气发酵是一个微生物作用的过程，它是各种有机质（包括农作物秸秆、禽畜粪便等）在厌氧及其他适宜的条件下，通过多种生理不同的微生物类群联合作用，完成这个复杂的过程，最终转化成沼气。废弃资源资源化和无害化的一种有效方式，其社会环境效益体现在以下三个方面：

（1）污染减排。通过对畜禽粪便进行厌氧消化，可减少畜禽粪便对土壤、水体和空气的污染，降低畜禽养殖业对周边环境的压力，有助于改善生态环境质量，保护生态系统平衡。

（2）资源循环利用。厌氧消化的沼渣和沼液中不仅保留了有机物分解所产生的氮、磷等多种养分，还含有一定量的生长素、维生素、有机酸、氨基酸等多种活性物质，另外沼气发酵过程中还杀死了绝大多数的有害生物，因此沼渣沼液适宜用作农用灌溉、生产有机肥等，这是沼液和沼渣利用和消纳的有效方式。

（3）能源替代与减排。沼气热利用或沼气发电可替代常规电力，减少有害气体的排放，有利于减轻空气污染。

沼气发酵原料为微生物的正常生命活动供给了所需的营养及能量，是产生沼气的物质基础，农业废弃物如秸秆、杂草、树叶以及畜禽粪便等都可以作为沼气发酵的原料，尤其是秸秆资源，是沼气发酵的最主要的原料之一。但在沼气生产过程中，以秸秆为主要原料进行厌氧发酵时，如不进行适当的处理，存在厌氧消化时间长、消化率低，产气量少等问题。因此，秸秆预处理是提高秸秆利用率和产气率的一种有效手段，成为目前秸秆沼气利用研究的重要内容。目前预处理秸秆的方法主要有物理法、化学法、生物法，这与工业生产中木质纤维原料预处理的原理类似。物理预处理包括切碎、研磨等方法，通过减小秸秆粒径，增大纤维材料与降解微生物接触的表面积，加快分解速度，提高沼气产量，同时也利于沼气池出料。化学预处理包括酸碱处理、热处理等。生物预处理包括添加菌剂、堆沤等。随着微生物技术的发展，沼气原料的生物预处理受到越来越多的关注。

畜禽粪便产生的沼气或生物天然气可广泛应用于炊事、取暖、发电和车用燃料等多个领域，不仅能够提供清洁的生物质能源，减少大气污染还能够保护农村生产生活环境，促进生态文明建设。

2.3.3.3　饲料化利用

畜禽粪便还可用作饲料原料。畜禽粪便含有大量未消化的蛋白质和粗脂肪，一定数量的碳水化合物、矿物质元素和B族维生素，特别是粗蛋白质含量较高。

例如，鸡粪精加工后可饲喂猪、牛和羊等。然而，畜禽粪便作饲料存在诸多问题。一方面，由于畜禽粪便作饲料存在能量低、矿物质含量较高，营养不平衡等问题，无法满足动物生长的全面需求。另一方面，畜禽养殖过程中使用的各种添加剂，如药物（抗虫药、磺胺等）、抗生素、重金属（铜、锌、砷等）、大量病原微生物及激素等，使畜禽排泄物中含有一些潜在的有害物质。当粪便再作为饲料使用时，一方面，被饲养的动物体内可能会出现某些成分超标甚至中毒问题；另一方面，还极易造成畜禽交叉感染或传染病的暴发。因此，一些国家主张不用粪便作饲料，还有一些国家主张粪水分离，固体粪渣无害化处理后用作饲料，液体部分用于生产沼气或灌溉农田。

综上所述，畜禽粪便处理工艺与技术涵盖堆肥法、厌氧发酵技术和饲料化利用等多个方面，各方法均有其优势与局限性。在实际应用中，需要综合考虑环境、经济、技术可行性等多方面因素，选择最适合的处理方式，以实现畜禽粪便的无害化处理和资源化利用，推动畜牧业可持续发展，保护生态环境。

2.4 工业废弃物

工业废弃物常指工业生产、加工过程中产生的废水、废渣、污泥等，它们不能在企业内部直接被再利用或使用，而被弃置或排到环境中。工业废弃物的产生主要是由于工业生产过程中的副产品、废料、废水和废气等物质，由于其自身特性或企业现有技术条件的限制，无法被纳入下游生产流程或找到其他有效的用途。这些废弃物可能包含有害物质如重金属、有机污染物等，或有潜在的环境风险，例如可能对土壤、水体、大气等环境要素造成污染，如果不经过适当的处理和管理，可能会对环境和人类健康造成危害。然而，尽管工业废弃物对原产企业来说可能没有价值，但对其他企业或行业来说，它们可能具有潜在的价值。一些废弃物可以被回收利用，转化为可再利用的资源，例如通过再循环或再加工。这种废弃物再利用的过程称为工业废物资源化，它可以减少资源的浪费和环境的负荷，同时为企业提供附加价值。

2.4.1 工业废弃物中的生物质

工业废弃物中蕴含着丰富的生物质资源，主要存在于以下几类废弃物中。

2.4.1.1 工业有机废水

工业有机废水中的生物质主要源于工业生产过程产生的有机废液。不同行业产生的此类废水各具特点：

（1）造纸行业。造纸过程中的蒸煮等工艺，使木质素等物质溶解于废液，形成富含生物质的黑液。黑液中大量的有机成分，使其成为工业废弃物生物质的重要来源之一。

(2) 食品加工行业。水果加工产生的废水含有大量糖类、果胶等有机物；酿造行业废水含有残余酒精、酵母细胞及各类发酵代谢产物。这些高浓度有机废液同样富含生物质，在合适条件下，其中的有机成分可进一步转化利用。

2.4.1.2　污泥

污泥作为工业废水与生活污水处理的终端废弃物，是废水处理的副产品。其生物质主要来源于有机污染物、寄生虫、病原菌及其他微生物。在我国，多个行业是工业污泥的主要产出源：

(1) 纺织印染行业。排放的废水中大量的染料、浆料、助剂等有机物质，处理后在污泥中积累。

(2) 化工行业。废水中未反应完全的原料、中间体及各类有机污染物，处理后成为污泥生物质的一部分。

(3) 造纸行业。废水处理后的污泥富含纤维、木质素等生物质成分。

这些行业废水中的有机物质以及微生物等，经污水处理工艺后在污泥中富集，形成了富含生物质的污泥废弃物。

2.4.1.3　工业废渣

工业废渣中的生物质来自工业生产过程排放的各类有机废渣，不同行业的废渣包含不同的生物质成分与用途：

(1) 食品加工行业。

1) 水果与蔬菜加工。水果罐头生产产生的果皮、果核，以及蔬菜加工产生的根茎叶等废渣，富含生物质。例如苹果渣含有糖类、果胶、纤维素，其中果胶含量可达1%~5%，可用于提取果胶，应用于食品、医药行业；柑橘皮渣含有丰富香精油和黄酮类化合物，可提取天然香料和药用成分。

2) 淀粉加工。产生的废渣含有大量未完全提取的淀粉及其他有机物质。

3) 粮食加工。稻谷加工成大米产生的稻壳，富含纤维素、木质素等，据研究，稻壳中纤维素含量为35%~45%，木质素含量为20%~30%，可用于发电、制取生物炭或生产饲料等；小麦加工成面粉产生的麸皮，富含膳食纤维、蛋白质，可用于饲料生产或作为食品添加剂原料。

(2) 化工合成行业。部分反应不完全产生的废渣，可能含有未反应的原料、副产物以及参与反应的微生物等生物质成分。

(3) 林业加工废弃物。

1) 木材加工行业。生产过程中产生的木屑、刨花等边角料，主要成分是木质纤维素，是生物质重要来源。可用于生产刨花板、纤维板等人造板材，也可通过热解、气化等技术转化为生物燃气、生物油等能源产品。

2) 林业采伐剩余物。森林采伐产生的树枝、树梢、树皮等剩余物富含生物质，可通过粉碎、发酵制成有机肥料，或作为生物质能源原料用于发电、供热。

（4）发酵工业废弃物。

1）酒糟。酿酒行业产生的酒糟，含有大量酵母菌、未发酵完全的淀粉、蛋白质等，可用于生产饲料，提高牲畜生长性能，还可进一步发酵生产生物燃料乙醇或其他生物化工产品。

2）醋糟。制醋过程产生的醋糟，含有丰富的有机酸、纤维素和少量蛋白质，可用于生产饲料添加剂，也可通过微生物发酵转化为生物肥料。

（5）制革工业废弃物。制革厂在皮革加工过程中产生的皮革边角料，主要由胶原蛋白组成，属于生物质。通过酶解、化学水解等技术处理，可提取胶原蛋白，用于生产明胶、生物医用材料、化妆品添加剂等产品。

2.4.2 工业废弃物处理工艺与技术

2.4.2.1 制浆黑液中木质素的分离提取

在制浆黑液的处理方面，从其中分离提取木质素等高分子聚合物是实现制浆黑液高效利用的理想途径之一。木质素分离提取技术中目前最先进、最成熟的技术分别为 LignoBoost、LignoForce 和 SLRP 技术。

（1）LignoBoost 技术工艺主要是对化学法制浆厂的浓黑液分别进行 CO_2 和硫酸两步酸化处理，促使制浆黑液中的碱木质素发生絮聚沉淀，从而达到高效分离提取木质素产品的目的。

（2）LignoForce 技术在酸化之前首先利用 O_2 对浓黑液进行预氧化处理，对氧化后的黑液再进行 CO_2 酸化处理，随后将粗木质素产品絮凝沉淀出来并过滤洗涤，得到高品质木质素产品。

（3）SLRP 技术采用压力反应器，其目的在于使 CO_2 和硫酸更充分地与黑液进行反应，在压力环境下，反应物之间的接触更加充分，反应速率加快，从而有助于进一步提高木质素的产率。该技术通过优化反应条件，提高了木质素的回收效率，为制浆黑液中木质素资源的最大化利用提供了可能。

2.4.2.2 印染污泥的处置与利用

印染污泥中主要含有印染过程中残留的染料、浆料、助剂、油剂、酸碱、纤维杂质、砂类物质、无机盐等。其中印染污泥中含有大量纤维、染料、浆料等相对稳定的有机物，因此适用于先用厌氧消化或者好氧消化等工艺调整污泥的性质，通过降解使高分子物质转变为低分子氧化物，改善污泥脱水性质、减少病原菌和产生异味物质的含量。

在污泥好氧消化工艺方面，主要分为湿法和固态法两大类。由于印染污泥中含有难降解的有机物质，因此好氧消化不适用于印染污泥的处理，而填埋处理是一种常见的处置方式。在进行填埋处理之前，通常需要对污泥进行化学调理，以改变其性质和特性。化学药剂可分为无机药剂和有机药剂两类。这些药剂的投加可以促进污泥的稳定化和固化，减少有机物的含量，降低有害物质的释放。经过化学调理后，污泥一般需要进行脱水处理，以减少水分含量。脱水处理可以采用离心脱水、压滤脱水、带式脱水等方法，将污泥的水分含量降低到一定程度，使其更易于处置和运输。脱水后的印染污泥中可能含有大量的重金属离子和其他化学药剂，因此不适合用于农业和土地利用。一般来说，这样的污泥只能进行卫生填埋处理，将污泥安全地嵌入到控制条件下的填埋场中，以减少对环境的污染，降低污染扩散。

2.4.2.3　造纸污泥的处理方法

造纸污泥含水率较高，有机物含量大，其中大多是纤维素，且污泥中有大量细菌等微生物。目前国内对造纸污泥主要采取卫生填埋、污泥焚烧、污泥热干化、污泥堆肥、海洋倾倒和污泥建材利用等方法进行处理。

污泥的卫生填埋主要是将污泥经过简单灭菌后填埋在低洼地进行安全填埋处理的一种处置方法。此法的优点是成本低，同时避免永久占用城市用地。但是污泥含水率较高，其占用的填埋场面积较大。而污泥焚烧可以达到减量化处理效果，同时还能利用污泥中的有机物资源，是一种比较成熟的处理方法。

污泥的焚烧主要是将污泥通过流化床焚烧炉对污泥进行处置，达到减量化处理，并对污泥中的病原菌、寄生虫卵等物质起到消杀效果。因为造纸干污泥中有机物占62%，可以采用利用热能的资源化方法。对于焚烧产生的废气和废渣，采取合理的措施可以有效减少其对环境的影响。并且，对造纸污泥及其灰分的组成元素分析表明，在合理的焚烧工艺条件下，造纸污泥焚烧不会产生污染环境的废气和废渣，从而保障了焚烧处理的环境安全性。

污泥堆肥是利用污泥中的微生物发酵降解，潮湿的环境下，加入一定量的调理剂和膨松剂（如稻秆、稻草、木屑或生活垃圾等），利用微生物群落对有机物进行氧化分解，将其转化为类腐殖质。因为造纸污泥中除了含有大量的细小纤维外，还含有丰富的有机质、钾、氮等养分以及部分中微量元素，所以堆肥也是一种将造纸污泥有效资源化的方法。然而，污泥中可能含有重金属等有害物质，在堆肥过程中需要密切监控并采取相应措施控制其对环境的影响，防止对土壤、水体等造成污染。

目前，污泥热干化和海洋倾倒等处理方法在国内应用较少。污泥热干化可以有效降低污泥的含水率，但对设备要求较高，成本也较高。海洋倾倒方式由于可能对海洋生态环境造成严重破坏，已逐渐被国际社会所限制和禁止，因此国内也较少采用。

综上所述，工业废弃物的处理与利用是一个复杂而重要的领域，涉及多个行业和多种技术手段。通过合理选择和应用适宜的处置技术，能够实现工业废弃物的减量化、无害化和资源化目标，降低其对环境的负面影响，同时可挖掘其潜在的经济价值，促进工业可持续发展与环境保护的协调共进。在未来的发展中，还需要不断探索创新技术和管理模式，进一步提高工业废弃物处理的效率和水平。

2.5 固体废物

我国的《中华人民共和国固体废物污染环境防治法》（2020年修订）中明确提出：固体废物，是指在生产、生活和其他活动中产生的丧失原有利用价值或者虽未丧失利用价值但被抛弃或者放弃的固态、半固态和置于容器中的气态的物品、物质以及法律、行政法规规定纳入固体废物管理的物品、物质。经无害化加工处理，并且符合强制性国家产品质量标准，不会危害公众健康和生态安全，或者根据固体废物鉴别标准和鉴别程序认定为不属于固体废物的除外。这一定义为固体废弃物的管理、分类以及后续的处置利用提供了明确的法律框架和依据。

2.5.1 固体废物的分类

根据《中华人民共和国固体废物污染环境防治法》（2020年修订）规定可以将固体废物分为以下几类：

（1）工业固体废物，是指在工业生产活动中产生的固体废物。工业生产流程复杂多样，涉及众多行业和工艺环节，每个环节都可能产生不同性质和成分的固体废物，如化工行业的废渣、金属加工行业的废金属屑、矿业的尾矿等。这些工业固体废物的产生量通常较大，其成分和性质取决于工业生产的类型、原材料以及生产工艺等因素。

（2）生活垃圾，是指在日常生活中或者为日常生活提供服务的活动中产生的固体废物，以及法律、行政法规规定视为生活垃圾的固体废物。它涵盖了居民日常生活的各个方面，包括家庭垃圾、商业活动产生的垃圾以及公共场所产生的垃圾等。其成分复杂多样，包含有机物质、无机物质、可回收物、有害垃圾等。

（3）建筑垃圾，是指建设单位、施工单位新建、改建、扩建和拆除各类建筑物、构筑物、管网等，以及居民装饰装修房屋过程中产生的弃土、弃料和其他固体废物。建筑垃圾的特点是量大、成分复杂，主要成分有混凝土块、砖石、木材、金属、塑料等，其产生量与城市建设规模和速度密切相关。

（4）农业固体废物源自农业生产活动，如农作物秸秆、畜禽粪便、农药包装废弃物、废旧农膜等。农业生产的季节性和地域性特点导致农业固体废物的产生也具有相应的时间和空间分布规律，其成分主要与农业生产方式、种植养殖结构等因素有关。

（5）危险废物，是指列入国家危险废物名录或者根据国家规定的危险废物鉴别标准和鉴别方法认定的具有危险特性的固体废物。这类废物对环境和人体健康具有严重危害，需要特殊的管理和处理方式，如化工企业产生的废化学试剂，医疗废物等。

2.5.2　固体废物中的生物质

固体废物中主要的生物质来源于工业固体废物、生活垃圾、农业固体废物。部分工业固体废物与农业固体废物在前文已有介绍，这里就不再赘述。以下是生活垃圾中的生物质来源：

（1）餐饮垃圾，是指对外开放营业的饭店和各单位内部食堂等的饮食剩余物，以及这些单位和上游食品生产单位的后厨果蔬、肉食、油脂和面点等加工、储藏过程产生的有机废弃物。

（2）废弃油脂，是指餐饮业、畜牧业和食品加工业在生产经营活动中产生的不能再食用的动植物油脂，主要包括炸制老油、火锅油、泔水油，油脂使用后产生的不可再食用的油脂、含油脂废水经油水分离或隔油池分离后产生的不可再食用的油脂，以及从废弃畜禽尸体、劣质肉、动物内脏等下脚料加工与提炼后产出的油等。

（3）生活污水污泥，是指人类生活过程中产生的各类废液和污水，主要包括厕所粪尿、洗衣洗澡水、厨房等家庭排水以及商业、医院、游乐场所排水等以及生活污水处理过程产生的各类有机固体废弃物。城市生活污水含有大量有机物，如纤维素、淀粉、蛋白质、油脂、含糖物等；含有的无机盐类包含硫酸盐、磷酸盐、碳酸氢盐等；城市生活污水中常含细菌、病毒及寄生虫等病原体。

（4）市政污水污泥，是指生活污水、工业污水、生产废水和截留雨水等由城市排水管网汇集并通过城镇污水系统输送到污水处理厂进行处理的污水和市政污水处理过程产生的各类有机固体废物。市政污泥主要来自城市污水厂、给排水管网等市政设施。因为城市污泥中含有的有机物、纤维素等具有很好的燃烧性，因此将污泥干化后进行焚烧处理能够获得较大的热值，焚烧处理还能使得污泥迅速地实现减量化，焚烧产生的能量可以用于发电或者供热。

2.5.3　固体废物处理工艺与技术

固体废物中主要的生物质来源于工业固体废物、生活垃圾、农业固体废物。部分工业固体废物与农业固体废物在前文已有介绍，这里就不再赘述。以下是生活垃圾中的生物质来源及处理。

（1）餐饮垃圾。餐饮垃圾的填埋和焚烧处理是我国餐饮垃圾目前主要的处置方式。然而，餐饮垃圾高含水率，填埋易产生高浓度渗滤液，焚烧则导致较高的耗能。虽然填埋简便，但会丧失有机能源，造成大量温室气体排放，并不适合高有机成分餐饮垃圾的处置。堆肥在一定程度上受餐饮垃圾质量的制约，工程应用范围并不宽泛。近些年来，国家政策倡导餐饮垃圾资源化处置，餐饮垃圾资源化利用和无害化处理试点城市工作在不断推进。试点城市主要采用厌氧消化产沼气、好氧堆肥、制作饲料以及综合处理等技术。厌氧消化产沼气技术是一种将有机废弃物转化为能源的有效方法。该技术利用微生物的发酵作用，在无氧条件下将有机废弃物转化为沼气，同时还可以得到沼渣等副产品。厌氧消化产沼气技术理论与实践均较为成熟，是回收餐饮垃圾中有机能源的重要途径。在厌氧消化过程中，有机废弃物被分解为简单的有机物和沼气。沼气主要由甲烷和二氧化碳组成，是一种可再生能源，可以用于发电、供暖和烹饪等方面。而沼渣则可以作为有机肥料使用，具有良好的土壤改良效果。厌氧消化产沼气技术已经在国内外得到广泛应用，特别是在回收餐饮垃圾中的有机能源方面，具有十分重要的应用价值。通过这种技术，可以最大限度地减少餐饮垃圾对环境的影响，同时实现资源的有效利用，具有显著的经济效益和社会效益。

(2) 废弃油脂。我国对废弃油脂的综合利用及管理研究尚处于起步阶段。上海市是我国较早开展餐厨垃圾废弃油脂管理工作的城市。2012 年，上海市政府第 159 次常务会议审议通过了《上海市餐厨废弃油脂处理管理办法》（沪府令 97 号），在该管理办法的基础上，构建了较为完善的餐厨废弃油脂“收、运、处、用”管理体系。上海市分别于 2016 年、2018 年、2020 年 3 次颁布了餐厨废弃油脂制生物柴油收运处置应急扶持办法，以保障生物柴油的推广应用，目前中石化在上海建立了多个加油站供应 B5 生物柴油。目前国内对废弃油脂的处理途径主要有制备可再生利用的燃料油，如生物柴油；进行简单加工后，作为低档皮革加脂剂等工业用油脂；利用微生物代谢作用，制备生物破乳剂；少量用作化工原料。

(3) 生活污水污泥。生活污水污泥中生物质的处置利用技术多样，目前主要的方法有：

1) 厌氧消化技术。在无氧条件下，由多种微生物共同作用，将污泥中的生物质分解为甲烷、二氧化碳等气体以及稳定的残渣。在这个过程中，复杂的有机物首先被水解为小分子有机物，接着被酸化菌转化为挥发性脂肪酸，最后产甲烷菌将这些脂肪酸转化为甲烷。产生的沼气主要成分是甲烷，可作为清洁能源用于发电、供热或作为汽车燃料，实现生物质能源的有效回收利用。例如，一座处理规模较大的污水处理厂，通过污泥厌氧消化产生的沼气，可满足部分厂区用电及周边居民的部分供热需求。经过厌氧消化，污泥的体积和质量都能显著减少，降低了后续处理处置的难度和成本。

2) 好氧堆肥技术。在有氧条件下，将污泥中的生物质进行氧化分解，使其转化为稳定的腐殖质类物质。在堆肥过程中，微生物利用生物质中的有机物作为碳源和能源，生长繁殖，同时产生大量的热量，使堆体温度升高，可杀灭污泥中的病原菌和寄生虫卵。堆肥产物富含氮、磷、钾等营养元素以及有机质，可作为优质的有机肥料施用于土壤，改善土壤结构，提高土壤肥力。例如，在园艺、花卉种植等领域，堆肥产品具有广阔的应用前景。高温阶段可有效杀灭污泥中的有害微生物，实现污泥的无害化处理。

3）热化学转化技术。

①热解原理。在无氧或缺氧条件下，将污泥加热至一定温度（通常为 400~600 ℃），使污泥中的生物质发生热分解反应，生成生物炭、生物油和可燃性气体。生物炭具有丰富的孔隙结构，可用于土壤改良、作吸附剂等；生物油可进一步加工提炼为液体燃料；可燃性气体可作为能源使用。热解能将污泥中的生物质高效转化为多种高附加值产品，实现资源的最大化利用。热解过程需要消耗大量能量，且热解产物的品质和产率受温度、升温速率等多种因素影响，需要精确控制反应条件。

②气化原理。在高温（通常高于 700 ℃）和一定的气化剂（如空气、氧气、水蒸气等）存在下，将污泥中的生物质转化为一氧化碳、氢气、甲烷等可燃气体。这些合成气可用于发电、生产化工产品等。可实现污泥的快速减量化和能源化利用，气体产物便于储存和运输。气化设备投资较大，对操作技术要求较高，且气化过程中可能产生焦油等副产物，需要进行后续处理。

（4）市政污水污泥。随着相关研究的不断深入，污泥处置领域出现了一些新的技术手段，这些新的处置方法可以使污泥得到最大限度的资源化利用，应用前景广阔。其中生物制氢法主要包括微生物厌氧发酵制氢和微生物厌氧光合制氢，微生物厌氧发酵制氢可以利用更多种类的有机物，工艺更加简单、便于操作。污泥制氢作为一种成本低、能耗低的新能源生产技术，具有很好的环境效益和不错的经济效益。厌氧消化法处理污泥可以产生沼气，甲烷是沼气的主要成分。同时污水污泥中含有一定量的可转化为生物柴油的油脂，可以将市政污水污泥为原料干化后制取生物柴油。

综上所述，固体废物中的生物质来源广泛，其处置利用技术多样且不断发展。针对不同类型的生物质废弃物，应根据其特点选择合适的处理方式，以实现固体废物的减量化、无害化和资源化目标，降低其对环境的负面影响，促进资源的循环利用和可持续发展。在未来，随着技术的进步和管理体系的完善，固体废物中生物质的处置利用有望取得更大的突破。

参考文献

[1] 刘陆，张洪刚．基于 GIS 的县级林木种苗体系管理系统的研建［J］．现代化农业，2020（7）：38-40.

[2] 张超，孟贵，吴水荣，等．中美林业生物质能源资源、产业及政策体系比较［J］．林业科

技通讯，2022（6）：11-16.
［3］张建龙．中国林业和草原统计年鉴［Z］．北京：中国林业出版社，2019.
［4］钱能志．我国林业生物质能源资源现状与潜力［J］．化学工业，2007（7）：1-5.
［5］常建民．林木生物质资源与能源化利用技术［M］．北京：科学出版社，2010.
［6］侯元凯，刘松杨，黄琳，等．我国生物柴油树种选择与评价［J］．林业科学研究，2009，22（1）：7-13.
［7］Yang Y L，Yan Q T，Weng X L，et al. Improved recovery selectivity of rare earth elements from mining wastewater utilizing phytosynthesized iron nanoparticles［J］. Water Research，2023，244：120486.
［8］Yang G X，Gong Z G，Luo X L，et al. Bonding wood with uncondensed lignins as adhesives［J］. Nature，2023，7979：621.
［9］谢璐琳．我国林业生物质能源产业扶持政策分析［D］；北京：北京林业大学，2014.
［10］张喆，陈建成，谢璐琳．我国林业生物质能源产业扶持政策分析［J］．湖北社会科学，2014（10）：80-84.
［11］赵程乐，孟贵，吴水荣，等．我国林业生物质能源产业发展与政策演进分析［J］．林业资源管理，2022（1）：1-7.
［12］张金改．中美生物质能产业法律规制比较研究［D］．天津：天津大学，2015.
［13］戴伟娣．林业生物质资源液化替代石油能源过程机理研究［Z］．中国林业科学研究院林产化学工业研究所，2011.
［14］Kang Y，Yang Q，Bartocci P，et al. Bioenergy in China：Evaluation of domestic biomass resources and the associated greenhouse gas mitigation potentials［J］. 2020，127：109842.
［15］秦世平，胡润青．中国生物质能产业发展路线图2050［M］．中国环境出版社，2015.
［16］易其国，张再杰. 农业生物质能利用探究［J］．农村经济与科技，2017，28（19）：26-27.
［17］刘均勇．中国农业年鉴［Z］．北京：中国农业出版社，2019.
［18］刘均勇．中国农业年鉴［Z］．北京：中国农业出版社，2021.
［19］崔宗均．生物质能源与废弃物资源利用［M］．北京：中国农业大学出版社，2011.
［20］陈天宝，万昭军，付茂忠，等．基于氮素循环的耕地畜禽承载能力评估模型建立与应用［J］．农业工程学报，2012，28（2）：191-195.
［21］马永喜．规模化畜禽养殖废弃物处理的技术经济优化研究［D］．杭州：浙江大学，2010.
［22］张树清，张夫道，刘秀梅，等．规模化养殖畜禽粪主要有害成分测定分析研究［J］．植物营养与肥料学报，2005，11（6）：822-829.
［23］王伟东，王小芬，王彦杰，等．接种木质纤维素分解复合菌系对堆肥发酵进程的影响［J］．农业工程学报，2008，24（7）：193-198.
［24］Taccari M，Stringini M，Comitini F，et al. Effect of Phanerochaete chrysosporium inoculation during maturation of co-composted agricultural wastes mixed with olive mill wastewater［J］. Waste Management，2009，29（5）：1615-1621.
［25］Zeng G M，Huang D L，Huang G H，et al. Composting of lead-contaminated solid waste with inocula of white-rot fungus［J］. Bioresource Technology，2007，98（2）：320-326.
［26］Thu C T T，Cuong P H，Hang L T，et al. Manure management practices on biogas and non-

biogas pig farms in developing countries—using livestock farms in Vietnam as an example [J]. Journal of Cleaner Production, 2012, 27: 64-71.

[27] Jiang X, Sommer S G, Christensen K V. A review of the biogas industry in China [J]. Energy Policy, 2011, 39 (10): 6073-6081.

[28] Kaparaju P, Rintala J. Mitigation of greenhouse gas emissions by adopting anaerobic digestion technology on dairy, sow and pig farms in Finland [J]. Renewable Energy, 2011, 36 (1): 31-41.

[29] 程序，梁近光，郑恒受，等．中国“产业沼气”的开发及其应用前景 [J]. 农业工程学报，2010，26 (5)：1-6.

[30] Martines A M, Nogueira M A, Santos C A, et al. Ammonia volatilization in soil treated with tannery sludge [J]. Bioresource Technology, 2010, 101 (12): 4690-4696.

[31] Sepp L M, Paavola T, Lehtom Ki A, et al. Biogas from energy crops--optimal pre-treatments and storage, co-digestion and energy balance in boreal conditions [J]. Water Science & Technology, 2008, 58 (9): 1857-1863.

[32] 陈小华，朱洪光．农作物秸秆产沼气研究进展与展望 [J]. 农业工程学报，2007，23 (3)：5.

[33] 覃国栋，刘荣厚，孙辰．NaOH 预处理对水稻秸秆沼气发酵的影响 [J]. 农业工程学报，2011 (S1)：5.

[34] 艾平，张衍林，盛凯，等．稻秸厌氧发酵产沼气预处理 [J]. 农业工程学报，2010 (7)：6.

[35] 李书田，刘荣乐，陕红. 我国主要畜禽粪便养分含量及变化分析 [J]. 农业环境科学学报，2009，28 (1)：179-184.

[36] 邰义萍，罗晓栋，莫测辉，等．广东省畜牧粪便中喹诺酮类和磺胺类抗生素的含量与分布特征研究 [J]. 环境科学，2011，32 (4)：6.

[37] 张健，关连珠，颜丽．鸡粪与猪粪所含土霉素在土壤中降解的动态变化及原因分析 [J]. 环境科学，2012，33 (1)：6.

[38] Frank B. History's lessons: A critical assessment of the desrochers paper [J]. Journal of Industrial Ecology, 2008.

[39] 中国农业大学国家能源非粮生物质原料研发中心. NB/T 34029—2015 非粮能源作物术语标准 [S]. 2016.

[40] 谢光辉，方艳茹，李嵩博，等．废弃生物质的定义、分类及资源量研究述评 [J]. 中国农业大学学报，2019，24 (8)：1-9.

[41] 李惠娴．利用污泥生产轻质陶粒的前景技术 [J]. 砖瓦，2017 (2)：33-37.

[42] 周天水，崔荣煜，王东田，等．市政污泥和工业污泥资源化处置利用技术 [J]. 环境科学与技术，2016，39 (S2)：251-255.

[43] 范中秋，沙克菊，安兴业，等．制浆黑液木质素分离提取技术研究进展 [J]. 中国造纸学报，2023，38 (1)：88-98.

[44] 冯智星，杜道洪，谢庆文，等．污泥分类处置及其资源化再生利用技术的研究 [J]. 广东

化工，2014，41（10）：186-188.
[45] 陈勇．印染污泥处理技术分析［J］．染整技术，2009，31（8）：26-28.
[46] 潘美玲，张安龙．造纸污泥性质的研究［J］．湖南造纸，2011（1）：31-33.
[47] 杨桂芳，苗天博，陈滇，等．造纸工业中污泥的性质及其处理处置技术［J］．华东纸业，2015，46（4）：43-47.
[48] 郝晓地，周鹏，曹达啓．餐厨垃圾处置方式及其碳排放分析［J］．环境工程学报，2017，11（2）：673-682.
[49] 李剑颖，付春雨，任晓灵，等．我国餐厨废弃油脂处理体系技术标准研究［J］．再生资源与循环经济，2023，16（7）：12-16.
[50] 胡燕金．浅析城市生活污水处理现状及展望［J］．资源节约与环保，2022（9）：105-108.

3 生物质的利用途径

生物质能源作为人类的能源已经存在了很长一段时间，由于其容易获得且成本相对较低，使其在相当长的时期内占据了做饭、供暖、烧水等生活能源的主导地位。早在约一百万年前人类开始使用火之时，生物质能源便已成为主要的家庭能源。众所周知，二氧化碳可以被植物吸收并通过光合作用转化为生物量，因此生物量可以被认为是一种可再生资源。从这个角度来看，生物质作为一种可再生能源显示出应对气候变化的巨大潜力。生物质转化为液体燃料（藻类生物柴油和燃料乙醇）或气体燃料（沼气）使其成为化石燃料的理想替代品。清洁和可持续的家庭能源与可持续发展目标直接相关，生物质作为潜在的候选者可能在帮助实现这些目标方面发挥重要作用。

然而，考虑到社会经济因素，目前生物质的主要利用方式是直接燃烧，特别是在农村和欠发达地区更为常见，直接燃烧会排放多种空气污染物（如炭黑、多环芳烃、重金属等），对人类健康构成威胁，对全球气候变化负有责任。因此，如何促进家庭活动中使用的生物质的充分燃烧，同时减少与气候和健康有关的空气污染物排放，是当务之急。

“2030年实现碳达峰，2060年实现碳中和”是中国对世界庄严承诺的阶段性控碳目标，控碳的终极目标是减碳，在此背景下，生物质资源化利用将迎来新机遇和新挑战。拓宽生物质资源化利用途径和提高生物质资源化利用的效率，是生物质资源化利用在减碳背景下遇到的新挑战。生物质资源化利用途径的方向大致有三个：一是直接利用生物质，如在大部分农村地区使用生物质作为烧火做饭的燃料，发电厂使用生物质发电供能，田间生物质就地焚烧还田；二是先将生物质（经动物、微生物，或物理化学方法）转化为中间物再直接或改性利用，如将农林种植垃圾、养殖垃圾、厨余垃圾先转化成沼气，再将沼气直接燃烧发电，或沼气去碳（甲烷裂解制氢）后燃烧发电，或沼气用作化工原料等；三是利用生物质资源化产生的二次废弃物，如利用沼渣堆肥、种植养殖，又如近期较受关注的烟气资源化利用等。值得强调的是喂养动物不仅是生物质直接利用的一条重要途径，也是生物质经动物转化后再利用的一条重要途径。

3.1 直接燃烧

3.1.1 家用燃料燃烧

生物质能源属于清洁可再生能源，在其生长过程中吸收 CO_2，如果死亡后这些碳全部还是以 CO_2 的形式释放出来，则又会被新一轮的植物生长所吸收，因此兼具有“碳中和”属性。在我国“碳达峰、碳中和”的宏观政策导向下，生物质能源在农村取暖领域具有广阔的发展前景。2019 年国家能源局发布的《关于解决“煤改气”“煤改电”等清洁供暖推进过程中有关问题的通知》中指出，在农村地区重点发展生物质能源供暖，2020 年又提出大力推进“煤改生”建议。

我国是一个农业大国，拥有 54.31%的农村人口，由于秸秆和薪柴等生物质能源是农村主要的生活燃料，因而广大农村地区拥有丰富的生物质资源。资料显示，农村能源消费总量由 1980 年的 3.28 亿吨标准煤增长到 2008 年的 9.24 亿吨标准煤，增加了 2.8 倍。生物质能源在农村生活用能结构中约占 40%的比例，这充分表明在未来较长时期内，生物质能源将在经济发展中扮演非常重要的角色。

目前，我国农村地区的居民仍然大量使用固体燃料（煤和生物质）满足炊事和取暖需求，占农村地区家庭能源消耗的 90%。86%的农村居民使用固体燃料作为主要的炊事能源。生物质（木材、稻草、秸秆等）因价廉易得而在农村地区广泛使用，占农村家庭用能的 3/5 以上。目前，我国每年秸秆的产量约 9 亿吨，但资源化利用率仅为 33%，利用生物质能源技术转化的部分只占 1.2%，部分秸秆被弃置或在田间地头露天燃烧，释放大量的 $PM_{2.5}$等，影响了区域大气质量。研究表明，大气环境里 $PM_{2.5}$中 52.6%的有机碳（OC）和 51.1%的元素碳（EC）来自秸秆等未加工生物质的燃烧。另外，单位质量秸秆燃烧产生的二氧化碳相当于民用燃煤二氧化碳排放总量的 45.09%。

在中国，生物质最常见的用途是直接在家庭炉灶中燃烧。最近的一项全国性调查发现，尽管电力和液化石油气在中国农村普及程度日益提高，但包括生物质和煤炭在内的固体燃料仍在住宅能源中发挥着重要作用，特别是在供暖方面。值得注意的是，中国的生物量利用具有显著的空间差异。在一些发达地区，如中国东部，电力和天然气燃料是主要的居民能源，而在一些发展中地区，如中国的西南和东北，固体燃料仍然是日常使用的能源。在使用方式上，80%的生物质用于烹饪，其余主要用于采暖。图 3.1 为 1992—2017 年中国农村生物质利用的趋势。可以发现，在过去的几十年里，生物质的使用量有所减少。虽然对生物质的使用正在减少，但是以焦耳计算，生物质提供了各种能源产生的总热量的 46%。这可能与一些农村家庭收入的增加和中国电价的降低导致的取暖、烹饪方式多样化有关。然而，要实现碳中和，迫切需要提高生物质利用的效率、安全性和易获取性。

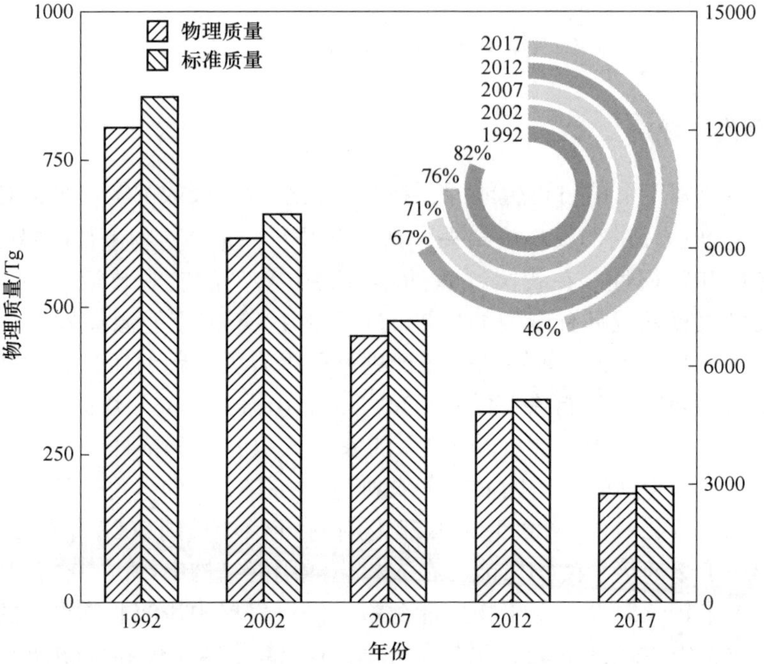

图 3.1　我国居民生活领域直接燃烧生物质的物理质量和标准质量

3.1.2　生物质发电

3.1.2.1　我国生物质发电现状

我国生物质资源丰富，以畜禽粪便、农林复合废弃物和生活垃圾为主。2020 年我国生物质资源年产量约为 34.94 亿吨，相当于约 4.6 亿吨标准煤。图 3.2 为我国理论生物质资源现状、能源利用潜力和能源利用率。其中，畜禽粪便理论资源量最大（18.7 亿吨），约为废油和油脂理论资源量（105.5 亿吨）的 176 倍。林业废弃物理论资源量 3.5 亿吨，略高于生活垃圾 3.1 亿吨。然而，在能源利用率方面，却呈现出不同的态势。生活垃圾展现出最高的能源利用率，达到 46%，其能源利用量为 1.43 亿吨；畜禽粪便和农业废弃物次之；而林业废弃物的能源利用率处于最低水平，仅为 2.74%，能源利用量为 9604 万吨。这一差异背后存在多种因素，例如，与其他生物质相比，生活垃圾在收集方面具有相对优势，更易于集中处理和转化为能源。展望未来，随着技术的不断进步与创新，其他生物质的能源利用率有望得到显著提升。这不仅意味着各类生物质资源将得到更充分的开发与利用，还将为生物质发电产业提供更为丰富的原材料，进一步推动生物质发电行业的发展，使其在我国能源结构中占据更为重要的地位，为实现能源多元化和可持续发展目标贡献更大力量。

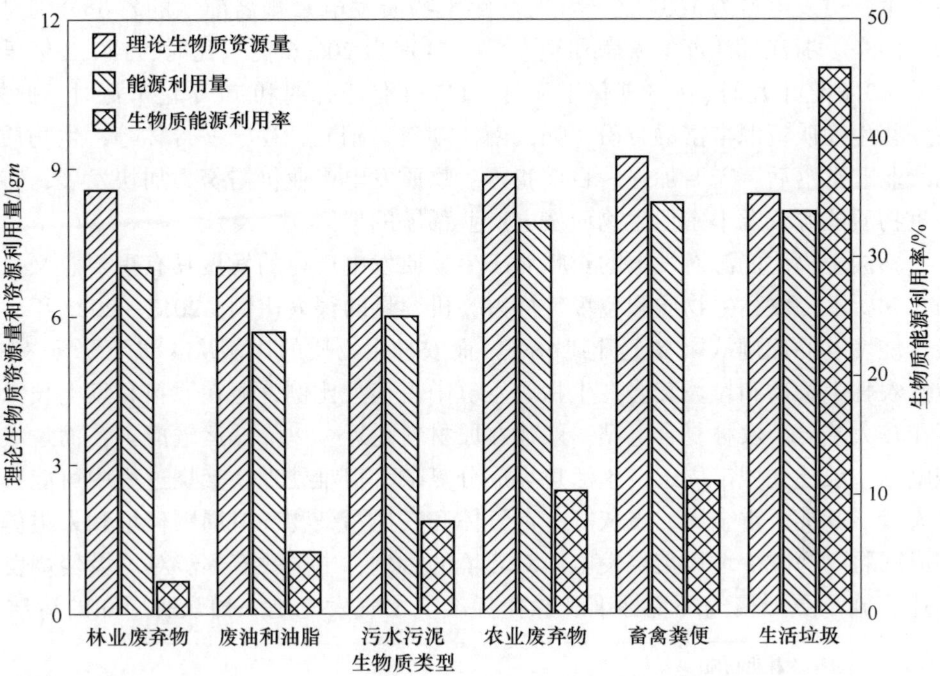

图 3.2 2020 年我国生物质能理论资源、能源利用率、生物质能利用率（m，单位：t）

中国政府发布的生物质能源发展“十二五”规划（2011—2015 年）是为了刺激生物质能源产业的发展，大大促进了生物质发电产业的发展，并在实践中不断完善法律法规和增加补贴等支持。2012 年生物质发电累计装机容量和发电量分别低于 500 万千瓦和 400 亿千瓦时，到 2022 年则分别达到 4132 万千瓦和 1824 亿千瓦时。这表明在过去的时间，生物质发电有了巨大的进步。2017—2022 年，农林复合生物质、垃圾焚烧、沼气发电装机容量呈现明显增长趋势，其中垃圾焚烧发电累计装机容量增量最大（从 701 万千瓦增至 2386 万千瓦）。究其原因，主要有以下几个方面：一是“碳达峰”和“碳中和”政策的建议提供了良好的政策指导；二是工业、财税、售电等方面的政策支持促进了垃圾焚烧发电行业的发展；三是随着城市化进程的加快，生活垃圾的产量迅速增加；四是垃圾焚烧技术不断突破，在垃圾中采用了气化技术、热解技术等新技术。

我国生物质资源分布不均衡，东南地区丰富，西北地区贫乏。农业废弃物主要分布在河南、黑龙江等农业区，而林业废弃物主要分布在西南林区。畜禽粪便、城市垃圾、工业有机垃圾主要集中在河南、江苏等中国中东部发达地区。随着城市化和经济的快速发展，生活垃圾迅速集中并主要分布在华东地区。中国不同地区生物质资源的不平衡导致了区域尺度上生物质发电分布的巨大差异。生物质发电主要分布在经济发展水平和技术水平相对较高的中国东部地区。2021 年，中国生物质发电量为1637亿千瓦时。年生物质发电量排名前六的省份分别是广东、山东、浙江、江苏、安徽和黑龙江，分别为206.6亿千瓦时、180.2亿千瓦时、143.8亿千瓦时、133.9亿千瓦时、117.4亿千瓦时和79.7亿千瓦时。此外，在一些生物质资源丰富的省份，如云南、湖南、湖北、辽宁、吉林等，生物质发电产业非常落后，需要加强。目前我国生物质发电产业仍需努力加快发展，特别是生物质能源资源丰富但生物质发电产业稀缺的地区。

不同生物质能源对发电的贡献对于生物质发电产业的发展具有重要意义，如图3.3所示。农林生物质和垃圾焚烧占装机容量的很大比例。2017—2022年，垃圾焚烧发电的比例从48%上升到58%，而农林生物质的比例从49%下降到39%。虽然农林生物质和垃圾焚烧在生物质发电中占很大比例，但在原料和发电技术上存在较大差异。农林复合电站一般建在原材料附近，以降低运输成本，而垃圾焚烧电站一般建在城市周边。生活垃圾成分复杂，很难处理。焚烧过程中可能排放出大量二噁英、重金属、飞灰等有毒气体和其他污染物，对周围环境和人类健康构成威胁。为减少垃圾焚烧发电厂对环境的影响，中国政府逐步对垃圾焚烧发电行业实施了更严格的环境标准和操作标准。沼气发电是一种众所周知的清洁技

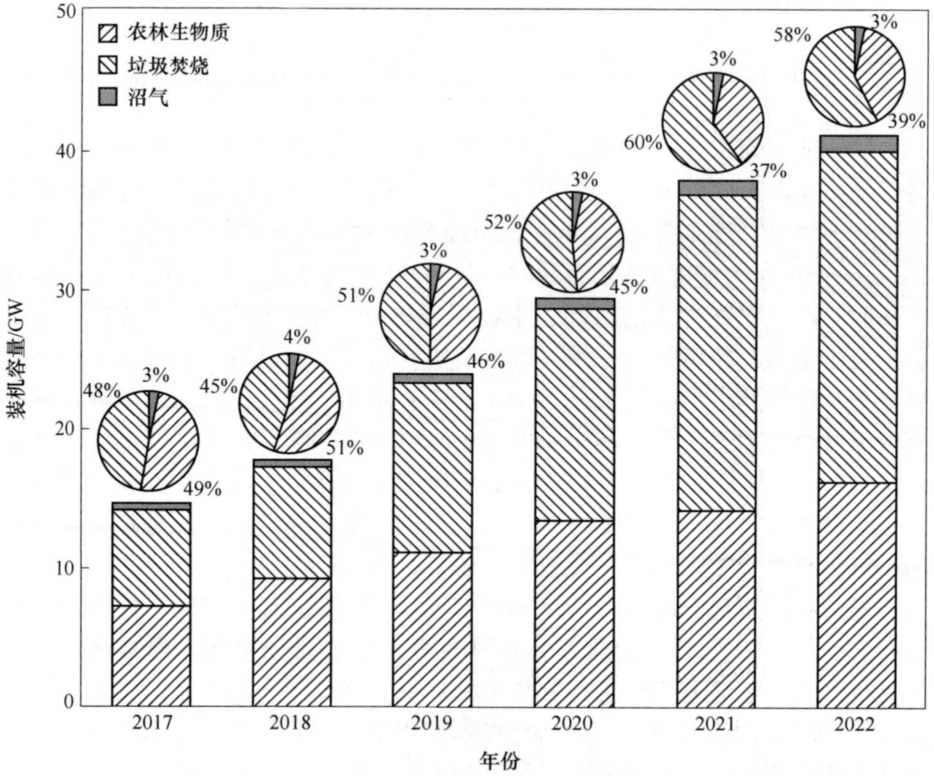

图3.3　2017—2020年农林业生物质、垃圾焚烧、沼气装机容量

术，因为沼气燃烧产生的空气污染物较少。虽然沼气发电具有高效、节能、安全、环保等优点，但是由于不稳定、利用效率低等限制，沼气发电在我国的应用还不成熟。从图3.3中可以看出，沼气发电的贡献较小，且基本稳定在3%。

3.1.2.2 生物质发电技术

生物质发电是将生物质中的化学能转变为电能的过程，主要分成两种：传统的燃烧发电和生物电池。传统的燃烧发电，可以细分为两种形式：（1）通过生物质在锅炉中燃烧，制备蒸汽，再由蒸汽发电；（2）生物质气化产物燃烧制电。而生物电池则不同，其制电过程是在温和条件下，通过生物催化直接将化学能转变为电能。

传统的生物质发电是通过生物质在锅炉中燃烧产生高密度水蒸气，再由蒸汽驱动涡轮机发电。该技术已经获得了很好的发展，并且可以利用广泛的可燃原料，但是由于其相对低的能量利用率和操作效率（且就长远的角度来看，两者提高的潜力极为有限），以及由于其需要高蒸汽压力（>1200 atm，1 atm = 101.325 kPa，以提高蒸汽温度增加能量利用率），这种操作可能带来高危险性，这一技术的进一步发展受到限制。生物气化是一种从生物质中获取电能的新方法。生物气化是指将生物质经过高温、缺氧条件下处理，使其转化为可燃气体的过程。在这个过程中，生物质中的有机物质被分解为一系列气体，如甲烷、一氧化碳、二氧化碳等，这些气体可以被用于发电、汽车驱动和工业用途。相比直接燃烧生物质，生物气化可以更充分地利用生物质中所含的能量，最高能够利用生物质中65%～70%的能量。生物气化的产物可以替代天然气，减少对化石燃料的依赖，减少碳排放。随着技术的进步和创新，可以开发出更加高效、低成本的生物气化技术。生物气化可以利用多种类型的生物质，如木材、农作物残渣、生活垃圾等，这意味着它可以作为一种灵活的、可持续的能源生产技术。

生物电池的发电机制主要有两种：（1）在反应器中，利用微生物发酵将原材料转变为燃料产品，如 H_2，再由它在串联的发电设备中氧化生电；或者将微生物发酵和制电过程合为一体，微生物的代谢产物直接通过电极上的电子传递媒介物同氧化物（O_2 或 H_2O_2）发生电子传递，产生电。（2）利用固定在电极的氧化还原酶，氧化还原专一性的燃料物质和氧化底物，从而产生电。

由于大多数的氧化还原酶无法与导电支持物直接发生电子转移，因此一系列的电子传递媒介物被广泛关注。比如最近报道的一项新颖的覆盖了单层或多层生物催化酶的功能电极，其组合了具有生物活性的单膜电极，在保证生物催化速率的同时，不仅大大加快界面电子转移速率，还减小了电池内阻，为生物电池小巧化、稳定化的发展提供了保证。一种理想的状态是插入式的电池能够利用人体内天然的燃料物质（如葡萄糖等）高效持续地产生电能为医疗诊断等目的所用，如支持心脏起搏器、体内探针等长期正常的运行。

3.1.3 野外焚烧

农业碳减排是实现“双碳”目标重要的一环，农作物秸秆野外焚烧引起社会广泛关注。秸秆是熟农作物茎叶部分的总称，作为农业生产的生物质副产品，是一种具有巨大的潜在利用价值的生物质资源。我国秸秆资源丰富，占全球秸秆资源总量的近五分之一。然而，秸秆资源化利用水平仍十分有限，大量秸秆被随意堆弃或露天焚烧，造成了严重的资源浪费。秸秆焚烧会产生碳氧化物、氮氧化物，多环芳烃等大气污染气体，危害身体健康，不利于“双碳”目标的实现。

2011—2020 年间中国平均农作物秸秆资源量达到 9.11×10^8 t，增幅为 18.61%。农作物露天焚烧年均量为 1.99×10^8 t，增幅为 14.93%。其中秸秆产量和野外焚烧量位居前三的作物均为玉米、稻谷和小麦。全国七类农作物秸秆焚烧 CO_2、CO 和 CH_4 的年均释放量分别为 27677.6 万吨，2034.4 万吨和 43.6 万吨；农作物秸秆露天焚烧释放的总碳量大体上升，平均每年 0.84 亿吨。

生物质野外焚烧带来的危害有：

(1) 损毁财产。露天焚烧具有不可控性。无论是北方小麦秸秆还是南方油菜秸秆，农民收获后往往顺手将秸秆点燃，而此时正值干燥多风季节，火势借着风力越烧越旺，容易转移到相邻地块，导致尚未收获地块的作物也被点燃，产生不必要的损失，尤其是在林地边缘后果更加严重。秸秆焚烧还容易引起其他公共财产的损害，比如导致输电线路、通信线路损毁等。

(2) 污染环境。焚烧过程中释放出大量的 CO_2、CO、SO_2、NO_x，尤其是 CO_2、NO_x 这些物质是导致温室效应的主要来源。秸秆焚烧除了释放大量的有害气体外，还产生大量可吸入颗粒（PM_{10}），这些颗粒物能够直接进入人体呼吸系统，严重危害身体健康。露天燃烧秸秆产生大量烟尘形成浓雾，导致能见度下降，这不仅对空气质量造成严重影响，还直接威胁到民航、铁路、高速公路等交通运输行业的正常运营，带来诸多安全隐患。

(3) 浪费资源。经农业农村部统计，2010 年全国共产出农牧业秸秆约 7 亿吨，经科学利用秸秆还田，其所含养分相当于 500 多万吨尿素、800 多万吨磷肥、800 多万吨钾肥，相当于全国每年化肥施用量的 1/4。然而，秸秆焚烧导致大量固定的碳氮素排放到空气中，未得到有效利用，是一种资源浪费。倘若坚持秸秆还田可以提高土壤养分含量，促进微生物生长繁殖，提高土壤生物活性，从根本上提高耕地的综合生产能力，提高耕地抗御自然灾害能力。

(4) 降低土壤肥力。秸秆焚烧损失了大量的碳氮等营养物质，导致土壤结构破坏。秸秆焚烧导致土壤中动物、细菌、放线菌和真菌烧死，数量较焚烧前明显减少；同时，还使土壤中原有腐殖质矿化固定，破坏了原有的生态平衡，改变了土壤的物理性状，加重了土壤板结，降低了土壤保水保肥能力，农作物的生长因而受到影响。

3.2 气体燃料

2018年，国家能源局发布了《可再生能源发展“十三五”规划》，提出要加强生物质能技术创新和示范应用，推动非粮生物质液体燃料、固体燃料、沼气等多种形式的综合利用。生物质加工转化后可变为气体形态的燃料，包括沼气、氢气等。沼气主要通过厌氧消化法从含有有机质的废弃物中产生，如畜禽粪便、垃圾填埋场等。氢气主要通过水解法从水中分离出来，也可以通过发酵法从含有淀粉或纤维素的植物中产生。

3.2.1 沼气

沼气作为一种清洁的可再生能源在全球范围内广受欢迎。与一些新兴的生物废弃物处理方法（如昆虫饲养，强调能量和营养成分的价值）不同，沼气是由微生物在厌氧环境中产生的，重点关注生物废弃物中的能量价值。沼气的使用可以显著减少煤炭的消耗，改善乡村景观和室内空气质量。同时，农用沼渣、沼液的施用可提高土壤肥力。此外，通过生命周期评价、技术经济分析以及热力学方法等多种技术手段，可对沼气生产过程中的气化环节进行全面衡量，可以显著提高生物质管理的可操作性和可持续发展。

沼气主要成分是 CH_4，以及大量 CO_2、H_2S、水蒸气和少量其他气体。沼气可以通过厌氧消化从动物废物、食物废物、污水污泥、农业残渣、森林残渣和工业废物等各种生物质中产生，生物质原料的类型决定沼气中杂质的浓度。据统计，我国每年的沼气产量为143亿立方米，可减少 CO_2 排放量超过5260万吨。生物质制备沼气研究在国内外开展较早，目前生物质发酵制备沼气研究热度还在不断增加，为生物质资源制备气体燃料开辟了新的途径。当前，国内工业化沼气工程核心发酵工艺日渐成熟，沼气发电等项目都是沼气作为能源供应模式的常见实例。我国作为农业大国，每年产生约8.6亿吨秸秆。秸秆是我国大宗固体废弃物，推进秸秆综合利用是实现“碳达峰”“碳中和”的重要途径之一。

沼气是生物质经过多种微生物联合厌氧消化作用而生成的可燃气体。厌氧消化就是在无氧的条件下，由兼性厌氧菌和专性厌氧菌联合降解有机物，最终生成二氧化碳和甲烷等气体的过程。将沼气发酵过程分为三个阶段：第一阶段为水解液化阶段，这一阶段兼性厌氧菌和发酵性细菌将原料中较大分子的成分（如纤维素等）水解成可溶于水的有机酸和醇类等。第二阶段为酸化阶段，产氢产乙酸菌将第一阶段生成的有机酸和醇继续分解成简单的有机酸，同时生成氢气和二氧化碳。第三阶段为甲烷化阶段，产甲烷菌将第二阶段生成的小分子物质转化为甲烷和二氧化碳气体，即发酵的最终产物沼气。

几十年来，中国政府为推广使用沼气提供了许多补贴，并颁布了许多法律和政策。家用沼气站和大中型沼气站（HBPs 和 MLBPs）是我国主要的两种沼气站类型，其中大中型沼气站多建立在大中型畜禽养殖场的基础上。近几十年来，我国沼气站数量迅速增加，总量从 2001 年的 850 万座迅速增至 2010 年的 4100 万座，每年可生产 $155\times10^8\ m^3$ 沼气。图 3.4 中汇总了 HBPs 的数量和沼气产量。结果表明，2010 年以后 HBPs 数量稳定，甚至略有下降。有趣的是，MLBPs 生产的沼气产量有所增加，特别是在 2010 年之后。2018 年，MLBPs 的沼气产量为 $28.0\times10^8\ m^3$，占总产量的 24.9%。原因可能是中国的沼气站数量虽然多，但是沼气站并没有正常运行，特别是有 30%的 HBPs 已经停产。事实上，中国农村用于烹饪的沼气仅占居民总燃料消耗的 3.0%。因此，MLBPs 的发展近年来越来越受到中国政府的重视。

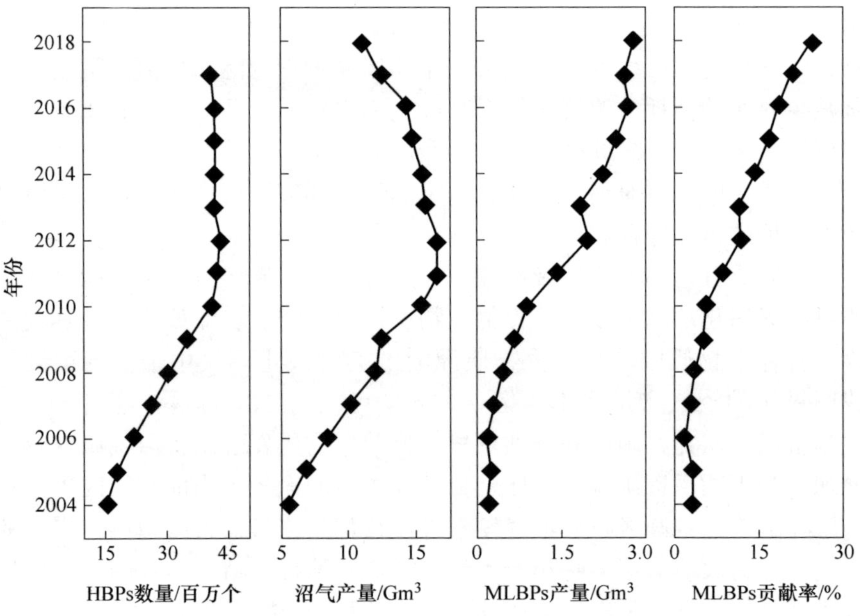

图 3.4　2004—2018 年中国沼气发展情况
（HBPs 和 MLBPs 分别代表家用沼气站和中大型沼气站）

目前，我国沼气主要用于居民生活用气，农村居民生活用气占沼气利用量的一半以上，沼气发电也是其主要的利用方式之一，只有少量沼气用于提纯作为城市燃气和车用燃料。

（1）集中供气。沼气集中供气供暖是将农作物秸秆、畜禽粪便等农业生产废弃物通过沼气工程资源化处理生产沼气。沼气通过输配管网输送到农户家中用于日常炊事和冬季取暖，农民能够便捷地享受管道燃气带来的便利。沼渣沼液可以加工生产成高效有机肥及其他高值化产品，是一种源于农村、用于农村、造福农村的绿色低碳能源供应方式。沼气集中供气供暖在处理农业农村有机废弃物、改善农村人居环境、增加绿色清洁能源供给、推进农业绿色发展等方面发挥了重要作用。此外，也有部分工业沼气项目提纯后作为城市燃气供居民使用。

（2）沼气发电。所谓生物质沼气发电，就是利用秸秆、稻草、蔗渣、木糠等植物燃料直接燃烧或发酵成沼气后燃烧，燃烧产生的热量使水蒸气带动汽轮机发电。具体过程为，沼气发电机通过垂直植入垃圾堆体里的抽气井，不间断将沼气抽出，沼气经过收集管网送至发电机机组，再经过冷却脱硫脱水、过滤净化等处理后，产生的纯沼气在发电机组里燃烧后发电，再并入电网。沼气发电技术是集环保和节能于一体的能源综合利用技术，利用工业、农业或城镇生活中的大量有机废弃物，经厌氧发酵处理产生的沼气，驱动沼气发电机组发电，并可充分将发电机组的余热用于沼气生产等工艺，综合能源利用效率达80%以上。沼气发电技术不但消耗了大量废弃物、保护了环境、减少了温室气体的排放，而且产生了大量的热能和电能，符合能源循环利用的理念，同时也带来巨大的经济效益和社会效益。

（3）提纯作为车用燃料。将沼气压缩之后，CH_4 含量达95%以上的沼气可以接入到天然气管道中，可以用于汽车燃料和发电。考虑低初始成本和维护成本、低能耗和高效率，沼气浓缩技术常用方法有：物理吸收、化学吸收、变压吸附、膜分离、低温分离、生物升级技术和原位甲烷浓缩。浓缩之后产生生物甲烷，压缩生物甲烷也被称为生物压缩天然气，当使用生物压缩天然气代替柴油时，NO_x 的排放量减少了60%～85%；CO的排放量减少了10%～70%；颗粒物的排放量减少了60%～80%。在不久的将来，生物压缩天然气可成为可持续、最经济、最环保的汽车燃料之一。

3.2.2 氢气

当前，普遍采用的氢气制取方式包括：化石燃料制取氢气、电解水制取氢气、甲醇制取氢气、生物质制取氢气等。目前应用最为广泛的制氢方法是化石燃料制氢法，在中国，主要有两种制氢方式：一是以煤为原料的“煤气化制氢”；二是以天然气、煤层气为原料的“气化制氢”。目前，国内应用最为广泛的是以煤为原料的“煤气化制氢”，但存在能源转化率低、生产经济成本过高等问题。电解水制氢技术能耗高，电解效率仅为50%～70%。目前，这一技术还不能实现大规模的应用。甲醇转化制氢具有成本低、原料稳定等优点。然而，随着氢能源的规模化应用，其所需的甲醇供给成为限制其广泛应用的瓶颈，同时，其产生的二氧化碳也会对空气造成严重的污染。

生物质制氢法主要是指将生物质经过不同预处理后，利用气化或微生物催化脱氧的方法制氢。我国每年可利用的生物质资源约为 35 亿吨，其主要来源为能源作物、农业废弃残留物、林业废弃残留物和工业城市废弃残留物等。与化石燃料相比，生物质中硫、氮含量低，对环境污染小；而且生物质中的木质素、纤维素等有机物质可被降解。生物质制氢技术是清洁生产的有效途径之一，该技术可以减少二氧化碳排放及其他温室气体排放。目前生物质制氢技术主要分为热化学法制氢技术和生物法制氢技术两大类。

3.2.2.1 热化学法制氢技术

生物质热解制氢是指生物质在反应器中完全缺氧或只提供有限氧的条件下，热分解制取氢气的技术。该技术通过热化学处理，将生物质转化成富氢可燃气后通过分离得到纯氢。既可由生物质原料直接制氢，也可由生物质解聚的中间产物(如甲醇、乙醇）制氢。热化学法制氢技术包括：蒸汽气化制氢技术，超临界水气化制氢技术和生物质热解重组法制氢技术。

蒸汽气化制氢技术选择蒸汽作为气化剂，其原理如图 3.5 所示。生物质原料进行气化处理的目的是去除氮、水等不可燃成分以提高燃料热值，同时去除硫和氮，可防止其产物进入大气，降低碳氢元素的质量比。气化过程中生物质原料经过干燥、热解、还原和燃烧阶段，其中干燥产物和热解产物会在还原阶段释放水分并且去除 CO、CO_2、轻质碳氢化合物和焦油，最终在燃烧阶段生物质中碳分解产生更多的气态产物。

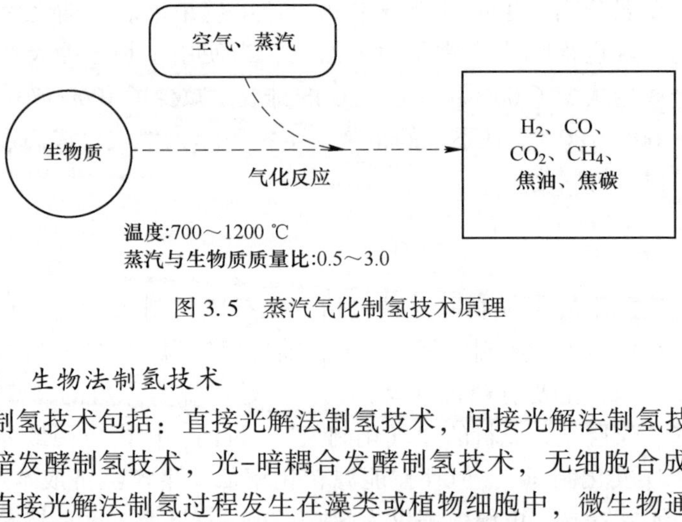

图 3.5 蒸汽气化制氢技术原理

3.2.2.2 生物法制氢技术

生物法制氢技术包括：直接光解法制氢技术，间接光解法制氢技术，光发酵制氢技术，暗发酵制氢技术，光-暗耦合发酵制氢技术，无细胞合成酶生物转化制氢技术。直接光解法制氢过程发生在藻类或植物细胞中，微生物通过光合作用将水分子分解为氢离子和氧气，产生的氢离子通过氢化酶转化为氢气。直接光解法制氢技术原理如图 3.6 所示。厌氧条件下氢化酶从铁氧化还原蛋白中接收电子，作为电子供体将水转化为氢气。图 3.6 中光系统Ⅰ参与 CO_2 还原反应，光系统Ⅱ将水分子分解为氢和氧，生物质光解结束时，水分子中释放 2 个质子，氢气通过氢化酶或光系统Ⅰ的 CO_2 还原形成。当植物缺乏氢化酶时，光系统Ⅰ参与 CO_2 的还原。

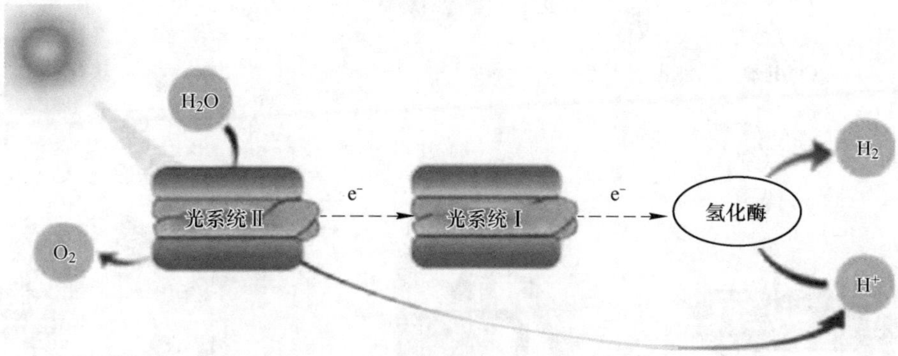

图 3.6 直接光解法制氢技术原理

3.3 液体燃料

3.3.1 生物柴油

3.3.1.1 概述

在 20 世纪 90 年代之前，燃料和天然气、煤炭、石油这些化石能源密切相关。但是随着时代的发展，人们发现石油资源相对短缺，就开始使用可再生能源。这个时候提出了一种新的概念——“清洁能源”。生物柴油因其良好的环境、良好的起动性能和良好的燃料性能，以及广泛的可再生性，被认为是一种典型的“绿色能源”。最近几年，大量的研究已经证明，不管是小型的、轻型的柴油机，还是大型的、重型的柴油机，或者是拖拉机，在使用生物柴油之后，排出的废气中，碳氢化合物的含量降低 55%~60%，颗粒物含量降低 20%~50%，一氧化碳的含量降低 45%以上，多环芳烃的含量降低 75%~85%。

生物柴油是指植物油（如菜籽油、大豆油、花生油、玉米油、棉籽油等）、动物油（如鱼油、猪油、牛油、羊油等）、废弃油脂或微生物油脂与甲醇或乙醇经酯转化而形成的脂肪酸甲酯或脂肪酸乙酯。具有某种结构符号的脂肪酸甘油酯（即甘油三酸酯）的植物油和动物脂肪通常被作为生物柴油的原料。如图 3.7 所示，以植物油或地沟油为原料制备的生物柴油作为燃料，在燃烧时释放到大气中的 CO_2 量与其在形成过程中从大气中吸收的 CO_2 量是平衡的，可实现碳排放“零增长”。

生物柴油的燃料性能与石化柴油较为接近，且具有石化柴油无法比拟的性能。

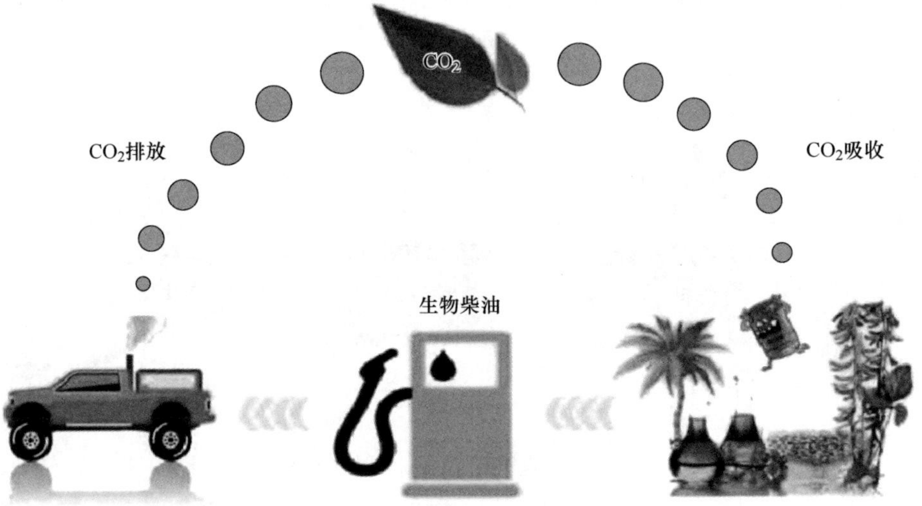

图 3.7　生物柴油碳中和过程

(1) 点火性能佳。十六烷值是衡量燃料在压燃式发电机中燃料性能好坏的质量指标，生物柴油十六烷值较高，大于45（石化柴油为45），点火性能优于石化柴油。

(2) 燃烧更充分。生物柴油含氧量高于石化柴油，可达11%，在燃烧过程中所需的氧气量较石化柴油少，燃烧比石化柴油更充分。

(3) 适用性广。除了作为公交车、卡车等柴油机的替代燃料外，生物柴油又可以作海洋运输、水域动力设备、地质矿业设备、燃料发电厂等非道路用柴油机的替代燃料。

(4) 保护动力设备。生物柴油较石化柴油的运动黏度稍高，在不影响燃油雾化的情况下，更容易在气缸内壁形成一层油膜，从而提高运动机件的润滑性，降低机件磨损。

(5) 通用性好。无须改动柴油机，可直接添加使用，同时无须另添设加油设备、储运设备及人员的特殊技术训练（通常其他替代燃料有可能需修改引擎才能使用）。

(6) 安全可靠。生物柴油的闪点较石化柴油高，有利于安全储运和使用。

(7) 节能降耗。生物柴油本身即为燃料，以一定比例与石化柴油混合使用可以降低油耗，提高动力性能。

(8) 气候适应性强。生物柴油由于不含石蜡，低温流动性佳，适用区域广泛。

(9) 功用多。生物柴油不仅可作为燃油又可作为添加剂促进燃烧效果，从而具有双重功能。

(10) 具有优良的环保特性。生物柴油中硫含量低，使得 SO_2 和硫化物的排放低，可减少约 30%（有催化剂时可减少 70%）；生物柴油中不含对环境会造成污染的芳香烃，因而产生的废气对人体损害低。

3.3.1.2 生物柴油的原料

A 木本油料植物

在我国，有大量的木本油料植物，有将近 30 种可以作为大型的原材料生产来源，这些树种分布比较集中，并且可以利用荒山、沙地等适宜林地进行造林，形成含有 10 种以上的优良作物品种的供应基地。有关资料统计，我国国土面积约 69% 的山地、高原、丘陵地区甚至沙地分布有木本油料植物。这些地区不仅为生物柴油产业提供丰富的可再生原料，改善生态环境，还有利于农村产业结构调整和农民收入增长，解决部分农村剩余劳动力的就业问题。木本植物具有较强的抗逆能力，经营粗放，不与粮食作物争夺土地资源，且种植一次可收数年，采收所需人工较多，符合我国国情。我国境内重要的木本油料植物，如大戟科的麻风树、漆树科的黄连木、山茱萸科的光皮树、无患子科的文冠果、山茶科的油茶等，都具有巨大的开发潜力和广阔的发展前景。

B 微生物油脂

许多微生物，如酵母、霉菌和藻类等，在一定条件下能将碳水化合物转化为油脂贮存在菌体内，称为微生物油脂。近年来，随着工业生物技术的发展，微生物油脂发酵从原料到成品都不断取得新进展。最近美国国家可再生能源实验室（NREL）的报告特别指出，微生物油脂发酵可能是生物柴油产业和生物经济的重要研究方向。

微生物油脂具有很多优点，使其在油脂生产领域具有巨大的发展潜力。大部分微生物油脂的脂肪酸组成和一般植物油相近，以 C16 和 C18 系脂肪酸，如油酸、棕榈酸、亚油酸和硬脂酸为主。这使得微生物油脂可以在许多应用中替代传统的植物油，为食品、化妆品、生物柴油等行业提供可持续的替代品。由于微生物多生长于自然界中碳源丰富、广泛分布，而不易被破坏或分解的土壤中，所以产油微生物菌种资源丰富。此外，微生物能够利用碳源丰富且不易被破坏或分解的废弃物质进行生长和油脂合成，如农林废弃物、木质纤维素等。这为微生物油脂的可持续生产提供了丰富的原料资源。另外，微生物油脂具有较强的生产能力，不易被有机溶剂等环境中的物质降解。这使得微生物油脂的生产过程相对稳定，产品质量可控。与植物油相比，微生物油脂的生产过程具有较短的发酵周期，不受场地、季节、气候变化等影响，一年四季除设备维修外，都可连续生产，这使得微生物油脂可以实现全年连续生产。微生物油脂可以用于发电或作为其他化工原料，为农业大国提供了新的发展机遇。利用农林废弃物等资源，可以实现资源循环利用和能源的可持续发展。

C　草本油料作物

我国是一个草本油料作物资源十分丰富的国家，例如油菜、大豆、棉花、蓖麻等，它们的单位面积产油量都比野生木本油料植物高。农业农村部统计，草本油料作物单位面积产油量比野生木本油料植物高出 1 倍以上，因此，大力发展我国的草本油料作物生产，具有非常重要的战略意义。

D　废弃油脂

废弃油脂是目前我国生物柴油生产的主要原料，包括饮废油、地沟油、煎炸废油等。但废弃油脂资源总量有限、供应不稳定，原料组成及性能变化较大，只能作为生物柴油产业发展的有限资源。杜绝废弃油脂重回餐桌是开发生物柴油资源的基本前提。

3.3.1.3　生物柴油的生产

目前生物柴油的主要生产方法是物理法、化学法、生物酶法和无催化剂超临界法。

（1）化学法。目前，生物柴油主要是利用化学法生产而得到的，也就是用动物（或植物）油脂和甲醇（或乙醇）在酸性或者碱性催化剂下进行酯化交换反应，生成相应的脂肪酸甲酯或脂肪酸乙酯，再经过洗涤和干燥就可以得到生物柴油。化学法主要包括酸碱催化法和高温裂解法。

1）酸碱催化法是采用酸（如硫酸、盐酸、磺酸）、碱（如氢氧化钠、甲醇钠、氢氧化钾、甲醇钾）等化学催化剂催化油脂在甲醇（或者乙醇）反应生成脂肪酸甲酯或者脂肪酸乙酯的过程。

2）高温热裂解法是在常压、快速加热、超短反应时间的条件下，使生物质中的有机高聚物迅速断裂为短链分子，并使结炭和产气降到最低限度，从而最大限度地获得燃油。

（2）物理法。物理法是指通过物理机械的作用，将植物油脂与石化柴油按比例混合之后，得到的油品因为掺入了一定的植物油脂而被称为生物柴油。根据混合方式的不同，物理法分为直接使用法、稀释混合法和微乳化法三种。

1）直接使用法就是直接把植物油作为柴油使用。

2）稀释混合法就是将一定浓度的植物油和柴油按照一定的比例混合，而这种混合油出现润滑油层增厚和潜在的凝胶化作用，或者混合之后具有一定的黏度，因此将这种混合油直接注入发动机只能作为短期燃料，但是不能长期使用。总之，由于植物油的高黏度及其酸性成分、游离脂肪酸成分，直接使用植物油或者与石化柴油混合使用，效果并不尽如人意。

3）微乳化法是用甲醇、乙醇、丁醇等表面活性剂和助表面活性剂对植物油进行微乳化，以降低植物油的高黏度。

（3）生物酶法。生物酶法是利用脂肪酶的酯化和转酯反应活性，催化油脂和醇反应生成生物柴油。与物理法和化学法相比，用脂肪酶作催化剂制备生物柴油，具有原料选择性较低、反应条件温和、醇用量少、后处理简单、无污染物排放、副产物甘油较易分离等优点。但是这一方法也存在着一些缺点，比如，脂肪酶转化率低、生产成本高、甲醇对脂肪酶具有一定的毒性等，正是由于这些原因，限制了生物酶法生产生物柴油。

(4) 无催化剂超临界法。无催化剂超临界法是用处于超临界状态的甲醇、乙醇、丙醇、丁醇等与三酰甘油进行转酯反应制备生物柴油。与传统的生物柴油生产方法相比，无催化剂超临界法无须使用催化剂，且需要在高压下进行，条件要求比较苛刻，反应设备具有一定承受压力的能力，因此该方法在某种程度上受到了一定的制约。

3.3.2 藻类柴油

3.3.2.1 概述

藻类作为一类低等植物，具有种类繁多、分布广泛的特性。藻类按其大小可分为大藻和微藻，大藻是直径大于 2 mm 的藻体，微藻是直径小于 2 mm 的单细胞或丝状藻体。微藻因其油脂含量较高，生长较快，是制备生物柴油的优质藻类资源。微藻是光合效率最高的原始植物之一，与农作物相比，单位面积的产率可高出数十倍。

微藻制油的原理基于其独特的光合作用机制。将化工生产过程中产生的二氧化碳转化为微藻自身的生物质，从而固定了碳元素，再通过诱导反应使微藻自身的碳物质转化为油脂，然后利用物理或化学方法把微藻细胞内的油脂转化到细胞外，再进行提炼加工，从而生产出生物柴油。即通过藻类的光合作用，将废水中的营养物质和空气中的二氧化碳转化为生物燃料、蛋白质。

利用藻类来生产生物柴油，为柴油生产开辟了一条新的技术路线，且具有众多优势。

(1) 藻类油脂含量高。油脂是生产生物柴油的原料。藻类的含油量很高，一般占干重的 20%~50%，某些微藻的含油量最高可以达到生物质干重的 80%以上。影响藻类油脂合成的因素很多，通过改变藻类的培养条件或者采用分子生物学技术均可进一步增加藻类的油脂含量。在适当的培养条件下，减少藻类培养基质中的氮元素，可以增加某些藻类的油脂含量。

(2) 藻类生长快，生物量大。大多数的微藻生长极其迅速，一般能在 24 h 内使自身生物量加倍，而在指数生长期内生物量倍增时间能缩短至 3.5 h。藻类生长周期很短，一般 2~5 天便可完成一个世代，并且可终年生长。这使得藻类可以每天进行收获，为生物柴油的生产提供了连续的原料供应。微藻的光合作用效率高，可以高密度种植，每英亩（1 英亩 = 4046.86 m^2）的年产量是产量最高的油料作物的 7~31 倍，巨大的生物量为制备生物柴油奠定了原料基础。与之相比，油料作物生长相对缓慢，生活周期长，并且只在一年的某个时期才可收获，且产量受气候和季节变换等外界因素的影响大，具有产量低、经济性差的特点，远不能满足经济发展对能源的供应需要，因此不能成为制备生物柴油的长期原料。

（3）藻类生长空间广阔。藻类分布极其广泛，适应环境能力强，大多生长于海洋、淡水湖泊等水域，甚至在潮湿的土壤、树干等湿处也均有分布。另外，藻类对土地的要求较低，在沙漠地区、盐碱地、干旱或半干旱的贫瘠土地上都可以生长，且不受气候限制。因此，可以在远离水源的非农业土地和盐碱化土地实现大规模培养。与油料作物相比，藻类能够充分利用海洋资源，而非依赖土地资源，这极大地减少了对淡水资源和耕地的占用，避免引发粮食危机。由于当前世界耕地资源贫乏，可用来发展能源作物的耕地十分有限，仅仅依靠种植油料作物为生物柴油提供油源不符合实际情况。

（4）藻类的净化作用。藻类进行光合作用，将水、二氧化碳和其他无机物依靠光能合成有机物并释放出氧气。化石燃料燃烧时向大气中释放的二氧化碳，藻类可以通过光合作用吸收利用，对解决温室效应有一定的帮助，实现了二氧化碳的零排放，因此藻类在净化温室气体方面起着重要作用。此外，藻类可利用废水中的废物作为生长的营养物，可吸收利用水体中的氮、磷和重金属元素，对水体环境有一定的净化作用。

3.3.2.2　藻类柴油的生产

海藻生物柴油的生产过程主要包括海藻大规模培养、海藻油提取、脂交换反应等环节，其中最重要的是海藻大规模培养。

A　海藻培养

规模化藻类培养是生产生物柴油的关键环节，需要适宜的光照、温度、二氧化碳、水、营养物和 pH 等培养条件。目前规模化藻类培养主要有开放式体系和封闭式体系两种方式。

（1）开放式光合生物反应器（open photobioreactor）的使用始于 20 世纪 50 年代，以开放式跑道水池为主。跑道体系由一系列闭合环状再循环水道组成，通常深 0.3 m，藻种和培养液在池道内循环，需时常添加营养物。目前全世界内大多使用跑道体系培养藻类。培养液连续从浆轮前方输入水道，完成一个循环回路后在浆轮后方被收集，进入下一道工序。跑道体系一般附有一个沉淀池来收获藻类。为保证培养液中有足够的 CO_2，在跑道内设有释放 CO_2 的装置。在体系中，浆轮一直保持转动防止培养液沉降，但转动也造成了跑道温度的升高，水的蒸发恰好解决了这一问题。

（2）封闭式光合生物反应器（closed photobioreactor）的种类很多，以板状和管状最为常见。封闭式光合生物反应器一般是由一系列塑料或玻璃透明管道组成光收集器，管道的直径小于0.1 m，适合单一藻种的培养。培养液连续从储存池进入一系列光收集管道，经过一个循环后进入储存室。封闭式光合生物反应器一般连有机械泵、气体交换装置、清洁装置和热交换装置。机械泵用于产生连续湍流，气体交换装置负责吸收管道中积累的氧气并输入二氧化碳，清洁装置用于清理生物反应器，热交换装置则用于控制昼夜温度。与跑道体系相似，封闭式光合生物反应器通过驱动装置产生湍流来抑制沉降。为了捕获最大限度的光照，管道一般朝南北方向呈一列放置，并且把放置管道的地面涂白或铺上白色塑料板。与开放式跑道体系相比，封闭式光合生物反应器技术较不成熟，但是具有较高的藻类生产量，相信随着技术的进步，封闭式光合生物反应器将会成为培养藻类的首选。表3.1为使用开放式光合生物反应器和封闭式光合生物反应器两种藻类培养方式的特点比较，在实际生产应用中，可按实际生产需求选择合适的藻类。

表3.1 两种藻类培养方式比较

开放式光合生物反应器	封闭式光合生物反应器
自养藻类	自养或异养藻类
结构和运转简单	结构和运转复杂
生产成本低	生产成本较高
易被外界环境污染	不易被外界环境污染
培养条件参数不易控制	培养条件参数易控制
生物生产率低	生物生产率高
水分蒸发较快	水分蒸发较慢
二氧化碳供给不足	二氧化碳供应充足

B 海藻油提取

海藻油制备的工艺流程如图3.8所示，主要包括以下步骤：

（1）机械挤压脱水。用网将水箱中培养好的新鲜海藻（含水分90%）打捞出来，然后用挤压机将新鲜海藻外表面水分挤压出来。

（2）烘干脱水。将挤压过后的海藻（含水分60%）送入平板烘干机中加热以便脱除海藻细胞内部的结合水及自由水。烘干后的海藻水分含量为5%。

（3）压榨制油。将烘干后的海藻（含油量50%）送到预榨机里，海藻入榨水分5%，压榨后海藻饼厚度10~12 mm，海藻饼含水分6%~7%。

（4）微负压多级逆流连续萃取。压榨后的海藻饼（含水分6%~7%）送入多级逆流萃取器中，以正己烷（环己烷）为萃取剂，海藻饼先经逆流萃取、沥干、洗涤，最大限度萃取出海藻中有效成分，海藻油残留量在1%以下。

（5）烘干脱溶。将萃取后海藻（其中有机溶剂含量占海藻质量的25%）送入多层连续烘干脱溶机中，海藻粕在里面不断被搅拌加热，逐层烘干，脱溶后海藻粕中水分含量在10%以下。

(6) 负压蒸发分离。从多级逆流萃取装置中出来的含有海藻油的正己烷(环己烷) 溶液 (海藻油质量分数为30%) 蒸发分离出剩下的有机溶剂 (从蒸发器出来的混合油中海藻油质量分数为95%)。

(7) 负压汽提。从蒸发系统出来的海藻油溶液 (海藻油质量分数为95%左右) 用泵送入汽提塔中汽提，除去海藻油残余有机溶剂，海藻油余留有机溶剂不超过0.05%，海藻油纯度达99.9%以上。

(8) 溶剂冷凝回收。正己烷 (环己烷) 气体进入冷凝器中冷却，利用正己烷 (环己烷) 与水不互溶、密度差较大的原理实现正己烷 (环己烷) 和水分的分离，废水排放，正己烷 (环己烷) 继续参与循环利用。

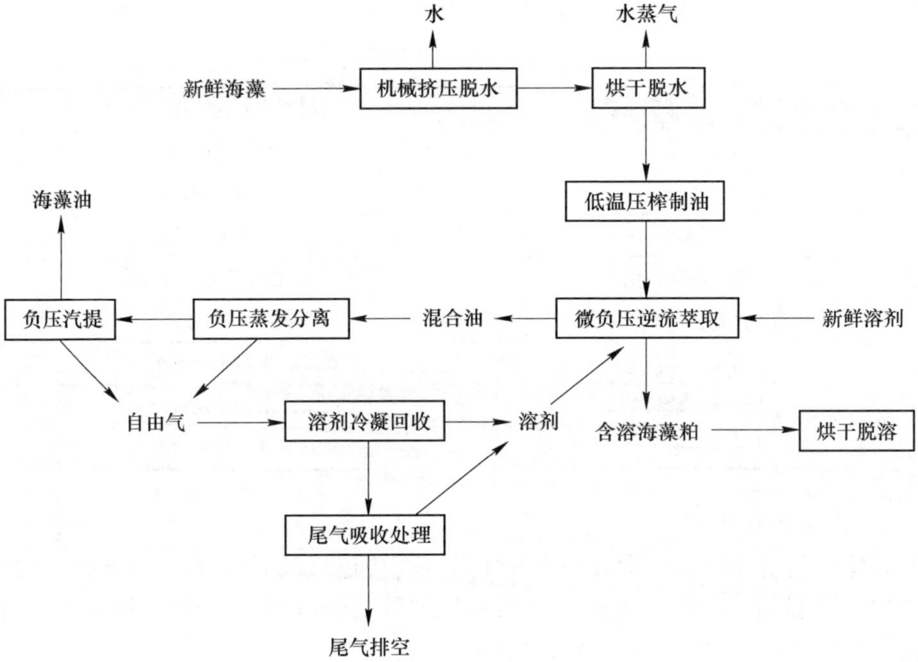

图3.8　海藻油制备工艺流程

C　脂交换反应

脂交换反应是生产生物柴油的传统方法，以油料作物和动物脂肪为原料的第一代生物柴油就是通过这种方法生产的，即在提取的藻油中加入一定量的甲醇，在一定温度下，甲醇与藻油中的甘油三酯发生酯交换反应，产生甘油和脂肪酸甲酯，再分离出副产品甘油，得到的甲酯就是生物柴油。

在理论上，脂交换反应中甘油三酯与甲醇的比例是1∶3，但在工业生产时，通常加入过量甲醇以确保反应向生成生物柴油的方向进行。在脂交换反应中，可以用酸、碱或酶进行催化。使用酸催化剂的酯交换反应速度慢，在生产中很少使用；碱催化剂则能显著增强反应速度，且成本较低，是目前最常用的催化剂，但是易与游离脂肪酸反应；酶催化剂不易与游离脂肪酸反应且能减少对环境的污染，但是费用太高。在反应过程中，为了除去藻油中的不饱和脂肪酸，还要在系统中进行催化加氢。得到的生物柴油粗制品要进行后处理加工成精油，并改良其性能使其符合燃料的各项指标。

3.4 生物质化学品

3.4.1 淀粉基精细化学品

3.4.1.1 概述

在生物质转换领域，热化学反应可使生物质气化或液化后直接作为燃料，在生物和化学组合的生物质转换中，以组分分离为基础，用微生物发酵的方法可以高选择性地制造出高附加值的多种化学品，这对生物质资源化学品尤其是精细化学品的生产不可或缺。植物资源为制备精细化学品提供了丰富的原料来源，其制备过程的环境友好性和产品的可生物降解性都为循环经济和可持续发展提供了实际可行性，因此，生物质精细化学品正面临着良好的历史发展机遇。在世界范围内可规模生产的、应用受到广泛关注的最具代表性的生物质精细化学品有：单糖类、二糖类等糖基生物质精细化学品，淀粉类精细化学品，纤维素、半纤维素精细化学品，木质素精细化学品和油脂类精细化学品等。

淀粉和纤维素占世界生物质资源年产量的2/3。淀粉和纤维素虽然具有相同的基本结构单元，但由于基本结构单元连接方式的区别，淀粉比纤维素更易酶解成许多化工中间体和直接进行化学改性制备各种化学品。淀粉直接化学改性制备的淀粉化学品大多数为生物质精细化学品，各种低取代度淀粉化学品已作为各种助剂使用。淀粉化学品主要用于造纸、纺织、食品、医药、环保、铸造等领域。淀粉化学品在造纸中应用占造纸用精细化学品的80%~90%，是造纸纤维和填料之后的第三大材料。我国纸张和纸板年产量超过2200万吨，按添加2%变性淀粉计，年需44万吨。纺织行业中，浆纱、印染、后整理及非织造布用浆料量10万吨/年，每年进口超过5万吨。食品行业方面，随着家务劳动社会化趋势，方便面、火腿肠、鱼丸、肉丸、速冻类制品等对淀粉化学品的年需求量为10万吨。此外，淀粉化学品还可以在环保中用于无磷洗衣粉添加剂、絮凝剂、重金属络合剂，在农业上可用作保湿剂、种子包衣、慢释放剂、光降解膜、保鲜剂等，在建筑、纺织行业用作阻燃剂；还可以用作增塑剂、水质稳定剂、合成纤维助剂等，用途非常广泛。

3.4.1.2　淀粉基精细化学品用途

（1）造纸和纺织用黏合剂。我国包装纸板工业长期以来使用水玻璃作胶黏剂，由于水玻璃含碱量高达7%，易吸收空气中的水分，引起纸箱受潮，以致泛黄、变形，甚至腐蚀纸箱内的商品，造成损失。相比之下，以玉米淀粉为原料制得的淀粉黏合剂性能优于水玻璃，国外于20世纪50年代就广泛使用，并正研究通过改性提高其耐水性、快干性和初黏力。淀粉黏合剂的配制方法主要有氧化法，包括一步法和两步法。一步法是将淀粉与氧化剂一起反应，使淀粉发生氧化反应并形成氧化淀粉。这种方法简单，但在实际应用中可能存在一些问题，如氧化程度不易控制，产品质量波动较大。两步法是先制成氧化淀粉，使用时再加糊化剂和交联剂配成。有不渗胶、不黏膜的优点。因此，大力开发各种用于高档纸和纺织、建筑装饰用的改性淀粉，如阳离子淀粉、双醛淀粉、羟烷基淀粉等新的胶种并扩大其应用范围，不仅可以节约化学原料、降低成本、减少污染，也是当前我国淀粉工业的发展方向。

（2）食品添加剂。在食品工业中，淀粉具有两大基本用途。一是营养性的稳定剂，淀粉可提供许多食品以特性黏度、结构、口感、稠度，如酱油、布丁、牛奶蛋糊、汤罐头、橡皮糖等。二是把淀粉作为加工助剂以改善食品加工性能，如在生产挤压式食品时用预糊化淀粉可控制其涂布性能或冷流动性，改性的稠稀淀粉可以使液体和固体混合食品装罐时填充均匀等。近几十年来，世界食品淀粉从基本的分离加工已发展到可生产一系列多品种食品淀粉产品，据统计，已有数百种食品淀粉产品用于罐头、乳制品、糖果、糕点、包装半成品、酿造和医药工业中，这促进了食品工业的发展，使淀粉工业的发展进入了一个全新的时期。特别是近十几年来，酶工程技术可以用较低成本将淀粉转化成D-葡萄糖，也可得到D-葡萄糖与D-果糖的平衡混合物，它们与蔗糖有同等甜度，利用酶法还可以用淀粉生产柠檬酸、赖氨酸、山梨醇、青霉素等多种产品。

（3）工业吸附材料。生物质原料具有经济环保、可再生、与环境生物相容性好等特点，生物质吸附剂的研究已成为人们关注的焦点。由于淀粉本身的结构特点和性质，其吸附性能较差，而通过对淀粉进行接枝共聚、交联、酯化等化学改性，制得的淀粉基吸附剂具有绿色环保、可再生、易降解以及良好的吸附性能等优点。在含重金属离子的废水处理中，重金属对环境伤害不容小视，去除重金属离子的方法主要有溶剂萃取、凝聚、膜分离、离子交换、化学沉淀和选择性吸附等，其中选择性吸附法具有效率高、选择性强、工艺简单等优势。采用对淀粉进行接枝共聚等化学改性的方法制备淀粉基吸附剂，用于废水处理中去除Cd^{2+}、Zn^{2+}、Ni^{2+}、Cu^{2+}、Bi^{3+}、Hg^{2+}和Pb^{2+}等重金属离子。在染料废水处理方面，染料在给人们的生活增添色彩并产生经济效益的同时，也对环境产生一定的伤害，染料废水排放到环境水域中，将导致自然水域的污染，去除废水中的染料至关重要。染料主要分为阴离子染料和阳离子染料，对淀粉进行改性，接枝阴离子或阳离子的物质通过静电作用可吸附带相反电荷的染料，此外淀粉改性后由于螯合或范德华力等作用，也可吸附染料。以淀粉为原料，对其进行接枝聚合、酯化、交联等制备改性淀粉，或者通过酶处理制备多孔淀粉，用于去除水溶液中的亚甲基蓝（MB）等染料。改性后的淀粉除用作吸附重金属离子和染料外，还可用于吸附氨、苯酚、水、油、铵以及透析中的尿素等。

（4）生物降解淀粉树脂。生物降解淀粉树脂（biodegradable starch resin）是一种可生物降解的塑料材料，通常由淀粉和其他生物基聚合物（如聚乳酸）组成。它具有与传统塑料相似的物理性质和功能，但在环境中能够被微生物分解并回归自然循环。生物降解淀粉树脂中主要成分为：淀粉含量20%~80%，聚合物含量10%~50%，添加剂含量10%~25%。该树脂可在90~200天内分解为CO_2和H_2O，残留的聚合物为细小的粒子，无毒、透明及半透明，着色力强。全淀粉塑料的生产原理是使淀粉分子变构而无序，形成了具有热塑性能的淀粉树脂，其制品的加工（如挤出、流延、注塑、压片和吸塑等）虽然可沿用传统的塑料加工设备，但其工艺有所不同。传统塑料在加工时含水率应控制在几乎无水的程度，而全塑淀粉加工时则应具有一定水分，且温度不能过高以避免烧焦。

3.4.2 木质纤维素基化学品

3.4.2.1 概述

木质纤维素源自天然木材，经化学处理后呈现棉絮状，颜色为白色或灰白色。通过筛选、分裂、高温处理、漂白、化学处理、中和、筛分成不同长度和粗细度的纤维以适应不同应用材料的需要。由于处理温度高达250 ℃以上，在通常条件下是化学上非常稳定的物质，不易被一般的溶剂、酸、碱腐蚀，具有无毒、无味、无污染、无放射性的优良品质，不影响环境，对人体无害，属绿色环保产品，这是其他类型纤维所不具备的优势。纤维微观结构是带状弯曲的、凹凸不平的、多孔的，交叉处是扁平的，有良好的韧性、分散性和化学稳定性，吸水能力强，有非常优秀的增稠抗裂性能。且木质纤维素生物质资源来源广、储量大、价格低廉、环保、可再生，在绿色循环经济的快速发展下，该类资源有望替代石油成为“工业的血液”。

与传统的纤维素纤维相比，木质素纤维具有更高的强度和刚度，同时还具有阻燃、耐候性等特点。它在建筑、航空航天、汽车制造等领域有着广泛的应用，可以用于制造复合材料、隔音材料、结构材料等。木质纤维素被广泛用于沥青道路、混凝土、砂浆、石膏制品、木浆海绵等领域，对防止涂层开裂、提高保水性、提高生产的稳定性和施工的合宜性、增加强度、增强对表面的附着力等有良好的效果。在路面铺设中，纤维稳定剂采用木质纤维素，经工厂形成棉絮状纤维或颗粒状纤维，其在众多领域发挥着关键作用，主要体现在触变、防护、吸收、载体和填充剂等方面。

3.4.2.2　木质纤维素基化学品用途

A　纳米纤维素

纤维素是自然界中储量最丰富的可再生生物高分子，地球上每年产量可达750亿吨，其为植物的重要组成部分，也是能源危机的重要可再生化学资源。天然纤维素具有分子内和分子间氢键，化学性质稳定。通过前处理、解链及机械作用等手段使氢键及葡萄糖苷键断裂，在适当条件下即可得到纳米纤维素。纳米纤维素是一种由纤维素微晶纤维通过纳米加工技术制备而成的纳米材料。主要类型有纳米微晶纤维素、纳米纤丝纤维素和细菌纤维素，这三类纤维素制备方法各不相同，分别通过酸水解法、机械法及生物合成法得到。纳米纤维素制备方法主要分为化学法、物理法和生物法。化学法包括两种方法，第一种为酸水解法，即在特定条件下发生酸水解反应，纤维素无法定形区被除去从而得到纳米纤维素。第二种为氧化法，即纤维素分子表面裸露的羟基可进行氧化得到可溶的羧酸基并赋予纤维素分子间斥力，得到纳米纤维素。使用TEMPO氧化法制备的纳米纤维素具有高透明度、高强度和低密度的特点，但是试剂昂贵。相比于TEMPO氧化法，酸水解法试剂成本低，但对反应设备要求高，反应残留物为酸性，在后续回收处理中较为麻烦。物理法制备纳米纤维素方法多样，主要包括高压均质机制备法、高压微射流纳米均质机制备法、研磨法、冷冻粉碎法、高强度超声处理法、静电纺丝法等。这些方法处理过程中一般不需要有机溶剂，同时，高压微射流纳米均质机制备得到的纳米纤维尺寸更均一，在后续工艺中具有较强竞争能力。但物理法制备纳米纤维素均具有能耗高的问题，因此研究得到环境友好、高效、低能耗的制备方法在目前研究工作中十分有必要。生物法制备纳米纤维素分为细菌合成法和酶降解法，细菌合成法工艺复杂、成本高。酶降解法得到的纳米微晶纤维素的分子量和纤维长度都得到较好保留，具有良好结构，但其生产效率低，反应条件仍需优化。在纳米纤维素合成过程中虽然可供选择的方法多，但是都面临不同缺点，对其广泛应用和推广造成局限。

与普通纤维素相比，纳米纤维素形态结构更优，物性特殊，在生物医学、食品包装、纸张制造、建筑材料等多个行业具有广阔应用前景。纳米纤维素具有高比表面积，纳米级尺寸和长丝状结构使其表面积大，提供更多反应活性位点和吸附位置；由高强度微晶纤维构成，力学强度和韧性高；可再生性好，源于植物细胞壁，环境友好。在生物医学领域，可用于制备人工骨骼、生物仿生材料、药物缓释；在食品包装领域，可作高效防潮、抗氧化剂；在纸张制造领域，能提高纸张强度和光泽度；在建筑材料领域，可制备高强度混凝土。

B　木质素

木质素是一种存在于植物细胞壁中的复杂有机化合物，主要由三种苯丙烷单元通过醚键和碳碳键相互连接形成的具有三维网状结构的生物高分子，为地球上唯一可再生的芳香族化合物，存在于木质组织中，具有高度的结构多样性。木质素在不同类型的木质纤维中的含量高低排序为针叶木>阔叶木>草本植物。它的主要作用是通过形成交织网来硬化细胞壁，同时木质素也是次生壁的主要成分之一。木质素主要位于纤维素纤维之间，起抗压作用。在木本植物中，木质素占25%，是世界上第二位丰富的有机物（纤维素是第一位）。由于自然界中木质素与纤维素、半纤维素等往往相互连接，形成木质素-碳水化合物复合体（lignin-carbohydrate complex），因此目前没有办法分离得到结构完全不受破坏的原本木质素。其种类主要包括木质素磺酸盐、碱木质素、溶剂型木质素和汽爆木质素。木质素的性质在一定程度上决定了木质素的应用，其为浅色、不易溶于水，具有多种官能团的无定形高分子，其代表官能团及官能团对木质素性质影响见表 3.2。

表 3.2 木质素代表官能团

官能团	影 响
甲氧基	稳定性好，在高温下可发生断裂形成甲醇
羟基（酚羟基、醇羟基）	影响木质素酯化、醚化、缩合程度，溶解性能和反应活性
其他（碳碳双键、醚键、羧基、羰基等）	具有优良的化学反应活性

木质素在造纸工业中有大量应用，但其中绝大部分仍以直接燃烧产生能量为主，仅有少数用于商业产品。然而，木质素在产品生产领域无疑是一个极具发展潜力的新方向。木质素作为原料制备碳纤维，但由于目前技术无法制备得到结构完全不受破坏的原本木质素，其制得的碳纤维的纯度和物化性能仍然有待提高。碳纳米管工业中，木质素磺酸钠能对多壁碳纳米管进行分散，制备的碳纳米管分散液稳定性好且浓度高。木质素磺酸钠可制得浓度较高的石墨烯分散液，木质素磺酸钠-氧化石墨烯-聚苯胺纳米复合材料具有良好的吸附能力，可用于工业废水治理中。

3.4.3 油脂基化学品

油脂是生命活动的物质基础，是热能最高的营养物质，是由多种高级脂肪酸如硬脂酸、软脂酸或油酸等跟甘油生成的甘油酯。油脂的主要成分是甘油三油酸酯，也就是甘油与三个脂肪酸分子形成的酯键。脂肪酸是由长链碳原子组成的羧酸，根据饱和度和碳链长度的不同，可以分为饱和脂肪酸、不饱和脂肪酸和多不饱和脂肪酸。油脂具有酯的性质，能在催化剂存在条件下水解，由不饱和高级脂肪酸所生成的油脂还具有烯烃的性质，同时油脂的熔点和存在状态受到高级脂肪酸饱和程度的影响，油脂中高级脂肪酸的饱和程度越大，其熔点越高，呈现固态。油脂上的化学反应90%以上发生在脂肪酸的羧基官能团，只有不到10%发生在烷基链上的转变。油脂具有四大特点，首先是高热能，油脂是营养物质中热能最高的，每克油脂可以提供 9 kcal（1 kcal = 4.1868 kJ）的能量，是身体储存和获取能量的重要来源之一。其次油脂营养丰富，油脂中含有人体所需的脂溶性维生素（如维生素 A、维生素 D、维生素 E 和维生素 K）和必需脂肪酸（如 ω-3 脂肪酸和 ω-6 脂肪酸），对于维持正常生理功能具有重要作用。再者，油脂具有组织保护作用，可以提供身体所需的脂肪垫，起到保护内脏器官、维持体温和吸收冲击的作用。最后，油脂还可以提高食物口感，增加食物的口感和风味，提高食欲，并有助于某些营养物质的吸收。然而，在工业应用中，会把多种植物油转变成硬化油，用于生产人造奶油，油脂加氢也便利了植物油的运输和保存，但是这种方法会产生反式脂肪酸，食用后对人体产生巨大危害，如降低记忆力、导致发胖、引发冠心病、形成血栓、影响生长发育等。

油脂不仅是食物摄入必需品，在化学品生产中也应用广泛且历史悠久。直至 1980 年，油脂基化学品多源于动物脂肪和椰子油，主要生产地是美国、欧洲和日本。当棕榈油出现之后，油棕基油脂化学品取代了过去的油脂。油棕基油脂有利于生态环保，且具有多种功能，供应充足，例如由油棕基油脂制造的清洁剂可快速全面降解生物。马来西亚第一所油脂化学工厂建立于 1980 年，马来西亚是全球最大的油脂产品出口国，其每年生产两百万吨油脂产品，占世界产量的 25%。油脂基化学品应用丰富，涉及护肤品、清洁剂、蜡烛、油墨和各种各样的工业应用。

A　油脂基表面活性剂

2017 年我国实施“十三五”规划，指出表面活性剂要从“低碳生态化”及“工业价值化”着手，这个方针为解决石油资源枯竭、全球变暖等问题提供有效路径，为构建资源能源可持续发展新社会作出极大贡献。表面活性剂常被用于清洁剂的制作过程中，石油基表面活性剂从发现开始就一直处于表面活性剂领域的主导地位，但随着“绿色化学”呼声日益高涨，表面活性剂向着环境友好型和绿色化发展成为必然，一些油脂基表面活性剂逐渐走入人们的视野具有巨大的发展潜力。

油脂基表面活性剂包括传统油脂基表面活性剂、烷基糖苷、改性油脂乙氧基化物、脂肪酸甲酯乙氧基化物和脂肪醇聚氧乙烯醚羧酸盐。

传统油脂基表面活性剂包括脂肪醇醚硫酸钠、脂肪醇聚氧乙烯醚和脂肪酸甲酯磺酸盐。脂肪醇醚硫酸钠是液体洗涤剂的首选表面活性剂，具有良好的去污、润湿、发泡、乳化等性能，钙皂分散和水溶性均较强。脂肪醇聚氧乙烯醚则可直接用于洗化产品，具有较强去污能力，抗硬水性强，耐强酸性好，容易产生泡沫，同时也能与阴离子活性剂复配，使清洁剂性能更优。但这两种油脂基表面活性剂都存在含量超过 30%会结块，且容易导致衣物变色或串色。脂肪酸甲酯磺酸盐原料为天然油脂，也可作为表面活性剂，与其他试剂配合使用可降低泡沫，提高配方抗硬水能力，目前在浓缩洗衣液中用量较少，具有较大发展潜能。烷基糖苷是由脂肪醇和葡萄糖合成的一种温和型非离子表面活性剂，它具有温和无刺激、起泡强且稳定、易降解、溶解度高等优点，其衍生物如烷基糖苷磺基琥珀酸酯盐、烷基糖苷柠檬酸酯等，均能改善烷基糖苷水溶性差和不耐硬水的缺点，有望在清洁剂后续发展中开发更好的产品。改性油脂乙氧基化物是一种新型绿色表面活性剂，具有水溶性好、抗冻性好、耐硬水、生物降解率高等特点，在浓缩市场中广泛应用。脂肪酸甲酯乙氧基化物是由脂肪酸甲酯乙氧基化反应合成的非离子表面活性剂，具备成本低、性能优良等特点，同时生物降解能力强，对人体刺激小，在市场中具有较强竞争能力。脂肪醇聚氧乙烯醚羧酸盐具有稳定性强、受高温影响小、抗灰变能力强，同时具备增强、无刺激、易生物降解等诸多优良性能。当脂肪醇聚氧乙烯醚羧酸盐与其他化合物复配时能得到不同的优良性状，如与季铵盐复配能增强抗静电能力，与异构脂肪醇聚氧乙烯醚复配，则能提高发泡力和抗硬水能力。

油脂基表面活性剂除用于清洁剂中，在石油、矿物浮选、农药、纺织等工业领域中也有较多应用。油田化学药剂中表面活性剂的应用范围广泛，种类丰富，如烷基羧酸盐能作为驱油用表面活性剂，价格较其他产品更加低廉；烷基二苯醚磺酸盐常被用于第三次采油和土壤净化等场合，具有较强稳定性和耐电解质能力，水溶性好等优点。在矿物浮选时，选用脂肪醇系表面活性剂可作为起泡剂，其具有熔点低、化学性质稳定、解离度比脂肪酸高、捕获能力强等特点。脂肪胺是矿物浮选中最常用的阳离子捕收剂，与其同系的醚胺、二元胺等也是矿物浮选中常用的表面活性剂。在农药生产过程中，表面活性剂常常起到分散、润湿、乳化增溶等作用，同时，也能增强药物在农作物上的滞留量，提高药效。纺织工业中通常使用油脂基表面活性剂提高纺织品质量，改善产品性能，提高生产效率等，且油脂基表面活性剂成本低，技术操作不复杂，在纺织业中应用广泛。

B 树脂

树脂的相对分子质量不确定但通常较高，在常温下呈固态、中固态、假固态或液态等。树脂广义指用作塑料基材的聚合物或预聚物，一般不溶于水，能溶于有机溶剂，可分为天然树脂和合成树脂。不饱和聚酯树脂指由不饱和二元酸酐、饱和二元酸酐和二元醇经缩聚而成的线性聚酯，可在引发剂和促进剂作用下发生共聚反应生成三维立体结构，形成不溶不熔的热固体塑料。不饱和聚酯树脂具有优良的力学性能，耐化学性能和电化学性能，被广泛应用于各类工业领域。由于可持续发展和环保观念持续深入，化石资源逐渐枯竭等因素影响，利用“可再生、环境友好化”资源成为各国共识。因此，利用油脂合成不饱和聚酯不仅可以促进资源充分利用还能降低对环境的污染，具有较好的发展潜能和重大发展意义。

植物油为脂肪酸甘油三酯混合物，是一类天然有机化合物，具有酯的性质和可聚合的不饱和碳-碳双键，可以与稀释单体直接共聚交联形成热固性塑料。植物油与不同原料共聚后产生的热固性塑料性能存在差别，但是大部分植物油碳-碳双键活性不足，油脂固化程度不高，且脂肪酸链较为柔软，因此植物油通过直接聚合所得热固性材料主要性能远不及石油基材料，仅能作为软材料，难以作为结构性材料使用。利用油脂通过缩聚的方法也能形成线性不饱和聚酯树脂，但是所得树脂性能仍然无法与石油基材料相比，且反应转化率低。由于油脂中脂肪酸链、碳-碳双键难以直接与稀释单体固化交联，可通过化学改性油脂三酯或其衍生物引入高活性碳-碳双键，从而加大油脂固化程度，改良热固性塑料性能，常见方法有丙烯酸酯化、马来酸酯化、烯丙基酯化等，如通过化学方法往油脂甘油三酯或其衍生物结构中引入马来酸酐，当马来酸酯与苯乙烯共聚交联之后，会具有优良的力学性能和热学性能。除直接制备、传统缩聚和引入碳-碳双键三种方法，还可以使用共混型油脂、苯乙烯替代油脂等方法制备不饱和聚酯树脂，但是这些方法所得产品仍然无法与石油基不饱和聚酯树脂相比，相关性能有待提升。

油脂制备树脂原料绿色，环境友好，同时成本低，原料丰富，符合当今绿色健康，可持续发展的目标，但是目前研究较少针对其特殊功能展开且对油脂基树脂研究较少，且研究仅仅停留在初期阶段，导致目前成果无法形成完整的知识体系。在后续研究中发掘其特殊性能，形成完整油脂基树脂体系，促进真正实现树脂材料的可持续绿色发展。

3.5　生物质其他应用

生物质在我国含量十分丰富，且为可再生资源，在纺织、造纸、基本建设、军工等多个领域都有应用，是目前生活中必不可少的一部分。随着人们环保意识的深入，可持续发展理念的不断深入人心，生物质资源替代不可降解、不可再生资源，成为将来工业发展提供新思路，同时，改性后的生物质原料还能作为精细化学品在其他产品生产中用于提高材料性能，在未来发展中具有广阔应用前景。生物质作为一种丰富且廉价的原料，在众多领域发挥着广泛的作用。除了前文提及的应用，它还在材料、肥料、饲料、生物炭等方面有着重要的应用价值。

3.5.1　热塑性纤维素材料

热塑性材料（thermoplastic）是一类独特的塑料材料，具备在特定温度区间内反复熔融与固化的特性。与热固性材料不同，热塑性材料受热后可多次软化、并重新塑造形状，展现出卓越的可塑性。这种热塑性，本质上是指物质在受热时能够流动变形，冷却后又能维持特定形状的属性。大多数线型聚合物都呈现出热塑性，这使得它们易于通过挤出、注射或吹塑等成型工艺进行加工。热塑性材料的主要特点包括：（1）可塑性：热塑性材料在一定温度范围内可被加工（如挤出、注塑、压延等）成各种形状，且可通过热处理进行形状修正。（2）可回收性：由于热塑性材料可重复熔融和固化，因此废弃或不合格的制品可以被回收再利用。（3）物理性能：热塑性材料具有良好的物理性能，如机械强度、耐磨性、耐化学性等，可根据需求进行调整。（4）绝缘性能：热塑性材料通常具有较好的电绝缘性能，可在电子电气领域得到广泛应用。（5）多样性：热塑性材料的种类繁多，包括聚乙烯（PE）、聚丙烯（PP）、聚氯乙烯（PVC）、聚苯乙烯（PS）、聚酰胺（PA）等。热塑性材料广泛应用于汽车工业、电子电气、包装、建筑、医疗器械等领域。常见的应用包括制造注塑件、挤出板材、电线电缆绝缘层、管道、塑料薄膜等。进入 21 世纪，“白色污染”对地球带来的危害不容忽视，各国纷纷出台更为严格的塑料管控政策。在此背景下，消费者和企业对由可再生材料制成的可回收、可再生环保包装袋的关注度与日俱增。近年来随着对环境保护意识的增强以及可持续发展观念的深入，寻找可生物降解、可再生材料成为目前发展的新趋势。

天然纤维素由于其产量高、成本低、密度小、可降解、稳定性等物理化学性能优良受到人们广泛关注。在热塑性材料领域，木质纤维素展现出独特的应用价值。在增强聚乙烯基复合材料的应用中，加入木质纤维素能够明显改善增强高聚乙烯基复合材料的力学性能。在可降解热塑性材料研发中，热塑性淀粉具有可热塑加工、可完全降解、成本低等优点，其被认为是最有发展潜能的生物降解淀粉塑料。但热塑性淀粉具有耐热耐水性差，化学性能不稳定等缺点，广泛推广及应用受到了限制。使用经氧化改性的木质纤维素作为增强材料，能够增强热塑性淀粉材料耐水性和力学性能，为生物降解淀粉塑料的应用和推广提供了新思路。

不仅如此，改性木质纤维素还可作为增塑剂应用于多种复合材料中。例如，以聚乳酸为基体，经马来酸酐处理的粉状木质纤维素为增强体使用熔融共混法制备的木质纤维素/聚乳酸复合材料，具有优良的强度性能；使用经硅烷偶联剂处理过的纤维状木质纤维素作为增强体，制备得到的复合材料各项性能都能得到显著提升，其中材料刚度改善最显著。

在纺织化学新材料领域，木质纤维素同样有着丰富的应用。相关研究涉及化工、纺织、植物、服装、印染、高分子等多门学科，如在军用防水透湿材料中，使用木质纤维粉与聚氨酯共聚研制出改性聚氨酯涂层胶，其能提高聚氨酯材料的透湿性、耐热性、耐水性、耐老化性能，与进口透湿涂层面料相比不仅防水透湿性、耐热耐老化性方面有显著提高，在耐汗耐碱性方面也有较好性能且具有良好防粘连性，该材料的研发促进了节能环保，降低生产成本，为我国后续雨衣材料研发奠定了基础，具有广阔市场前景。

芬兰国家技术研究中心在不影响纤维素自然属性的前提下，通过调整纤维素摩尔质量和进一步化学处理得到热塑性纤维素材料，该材料用途广泛，基本能够代替塑料的用途，具有广阔应用前景和潜能开发意义。

综上所述，在热塑性材料工艺中，木质纤维素主要被用于作为增强剂，提升材料的力学性能、耐水性、耐热性等，同时，木质纤维素也有望成为塑料包装的更环保替代品。木质纤维素在军事应用方面也具有广泛应用市场，加入木质纤维素制备的新型材料作为雨衣时各项性能得到显著提升，成本降低的同时给人们带来更好的防护。

3.5.2　生物质复合材料

复合材料，是由两种或两种以上不同性质的材料，通过物理或化学的方法，在宏观或微观上组成具有新性能的材料。各种材料在性能上互相取长补短，产生协同效应，使复合材料的综合性能优于原组成材料而满足各种不同的要求。

复合材料的基体材料分为金属和非金属两大类。金属基复合材料（metal matrix composites，MMC）以金属作为基体，并添加了其他一种或多种增强材料。常见的金属基复合材料包括铝基复合材料、钛基复合材料等。增强材料包括陶瓷颗粒、碳纤维、玻璃纤维等，用于提高金属基复合材料的强度、刚度、热稳定性等性能。非金属基复合材料（non-metal matrix composites，NMC）的基体是非金属材料，如聚合物、陶瓷、碳纤维等。增强材料可以是颗粒状或纤维状的金属、陶瓷、碳纤维、玻璃纤维等。非金属基复合材料具有轻量化、耐腐蚀、绝缘等特点，广泛应用于航空航天、汽车、建筑等领域。复合材料发展历史悠久，很多高科技产品也都有复合材料的身影，其能在各种恶劣环境下工作，具有广阔的发展空间。

其中，纤维增强材料应用最为广泛、用量最大，具有密度小、比强度和比模量大的特点。例如，碳纤维与环氧树脂复合的材料，其比强度和比模量均比钢和铝合金大数倍，还具有优良的化学稳定性、减摩耐磨、自润滑、耐热、耐疲劳、耐蠕变、消声、电绝缘等性能。石墨纤维与树脂复合可得到膨胀系数几乎等于零的材料。纤维增强材料的另一个特点是各向异性，因此可按制件不同部位的强度要求设计纤维的排列。以碳纤维和碳化硅纤维增强的铝基复合材料，在 500 ℃时仍能保持足够的强度和模量。碳化硅纤维与钛复合，不但钛的耐热性提高，且耐磨损，可用作发动机风扇叶片。碳化硅纤维与陶瓷复合，使用温度可达 1500 ℃，比超合金涡轮叶片的使用温度（1100 ℃）高得多。碳纤维增强碳、石墨纤维增强碳或石墨纤维增强石墨，构成耐烧蚀材料，已用于航天器、火箭导弹和原子能反应堆中。非金属基复合材料由于密度小，用于汽车和飞机可减轻重量、提高速度、节约能源。用碳纤维和玻璃纤维混合制成的复合材料片弹簧，其刚度和承载能力与重量大5倍多的钢片弹簧相当。

现今研究中，以纤维素纳米纤丝和多碳纳米管为主原料，采用进一步水热法、冰模板法冷冻干燥以及高温煅烧法，成功制备得到具有多级连通类木材管胞状结构的氮掺杂碳点的复合衍生碳气凝胶，提高了材料的比表面积、导电性能和比容量。纳米纤维素材料表面丰富的羟基可用于改性，以制备出各种特异性刺激，响应性释放的药物载体，在癌症治疗和病虫害防治等领域展示出广阔应用前景。同时，使用木质素为原料，以二氧化钛作为催化材料，通过掺杂 Ni-NiO/Fe_3O_4-GR 制备了磁性光催化材料，该材料在 Fe_3O_4-GR 添加量占木质纤维素质量8.3%时，催化效率高达91.92%，具有优异的光催化性能。在复合催化材料方面，以微纳木质纤维素纸基材料作为载体，木质素作为还原剂和封端剂，同样可以制备得到具有较好催化性能的催化材料，且该催化材料循环利用率高。同样具备绿色环保特征的 Co_3O_4-CQDs 蒲公英状复合材料是以可回收的木质纤维素一次性筷子为原料合成碳量子点，通过水热和低温煅烧两步法将其与 Co_3O_4 复合，得到蒲公英花球状 Co_3O_4-CQDs 复合电催化剂，其具有良好催化活性和稳定性。

木质纤维素与其他材料混合可以提高材料的导电性、催化性、稳定性等性质。此外，木质纤维素还能用于生产可降解包装袋、生物降解泡沫以及改良黏土的力学性能。由于木质纤维素具有良好的生物降解性、力学性能和热稳定性，被认为是塑料包装材料的理想替代品，其在食品包装、缓冲包装、智能包装等方面皆有应用。使用木质纤维素材料包装袋，能够减少环境负担，同时促进我国包装材料向轻量化、智能化、绿色化发展。

目前广泛使用的常规有机泡沫在普通环境下难以降解，对环境保护产生巨大影响，因此研发生物可降解塑料十分有必要，然而以水为泡发剂所制成的泡沫材料孔径大小、孔隙率等不均匀，力学性能差，使用纤维素及纤维素-淀粉复合材料制备的生物可降解材料很好地规避了这些问题，但其研发技术不太成熟仍然有待提高。在西藏地区黏土改良过程中，采用0.4%聚丙烯酰胺及2%木质纤维素复合材料改良的黏土具有较高的内摩擦角、黏聚力及无侧限抗压强度，且在10次冻融循环后复合改良黏土试样仍能保持约原先强度的80%，同时具有较好的经济价值，工程造价合理。

3.5.3 饲料产品

近年来，我国提出现代化农业发展，养殖业则为现代农业发展的领域，且发展十分迅速。在动物饲养过程中，农业或牧业饲养的食物被称为饲料。饲料主要包括大豆、豆粕、玉米、鱼粉、杂粕、谷物、饲料添加剂等。一般来说只有植物饲料才能被称为饲料，这些饲料中包括草、各种谷物、块茎、根等。饲料按照成分可以分为以下几大类：

（1）含大量的淀粉的饲料，如谷物、小麦、豆类等，适用于反刍动物、家禽和猪，但不适合饲养马。

（2）含油的饲料，如花生、黄豆、棉籽等，这些饲料主要来源于脂类，能量密度比淀粉类饲料高。但由于油类在工业中应用较多，故该类饲料普及率不高，被工业榨油后的渣仍具有较多油，常被用于饲养反刍动物。

（3）含糖饲料，主要是秸秆饲料和颗粒饲料，这类饲料动物适口性很好。含蛋白饲料主要是以蛋白桑为主的植物饲料，其蛋白含量较高是替代进口植物蛋白的最好原料。

（4）绿饲料，是指整个植物被喂用，如草、玉米、谷物等，可以新鲜喂用也可以晒干后保存喂用，通常用于喂养反刍动物、马和水禽，但一般不用于喂猪。

在我国农村牲畜养殖过程中，玉米、玉米秸秆、稻壳等制成的糠，是喂养牲畜的主要饲料。玉米作为我国第一大粮食作物，在多个省份都有种植，在东北、华北与西南地区，形成了广阔的种植带，玉米具有粮食、经济作物和饲料等多种用途，对国民经济贡献巨大。同时，玉米秸秆也是优质的牲畜饲料。玉米秸秆碳水化合物含量>30%，蛋白质含量为2%~4%，脂肪含量为0.5%~1.0%，既能作为青贮饲料，也可以直接饲喂。对于食草动物来说，玉米秸秆的增重净能是玉米粒的50%，其经处理后能够提高利用率，效益可观。玉米秸秆处理作为饲料后，不仅有利于发展畜牧业，减少养殖成本，还具有良好的生态效益，减少秸秆直接填埋或焚烧对环境造成的影响。

随着科技进步，养殖业也越来越先进，秸秆饲料加工技术通常采用机械工程、生物和化学等技术手段，完成玉米的收获、饲料加工等过程。秸秆饲料加工过程主要包括青贮加工、微贮加工、黄贮加工、氨化加工、酸化加工、压块加工、膨化加工、颗粒饲料加工等方法，在农村常用方法为草粉加工、微贮加工和颗粒饲料加工利用。玉米秸秆经过这些方法处理之后能够延长保存时间，同时提高秸秆的利用率，将秸秆作为动物饲料完成了废物资源化，同时减少了对环境的损害，降低动物养殖成本。同时在饲料产品的生产过程中，常产出木聚糖，该物质会导致食糜黏度增加，从而降低营养物质的消化率和动物的生长性能，在生物材料中提取和纯化得到的低聚木糖（由木糖单元组成的糖低聚物），能够被用作单胃动物饲料的益生元，从而改善动物生长性能和增强肠道健康。

3.5.4　肥料产品

肥料是指能够提供一种或多种植物必需的营养元素，能够改善土壤性质、提高土壤肥力水平的物质，是农业生产的物质基础之一。中国在历史上就有将杂草腐烂后作为肥料的记录，同时还提到了作物茎秆与牛粪尿混合，经过践踏和堆制而成肥料的方法。随着近代化学工业的兴起和发展，各种化学肥料相继问世。有机肥料包括有机氮肥、合成有机氮肥等，中国习惯使用的有人畜禽粪尿、绿肥、厩肥、堆肥、沤肥和沼气肥。有机无机肥料即半有机肥料，是有机肥料与无机肥料通过机械混合或化学反应而成的肥料。为适应农业现代化发展的需要，我国提出化肥减量增效，为了保持农业生态平衡，应提倡有机肥和化肥配合使用，以便在满足作物营养需要的同时避免土壤性质恶化和环境污染。

我国是一个农业大国，闲置的生物质资源极其丰富，这些大量的生物质资源是制造有机肥的优质原料，有机肥料中含有大量的有机质，有机质通过缓慢分解能持续向土壤中释放养分，可以达到改善土壤性质，减少土壤养分流失和促进植物生长等作用。

在中国生物质作为肥料主要通过两种方法即堆肥和生成生物炭基有机肥。生物质堆肥富含营养物质，且肥效长而稳定，同时有利于促进土壤固粒结构的形成，增加土壤保水、保湿、透气、保肥的能力，而且与化肥混合使用又可以弥补化肥所含养分单一，避免过量使用化肥带来的不良危害。生物质堆肥通常混合人畜粪尿堆制腐解而成，具有较高的利用价值。例如，烟梗中常含有较多的营养物质和矿物质，使用烟梗堆肥可以有效提高土壤肥力，使农作物增产增收，是重要的有机肥料之一。相较于难收集的其他作物秸秆，烟梗更为集中，来源丰富、成本低，同时烟梗堆肥能显著降低烟草花叶病、赤星病、草枯病等的发病率和病情指数，但其中含有烟碱、茄尼醇、尼古丁等，对农作物生长产生不利影响，通常经过生物发酵减少烟梗中所含的有害物质。

生物炭基肥料是以生物炭为主要成分的肥料，其主要包括生物炭复合肥、生物炭有机肥、生物炭微生物肥。生物炭复合肥是将生物炭与有机肥料、无机肥料等混合制成的肥料，具有增加土壤肥力、改善土壤结构、提高作物产量等作用。生物炭有机肥是将生物炭与有机物质混合制成的肥料，具有增加土壤有机质含量、改善土壤酸碱度、提高土壤保水性等作用。生物炭微生物肥是将生物炭与微生物菌剂混合制成的肥料，具有增加土壤微生物数量、促进植物生长、提高作物品质等作用。生物炭基肥料具有改善土壤结构、提高土壤肥力、促进植物生长、提高作物品质等作用，同时，生物炭具有独特的理化性质，其具备良好的养分吸附性，通过提高热解温度、延长热解时间可提升生物质材料的炭化程度，所制备的生物炭基肥具备优异物理性能以及一定的缓释性能，对农业可持续发展具有积极影响。

3.5.5 生物炭

生物质一种含量丰富、价格低廉的原料，其被广泛用于各种领域，除上述应用外还能作为生物炭、基质产品、生漆等。使用木材、稻草或农作物废弃物等生物质在缺氧环境下燃烧，得到的物质就是生物炭。在工业上，通常使用高温分解法即在 500～600 ℃的高温下，将有机质置于缺氧条件下，对其有控制地进行高温分解。该方法除了获得生物炭，高温分解还能够生成合成气和液态焦油等副产品，这两种副产品都能用作发电或取暖的燃料。

生物炭是一种可作为土壤改良剂的木炭，能帮助植物生长，可应用于农业，有别于一般用于燃料的传统木炭，但其与传统木炭都是生物质原料经热裂解之后的产物，其主要成分是碳分子。在治理大气污染过程中，借助生物炭封存的方式，可以捕捉与清除大气中的温室气体，将温室气体转化成非常稳定的形式，并储存在土壤中达数千年之久。秸秆生物炭和秸秆还田能提高土壤有机碳、全氮、速效钾含量，进而影响植株各部氮、磷、钾养分含量以及养分分配。

生物炭也能作为一种新型环保高效的饲料添加剂，可以提高动物的生长性能、增强动物抗病力、改善动物肠道健康并维护动物饲养环境。育苗采用泥炭、枯枝落叶等生物质堆肥原料，根据不同的植物特性，配制适合特定条件下的专用栽培营养固体基质。固体基质可以支持并固定植物，使植物扎根于固体基质中而防止沉埋和倾倒，并有利于植物根系的伸展和附着，基质还能保持土壤水分，提高土壤透气性，提供营养和具备缓冲作用。

参考文献

[1] 高玉姜．生物质燃料检测的基本要求及误差控制［J］．低碳世界，2015（15）：3-4.

[2] 中国食品药品检定研究院安全评价研究所．世界卫生组织国际癌症研究机构致癌物清单［EB/OL］．国家食品药品监督理局，2017［2024-4-17］．https：//www. nmpa. gov. cn/xxgk/mtbd/20171030163101383. html.

[3] 叶新皞，王永红，储矩，等．生物质燃料［J］．生物学杂志，2004（2）：14-17.

[4] 储炬，李友荣．现代工业发酵调控学［M］．北京：化学工业出版社，2002.

[5] 冀星，郗小林，孔林河，等．生物柴油技术进展与产业前景［J］．中国工程科学，2002（9）：86-93.

[6] 柳德宝．发挥林业优势促进节能减排——生物质燃料推广建议［C］//中国建筑学会建筑热能动力分会学术交流大会，2015.

[7] 申小凡，张刚．中国秸秆露天焚烧碳排放量统计清单［C］//中国环境科学学会，中国环境科学学会，2023.

[8] 袁惊柱，朱彤．生物质能利用技术与政策研究综述［J］．中国能源，2018，40（6）：16-20，9.

[9] 贾意久，石雅丽．生物质能源利用研究进展［J］．科技导报，2023，41（16）：55-75.

[10] 金珍，刘昌盛．生物质沼气发电技术应用实例分析［J］．中国新技术新产品，2016（8）：12-13.

[11] 余丽莹．生物质沼气发电综合利用［J］．科技与企业，2011（10）：94.

[12] 尹正宇，符传略，韩奎华，等．生物质制氢技术研究综述［J］．热力发电，2022，51

(11)：37-48.

[13] 郑国香，刘瑞娜，李永峰．能源微生物学［M］．哈尔滨：哈尔滨工业大学出版社，2013.

[14] 赵宗保，华艳艳，刘波．中国如何突破生物柴油产业的原料瓶颈［J］．中国生物工程杂志，2005（11）：6-11.

[15] 黄静，刘国华，卢永娟．生物柴油的研究现状及进展［J］．广东化工，2018，45（12）：129-130.

[16] 王萌，陈章和．藻类生物柴油研究现状与展望［J］．生命科学，2011，23（1）：121-126.

[17] Lee J Y，Yoo C，Jun S，et al. Comparison of several methods for effective lipid extraction from microalgae［J］. Bioresourse Technology：Biomass，Bioenergy，Biowastes，Conversion Technologies Biotransformations，Production Technologies，2010（1suppl.）：101.

[18] Cravotto G，Boffa L，Mantegna S，et al. Improved extraction of vegetable oils under high-intensity ultrasound and/or micro-waves［J］. Ultrasonics Sonochemistry，2008，15（5）：898-902.

[19] 张卫强，陈详川，柴双民，等．从海藻中提取海藻油的生产方法［J］．粮食与饲料工业，2014（2）：21-22，38.

[20] 赵雅兰，陈启杰，谢琼华，等．淀粉基化学品用作吸附剂的应用研究进展［J］．工业水处理，2021，41（7）：19-24，33.

[21] 陈宪华，朱文章．淀粉在精细化学品领域的应用前景［J］．江苏化工，1993（2）：37-40.

[22] 张淑芬，杨锦宗．资源、环境与生物质精细化学品［J］．中国科技论文在线，2006，1（1）：27-33.

[23] 陈冠益，夏晒歌，李婉晴，等．面向碳中和的生物柴油制备及应用研究进展［J］．太阳能学报，2022，43（9）：343-353.

[24] Habibi Y，Lucia L A，Rojas O J. Cellulose nanocrystals：chemistry，self-assembly，and applications［J］. Chemical Reviews，2010，110（6）：3479-3500.

[25] 林吼坑．纳米纤维素的制备及其与木质素在碳素材料中的应用［D］．广州：华南理工大学，2015.

[26] 王智豪，Lemma D B，邱悦，等．咖啡壳纤维在热塑性复合材料中的制备与表征［C］//中国生物工程学会第十三届学术年会暨2019年全国生物技术大会，2019.

[27] 唐皞．氧化木质纤维素增强热塑性淀粉的研究［D］．南京：南京林业大学，2015.

[28] 宋庆龙．改性木质纤维素/聚乳酸复合材料性能研究［D］．哈尔滨：东北林业大学，2017.

[29] 芬兰VTT技术研究中心．利用木质纤维素为原料，研发类似塑料的包装材料［J］．中华纸业，2020，41（10）：76.

[30] 邱凤奇，郑鑫，冯嘉康，等．木质纤维素基磁性光催化复合材料的制备［J］．林产工业，2023，60（3）：22-28.

[31] 蔡举艳，苏琼，王彦斌，等．可生物降解泡沫材料的研究进展［J］．化工进展，2023，42

(3)：1457-1470.

[32] 李中尧，史海平，李文炜，等．冻融循环对西藏地区聚丙烯酰胺和木质纤维素改良黏土力学性能影响研究［C］//2022年工业建筑学术交流会，2022：403-408，420.

[33] 周丽聪，李晓芳，祝愿．油脂基表面活性剂在浓缩洗衣液中的应用进展［J］．中国洗涤用品工业，2021，(12)：62-66.

[34] 牛金平，韩亚明．油脂基表面活性剂在工业领域的应用［C］//中国油脂化工行业年会，2010.

[35] 刘承果，周永红．油脂基不饱和聚酯树脂研究进展［J］．林产化学与工业，2020，40(6)：107-117.

[36] 郭美玲，郭泰，王志新，等．玉米秸秆利用的主要途径与方法综述［J］．现代化农业，2023（10）：2-8.

[37] 张相鑫．日粮中木聚糖、低聚木糖和木聚糖酶对单胃动物肠道健康和生长性能的影响［J］．国外畜牧学（猪与禽），2023，43（4）：117-122.

[38] 王明峰，高振楠，向艾华，等．不同原材料生物炭基渗融尿素肥的养分迁移转化机制研究［J］．华南农业大学学报，2024，45（2）：237-246.

[39] 万长鑫，肖邵博，黄琼涛，等．改性天然生漆复合涂料的制备与性能研究［J］．林产工业，2016，43（3）：24-28.

4 生物炭产品的开发利用

4.1 生物炭概述

4.1.1 生物炭的概念与发展历程

生物炭（biochar）是一种由生物质经过高温热解而得到的固体产物。生物质可以是植物、动物或微生物的残渣、废弃物或能源作物等有机材料。热解过程中，生物质在缺氧或低氧的条件下，经过一系列物理和化学反应，产生固体炭和气体副产物。

早期，由于生物炭研究起步相对较晚，国际上缺乏统一的名称与标准，导致不同研究者对其称呼各异，诸如生物质炭、焦炭（char）、木炭（charcoal）、黑炭（black carbon）、生物炭、生物碳和生物质焦等。随着研究深入与关注度提升，对生物炭定义的规范和统一成为必然。Lehmann 在《生物炭环境管理》的“科学与技术”章节中，将生物炭定义为富含碳的产物，由生物质在缺氧或氧气供应有限、相对低温（< 700 ℃）条件下热分解而成。此时，生物炭主要应用于提高土壤肥力与碳封存领域。2013 年，国际生物炭行动组织（International Biochar Initiative，IBI）对生物炭定义进行修订。修订后，生物炭是通过热化学反应，以经过特定处理的生物质为原料，在缺氧条件下热解所得的固体产物。它既可以单独使用，也能作为添加剂，用于改善土壤肥力、提升资源利用效率、减轻环境污染以及减少温室气体排放。此修订进一步明确了生物炭与其他碳产品在应用上的差异，凸显其在农业和环境领域的应用价值。到 2015 年，国际生物炭行动组织（IBI）编制的《生物炭的标准化产品定义和产品测试指南》正式将生物炭定义为在氧气供应有限的环境下，通过生物质热化学转化获得的固体材料。至此，生物炭的定义更为清晰、准确。

4.1.2 生物炭的分类

不同种类的生物炭的性质差异很大，这些性质包括元素组成、灰分含量、堆积密度、持水性、孔径、吸附能力等。生物炭的理化性质受到多种因素的影响，因此，建立一个分类系统可以帮助科研人员和农业从业者更好地理解生物炭的特性，选择适合其需求的生物炭类型，并确定生物炭在土壤生态系统中的作用。生物炭在土壤生态系统中的作用主要包括：提高土壤的持水能力和物理性质，增加稳定的碳库，吸附和络合土壤中的有机质和有毒化合物，保留和添加营养物质，以及促进有益微生物的生长。通过本章节的研究和讨论，可以为生物炭提供一个系统的分类，以促进生物炭在各领域的充分发展和应用。

（1）生物炭分类指标。碳组分、灰分、比表面积、pH、CEC（cation exchange capacity）、有机碳、孔隙度等几大性状是生物炭分类的指标和依据。表4.1提供了生物炭分类的相关信息，以便更好地理解和比较不同生物炭的特点。

表 4.1　生物炭的分类指标及相关信息

分类指标	类型	具体描述
总碳含量和挥发物含量	低碳高挥发物	总碳含量较低，挥发物含量较高
	中高碳中高挥发物	总碳含量和挥发物含量都处于中等水平
	高碳低挥发物	总碳含量较高，挥发物含量较低
	中碳中灰分	总碳含量和灰分含量都处于中等水平
总碳含量	低碳	总碳含量较低
	中碳	总碳含量处于中等水平
	高碳	总碳含量较高
可降解碳的比例	高可降解碳	含有较高比例的可降解碳
	中可降解碳	含有中等比例的可降解碳
	低可降解碳	含有较低比例的可降解碳
元素含量和可溶性	低元素含量	含有较低的元素含量
	中元素含量	含有中等水平的元素含量
	高元素含量	含有较高的元素含量
表面积和孔隙分布	大孔隙	具有较大的孔隙
	中孔隙	具有中等大小的孔隙
	小孔隙	具有较小的孔隙
阳离子交换容量（CEC）	高 CEC	具有较高的阳离子交换容量
	中 CEC	具有中等水平的阳离子交换容量
	低 CEC	具有较低的阳离子交换容量

（2）生物炭的分类体系。生物炭由有机材料经热解或炭化处理而成，其理化特性受原料特性、处理时间、温度、压力等因素影响，且在大气和土壤中暴露时会随时间变化。如图 4.1 所示，根据其理化特性，生物炭可以分为不同的分类体系。最主要的区别之一是生物炭的酸含量和矿物质含量的高低。矿物质含量高的生物炭通常含有较多的灰分，而矿物质含量低的生物炭则较为纯净。研究表明，与低矿物质含量的生物炭相比，高矿物质含量的生物炭对植物生长的短期效

应更为显著。这是因为高矿物质含量的生物炭可以提供额外的养分，例如钾、磷和微量元素，对植物的生长起到促进作用。

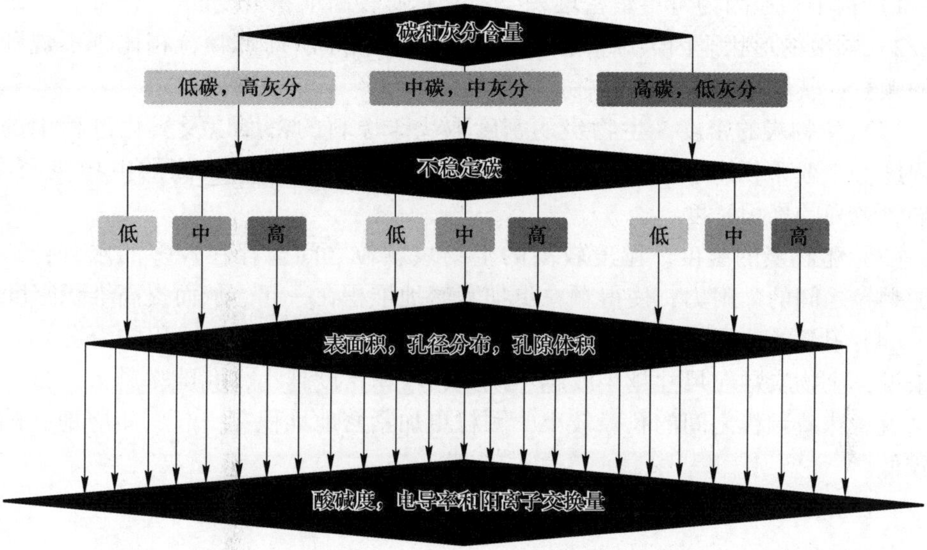

图 4.1 生物炭的分类体系

4.1.3 生物炭的理化性质

生物炭作为一种具有独特性质的材料，其理化性质对其在农业、环境及能源等众多领域的应用起着关键作用。以下将从物理性质、化学性质以及表面化学性质三个方面详细阐述生物炭的特性。

4.1.3.1 生物炭的物理性质

A 粒径分布

生物炭的粒径分布是指生物炭颗粒大小的分布情况，通常用来表征不同粒径生物炭所占质量分数。生物炭的粒径分布特征受多种因素的影响，其中热解温度是一个重要的因素。随着热解温度的升高，生物炭的颗粒中小粒径颗粒所占比例增大。例如，当热解温度为 600 ℃时，稻壳炭中粒径小于 74 μm 的颗粒占总质量的 45.29%；而当热解温度为 400 ℃时，该比例仅为 34.31%。这说明热解温度对生物炭颗粒大小具有显著影响。除了热解温度，其他因素如原料特性、热解时间和热解速率等也会影响生物炭的粒径分布。原料特性包括纤维素含量、木质素含量和灰分含量等，这些特性会影响生物炭的炭化过程和颗粒形态。热解时间和速率也会影响炭化程度和晶体结构，进而影响生物炭的粒径分布。

B 堆积密度

生物炭的堆积密度以 g/cm^3 为单位，用于衡量单位体积内生物炭颗粒的质量，反映了颗粒间的紧密程度与堆积状态。其受到多种因素影响：

（1）生物炭颗粒的大小和形状。

1）较小颗粒因为可更紧密堆积，通常具有较高堆积密度。

2）颗粒的形状。因为球形颗粒之间的孔隙较小，球形颗粒相比于不规则形状的颗粒，其堆积密度更高。

（2）生物炭的密度。生物炭的密度取决于原料的密度以及炭化过程中的炭化程度。一般来说，较高密度的原料和较高的炭化程度（较高的生物炭密度）会导致较高的堆积密度。

（3）生物炭的湿度。湿度较高的生物炭颗粒之间会存在较多的水分，这会增加颗粒之间的黏附力，使得颗粒更加紧密地堆积在一起，从而提高堆积密度。

（4）孔隙率。孔隙率是指生物炭颗粒之间的孔隙所占总体积的百分比。一般来说，生物炭颗粒尺寸越小或越不规则，堆积密度越小，孔隙率越大。堆积密度高就意味着颗粒之间的孔隙较小，颗粒更加紧密地堆积在一起，相应地孔隙率就较低。

4.1.3.2　生物炭的化学性质

A　元素组成

生物炭的组成通常包括元素如 C、H、O、N、S、P、K、Ca、Mg、Na 和 Si。其中，C 是生物炭中最主要的元素，其含量通常在 60%以上，其次是 H 和 O。此外，矿物元素主要存在于生物炭的灰分中。灰分是生物炭中不可燃的残留物，主要由矿物质组成。生物炭的全碳含量在 16.5%～83.6%，灰分含量在 3.2%～76.2%范围内，H 含量在 1.2%～2.9%、O 含量在 10.6%～26.6%，N 含量在 0.18%～2.0%。表 4.2 是典型生物炭的元素含量。

表 4.2　典型生物炭的元素含量　　（%）

生物炭种类	C	H	O	N	S
小麦秸秆	55.60	1.75	14.04	0.60	0.74
玉米秸秆	61.47	1.87	13.00	0.70	0.21
棉秆	72.27	2.07	9.09	1.42	0.38
稻壳	52.78	2.08	12.04	1.43	0.08
稻秆	46.40	2.19	15.31	1.14	0.67

生物炭的相对元素含量比值（$w(H)/w(C)$、$w(O)/w(C)$）可以用来表征碳材料的芳香性、亲水性和极性。这两个比值是评估生物炭性质的重要指标，$w(H)/w(C)$ 反映了生物炭的炭化水平和有机质芳香性，而 $w(O)/w(C)$ 则反映了生物炭的极性和含氧官能团的含量。$w(H)/w(C)$ 比值越小，生物炭具有较高

的芳香性和亲水性；而 $w(O)/w(C)$ 比值越大，则表明生物炭的极性较高。随着热解温度的升高，H/C 原子比值减小，生物炭具有更好的芳香结构，而 O/C 和 (O+N)/C 原子比值也减小，生物炭表面的含氧官能团数量减少。这意味着高温下制备的生物炭具有较强的亲水性和脂肪性。当热解终温从 300 ℃上升至 400 ℃时，$w(H)/w(C)$ 和 $w(O)/w(C)$ 比值显著降低，进一步表现出较强的疏水性和芳香性。超过 500 ℃后，$w(H)/w(C)$ 比值基本保持不变，表明此温度下的生物炭具有较高的芳香性和稳定性。综上所述，生物炭的 $w(H)/w(C)$ 和 $w(O)/w(C)$ 比值可以用来评估其芳香性、亲水性、极性和含氧官能团含量。随着热解温度的升高，生物炭的芳香结构增强，含氧官能团减少，而热解终温的增加则进一步降低了 $w(H)/w(C)$ 和 $w(O)/w(C)$ 比值，表现出更强的疏水性和芳香性。因此，准确分析和评估生物炭的 $w(H)/w(C)$ 和 $w(O)/w(C)$ 比值对研究生物炭去除有机污染物的性能是很重要的。

B　pH

生物炭一般呈碱性，但也有酸性表现，其 pH 变化幅度范围在 3~13，生物炭的 pH 受多种因素的影响，其中灰分含量是造成生物炭 pH 偏碱性的主要原因之一。一般情况下，原料中的灰分含量越多，制备的生物炭 pH 越高，如图 4.2 所示。这是因为灰分中含有碱性物质，如钙盐和钾盐，它们在生物炭中起到中和酸性物质的作用，从而提高了 pH。此外，生物炭中的表面含氧官能团（如羧基和酚羟基）也对其 pH 有一定贡献，因为羧基、酚羟基等酸性官能团在热解过程中的分解和有机酸的挥发会改变 pH。热解温度也会影响生物炭的 pH。随着热解温度的升高，生物炭中的灰分会富集，碱性物质会进一步增加，从而导致生物炭的 pH 增大。

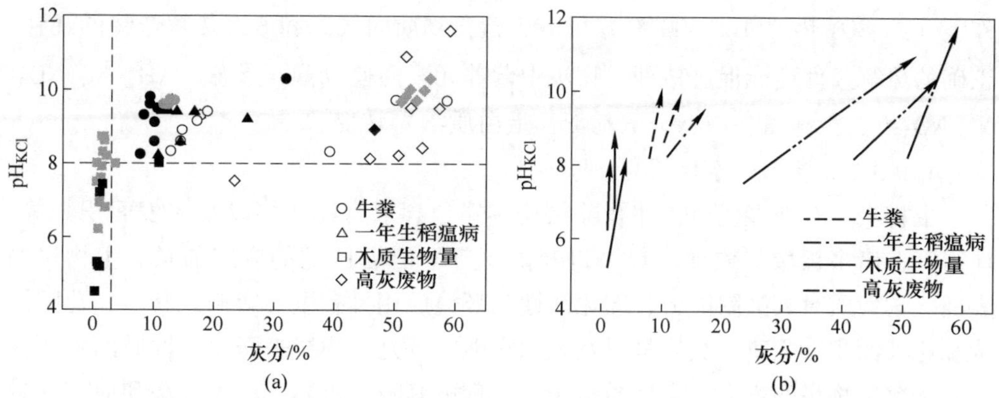

图 4.2　生物质炭灰分与 pH 的关系（黑色表示 CEC 含量较高，灰色表示 CEC 小于 265 mmol/kg，空心表示没有 CEC 数据，箭头方向标示炭化温度从 300~600 ℃逐步升高）

（a）不同类型生物质的阳离子交换量（CEC）与 pH 的关系；（b）炭化温度对生物质炭 pH 的影响

C　营养元素

生物炭含有多种营养元素，被称为“生物黄金”，主要元素有 C（常超 60%）、H、O、N、S、P、K、Ca、Mg、Na 等。其中矿物质元素，如 K、Na、Mg 一般以盐类（碳酸盐、磷酸盐）或氧化物的形式存在于生物炭中。芳香环形式的 C 主要为芳族碳、固定碳，它沉积在稳定芳环的不规则堆叠中。生物炭中有效的氮含量很少，其主要以 C—N 杂环结构存在于生物炭的表面。磷在生物炭中含量相对较低，而有效性变化很大，这与炭化的温度呈负相关，该变化可能受到较高酸碱度和在炭化过程中形成的含 Ca、Mg 的磷酸盐的影响。

生物炭的元素种类与原材料有关。纤维素类生物炭主要由纤维素类植物材料（如木材、秸秆等）经过炭化得到，其元素组成通常包括碳（C）、氢（H）、氧（O）、氮（N）和少量的钾（K）、钙（Ca）等。生物炭中碳元素含量和组成与炭化温度息息相关，在炭化过程中，随着炭化温度的升高，纤维素中的非碳元素（如氧、氮、水分）会逐渐挥发，导致生物炭中的 C、K、Ca、P 和 N 的含量相对增加。而非纤维素类生物炭可以由各种生物质废弃物（如木屑、果壳、稻草等）或有机废弃物（如食品残渣、畜禽粪便等）经过炭化得到。非纤维素类生物炭的元素组成可能更加多样，取决于原材料。非纤维素类生物炭中的 C 含量也较高，并且随着炭化温度的升高而增加。

不同生物炭中各营养元素的含量不同，畜禽粪便生物炭中的 K、Ca、Mg、Na 含量最高，其次是木本植物生物炭和草本植物生物炭。在获取生物炭的元素过程中，K、Na 等低价金属元素比 Al、Ca、Mg 等高价金属元素更易获得。生物炭中营养元素的保留率与热解条件相关，例如秸秆中的生物炭，在适宜的热解条件下（如 CO_2 热解气氛 400 ℃）可减少营养物质向气态和液态热解产物的迁移，正确的热解条件还能促进秸秆生物炭中营养元素向速成营养形态（NH_4^+-N、NO_2-N、NO_3-N、游离氨基酸-N、氨基-N、蛋白质-N）转变。

4.1.3.3　表面化学性质

生物炭具有众多优点，如孔隙结构丰富、含氧官能团多以及比表面积大等，使得其在诸多领域（农业、环境以及能源等）有着广泛的应用前景。生物炭的表面化学性质对其吸附能力、催化活性和环境应用具有重要影响。其中，孔隙结构和比表面积、阳离子交换量以及表面官能团等是生物炭表面化学性质的主要方面，了解生物炭的表面化学性质对于深入理解其吸附机制、改性方法和应用前景具有重要意义。因此，本章节将对生物炭的孔隙结构和比表面积、阳离子交换量、吸附特性和表面官能团进行综述和分析，为生物炭的进一步研究和应用提供参考。

A 孔隙结构

生物炭通常具有非常丰富的微观孔隙结构，不同原材料生产的生物炭孔隙孔径大小不一，生物炭孔隙数量丰富，具有相当大的比表面积，因此生物炭具有较强的吸水性和较好的保水性。比表面积和孔隙结构是生物炭两个最为重要的物理性质，生物炭具有较大的比表面积，极性及非极性物质，对土壤中营养元素和污染物质有较强的结合能力。生物炭比表面积的大小很大程度上取决于其孔隙度。

根据国际纯粹与应用化学协会（TUPAC）的定义，孔隙结构可分为微孔、介孔和大孔。微孔指孔径小于 2 nm 的微小孔隙，大孔指孔径大于 50 nm 的较大孔隙，而介孔则指孔径在 2~50 nm 的中等大小孔隙。生物炭是一种具有丰富孔隙结构的材料，其孔径的大小取决于原料和制备条件的不同，因此呈现出明显的差异。这种多样性的孔隙结构使生物炭在各个领域的应用具有广泛的潜力。按生物炭孔尺寸的大小可将生物炭中的孔分为微孔（<0.8 nm）、小孔（0.8~2 nm）、中孔（2~50 nm）和大孔（>50 nm），其中微孔对生物炭的比表面积贡献最大，有利于吸附更多的大分子以及小分子物质，如气体或常用溶剂等。大孔主要影响土壤的通透性和输水性。在生物炭中尽管微孔的比表面积明显大于大孔，但大孔体积较大，对于改良土壤的作用可能会更加明显。

B 比表面积

比表面积是衡量物质与周围环境相互作用能力的重要物理性质。它表示单位质量或单位体积的物质所具有的有效表面积。比表面积可以分为内表面积和外表面积两类，通常以 m^2/g 作为国际标准单位。在化学和材料科学中，比表面积是评价多孔性材料吸附和表面催化特性的重要指标之一。比表面积的大小对多孔性材料的热学性质、吸附能力和化学稳定性等方面都有很重要的影响。

生物炭的比表面积受到制炭原料和炭化温度的影响。一般来说，纤维素类生物质具有丰富的内部孔隙结构，因此炭化后形成的生物炭保留了原有的微细孔隙结构，其比表面积显著增加。相反，非纤维素类生物质的孔隙结构相对较少，因此炭化后的生物炭比表面积较小。热解温度对比表面积的影响也较大，图 4.3 是经炭化后的竹粉和不同热解温度下制备的生物炭的扫描电镜图。一般情况下，生物炭的比表面积在 1.5~500 m^2/g，并且在一定范围内随着热解温度的升高而增大。较低温度下，生物质热分解产生的挥发物、焦油和其他产物填充了生物炭的内部孔隙结构，导致比表面积减少。随着温度的升高，这些物质分解为易挥发的气体并释放出来，减小了生物炭的孔隙大小，增加了孔隙数量，从而使得微孔结构增多，比表面积增大。然而，当温度超过临界值后，比表面积随温度升高而减小，可能是由于微孔结构的破坏和扩大所致。

生物炭具有独特的孔隙结构和巨大的比表面积，这使得它成为微生物生长的

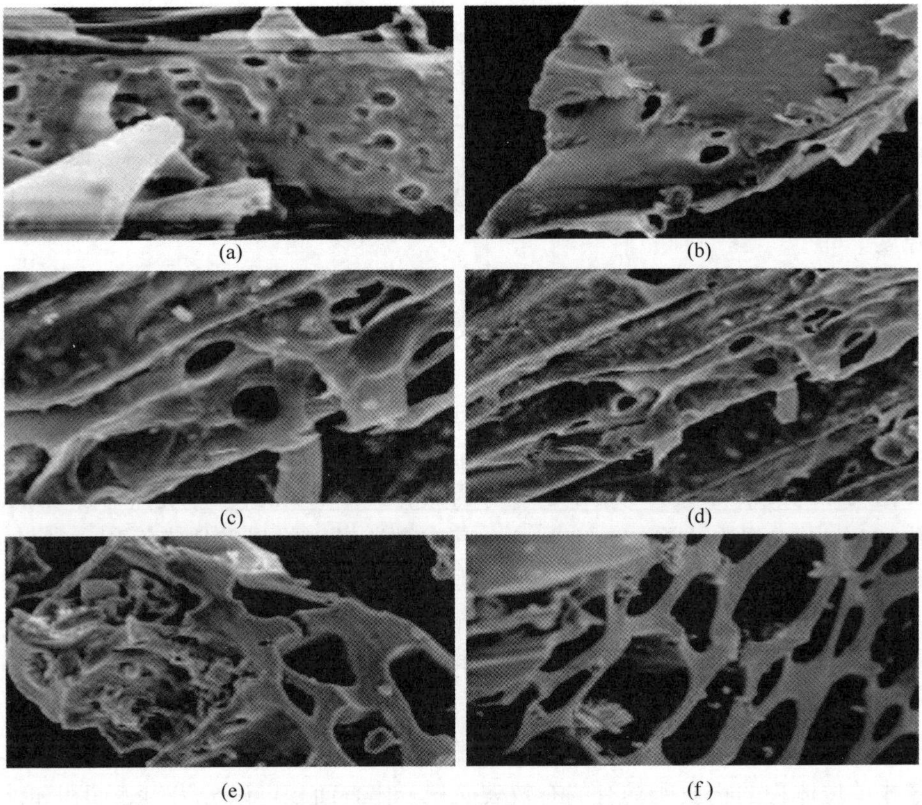

图 4.3　竹粉及生物炭扫描电镜图

(a) 竹粉；(b) 300 ℃烧制的生物炭；(c) 400 ℃烧制的生物炭；(d) 500 ℃烧制的生物炭；
(e) 600 ℃烧制的生物炭；(f) 700 ℃烧制的生物炭

理想载体。通过固定在生物炭上，微生物能够免受淋滤等环境因素的干扰，从而提供了一个稳定和适宜的生长环境。此外，生物炭丰富的孔隙度还能够改善土壤的通气性和保水能力，进而改变土壤的气体环境。当微生物与生物炭接触时，它们可以通过生物炭的孔隙结构和表面活性位点进行吸附和固定。

C　阳离子交换量（CEC）

阳离子交换量（cation exchange capacity，CEC）是衡量生物炭表面化学特性的重要指标之一，也是评估其离子交换和吸附性能的基础参数。CEC 反映了生物炭表面的负电荷情况，其大小决定了生物炭对阳离子的吸附能力。其中，氧碳比（O/C）可用来表征 CEC，O/C 值越大，表示生物炭表面含氧官能团越多，CEC 也相应增大。

生物炭的阳离子交换量（CEC）与生物质原料和热解温度有关。研究发现，非纤维素类生物炭的CEC比纤维素类生物炭高，而原料发酵后制备的生物炭的CEC要高于未发酵原料制备的生物炭，这是因为不同原料炭化后形成的官能团数量不同，导致其阳离子交换量存在差异。对于常见的生物炭而言，棉花秸秆炭的阳离子交换能力最高，其次是花生壳炭、稻壳炭、玉米秸秆炭，水稻秸秆炭和花生秸秆炭的阳离子交换能力较低。此外，在一定范围内，生物炭的CEC随着炭化温度的升高而降低。较低温度下制备的生物炭表面含有较多的含氧官能团，因此其CEC较大。然而，随着炭化温度的升高，生物炭表面的含氧官能团会被破坏，导致表面负电荷减少，O/C值降低，从而导致生物炭的CEC降低。另外，随着炭化温度的升高，生物炭中K、Ca、Mg等碱金属的含量会增加，从而导致CEC升高。这是因为高温炭化过程中，有机物质发生热解分解，释放出碱金属离子，并被生物炭吸附。这些离子可以与土壤中的阴离子进行交换，增加生物炭的阳离子交换能力。

D 表面官能团

生物炭的表面官能团结构赋予了其多种独特的化学性质和功能。除了脂肪性表面和芳香性表面外，生物炭表面还存在许多其他官能团结构，其中包括酚基、羟基、酮基、醛基、羧基、氨基等。这些官能团大多是含氧或碱性的，这些官能团为生物炭提供了良好的吸收能力、亲水性、缓冲能力和离子交换等特性。这些特性使得生物炭在环境修复、水处理、土壤改良等领域具有广泛的应用前景。

生物炭表面官能团的数量和种类对生物炭的表面物理、化学性质都有着很大的影响，而含氧官能团是生物炭表面最主要的官能团，其影响着生物炭对养分、水分以及一些金属离子的吸附能力。生物炭表面官能团的类型和含量与生物炭原料的种类和炭化温度条件密切相关。在不同的原材料中，非纤维素类生物炭相比纤维素类生物炭含有更多的氮（N）和硫（S）官能团。这是因为非纤维素类原材料中通常含有较高的蛋白质和硫酸盐等化合物，这些化合物在热解过程中会形成含氮和含硫的官能团。此外，随着炭化温度的升高，生物炭中C—O键、C—H键和O—H键的含量降低；含氧官能团（如羟基、羧基）的数量也减少，而碱性基团的数量增加。如图4.4所示，在较低热解温度（300~400 ℃）的条件下生产的生物炭，由于脂肪族和纤维素型结构的存在而表现出更多样化的有机特征。然而，随着热解温度的升高，在600~700 ℃条件下生产的生物炭虽然具有高度疏水性和组织良好的碳层，但是由于生物质脱水脱氧，导致生物炭表面可作电子供体或电子受体的含H—和含O—等官能团含量降低，从而降低生物炭的离子交换能力。因此，随着热解温度的升高，生物炭的结构呈现出更多有组织的C层（如石墨烯结构）和更少的表面官能团含量。

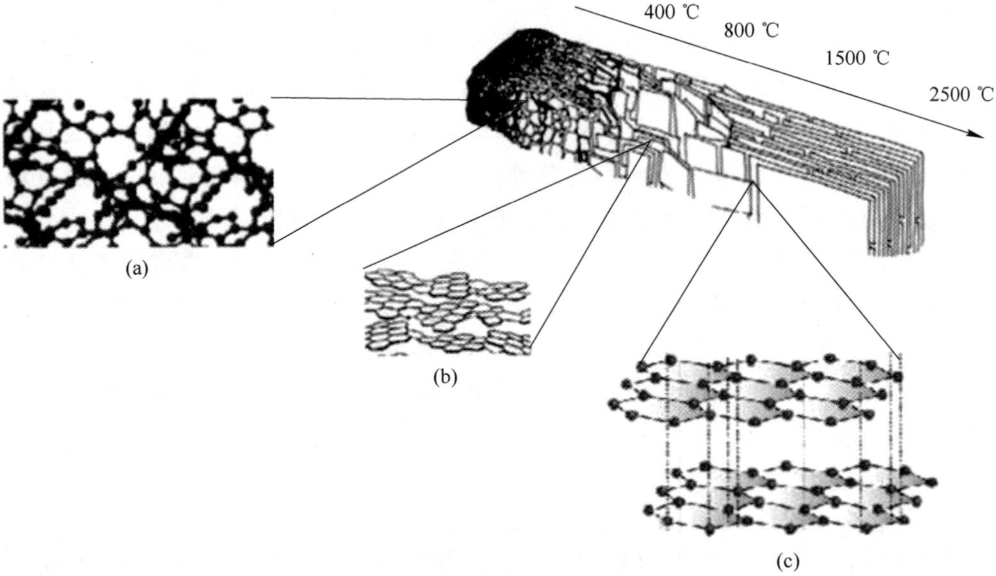

图 4.4　热解温度对生物炭的影响
（a）无定形碳；（b）涡轮碳；（c）石墨碳

4.2　生物炭的制备

4.2.1　生物炭制备技术

许多有机废弃物如农业废物和城市固体废物可用作生产生物炭的原料。生物炭的制备方法经历了从传统的堆积熏烟到现代的高温分解、湿法热裂解、微波、激光、等离子技术等多种方式的发展。传统的生物炭生产技术存在很多不足，如生产环境恶劣、制备周期较长、会对自然环境产生严重污染等。因此，开发新型的生物炭制备技术成为目前的研究热点之一。目前主流的制备生物炭技术有热解法、水热炭化法、气化法等。热解法制备生物炭是当前的研究热点，水热炭化法和气化法则是未来的主流研究方向之一。

4.2.1.1　热解法制备生物炭

热解法是生物炭生产中常用的方法，其产率一般在 20%以上，含碳量可达 60%以上。根据升温速率和反应时间的不同，热解法可以分为慢速、中速、快速、闪速以及微波热解。由于日常生物炭制备中中速、闪速热解应用较少，下面将主要介绍慢速热解、快速热解以及微波热解的方法及其制备条件参数等。

（1）慢速热解是一种被广泛应用的生物炭制备技术。在慢速热解过程中，生物质会发生降解、分解和转化，形成富碳固体和挥发性产物。用慢速热解法制备的生物炭产量相对较高，最大可达到35%。然而，在慢速热解的过程中要注意反应时间的控制，过长的反应时间会引发二次化学反应以及焦油的生成和炭化。慢速热解的制备参数一般为：将粒径大于 1mm 的生物质在温度范围为 400～660 ℃，加热速率控制在 0.1～1 ℃/s 或小于 50 ℃/min 的条件下进行热解，一般热解的时间通常不超过 30 min。研究表明，低温慢速热解相对于高温快速热解条件下制备的生物炭产率更高，灰分含量更低。

（2）快速热解是一种将生物质材料在超高升温速度和超短停留时间下，迅速升温到高温进行裂解的方法。它的制备条件为：将生物质原料置于无氧环境中，在 400～550 ℃的温度下进行快速加热升温，并在蒸汽内停留 1～2 s。最终形成的产物主要包括 40%～70%的生物油、20%～40%的气体和 10%～25%的固体产物，固体产物主要由生物炭和少量灰分组成。快速高温裂解的反应时间非常短，裂解速度快，生物油产量较高，但生物炭的产量相对较低。此外，快速热解制备的生物炭热值较低，含氧量较高，这可能是由于停留时间过短导致的。

（3）微波热解是目前一种具有巨大前途的传统热解技术，其具有升温速度快、空间选择性加热、操作简便、安全性高、自动化程度高等优点。图 4.5 是微波热解的主要流程。在微波热解过程中，生物质颗粒被间接地加热，这种加热方式极大地影响了生物炭的成品率和质量。与常规热解制备的生物炭相比，微波热解制备的生物炭具备更均匀的孔径分布，制备的生物炭、生物气和生物油质量更优。然而，微波热解制备的生物炭含量低，且制备成本相较于传统热解法更高，无法大规模地制备生物炭。

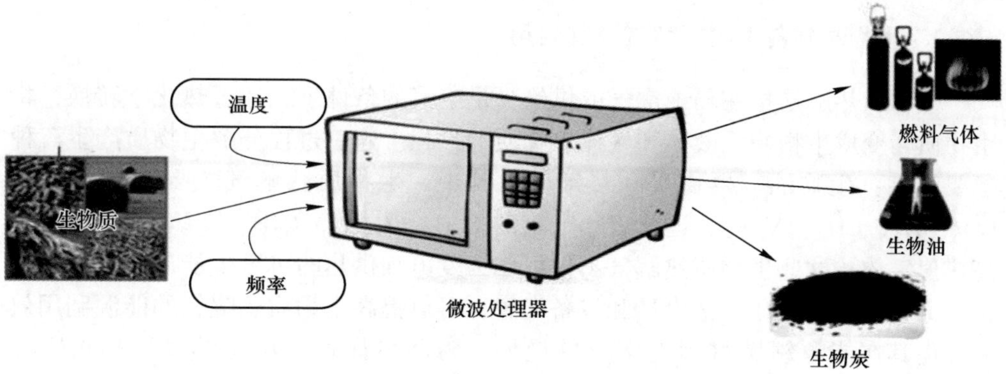

图 4.5 微波热解法示意图

4.2.1.2 水热炭化法制备生物炭

水热炭化法是一种将生物质原材料在水溶液中进行热解转化为生物炭的方法。作为一种高效转化生物质的新技术，具有广泛的适用性和发展潜力。水热炭化法的机理是：利用水作为反应介质，在一定的温度和压力条件下，通过水解、脱水、脱羧、缩聚和芳构化等反应过程，将生物质转化为生物炭。水热炭化法制备生物炭如图 4.6 所示。水热炭化法具有原材料廉价、能耗低、环境友好、对原材料含水率要求低等优点。水热炭化法可以有效地将含水率较高的生物质转化为生物炭，并且制备的生物炭具有良好的固碳能力、较大的亲水性和丰富的官能团，对污染物有很强的吸附性。

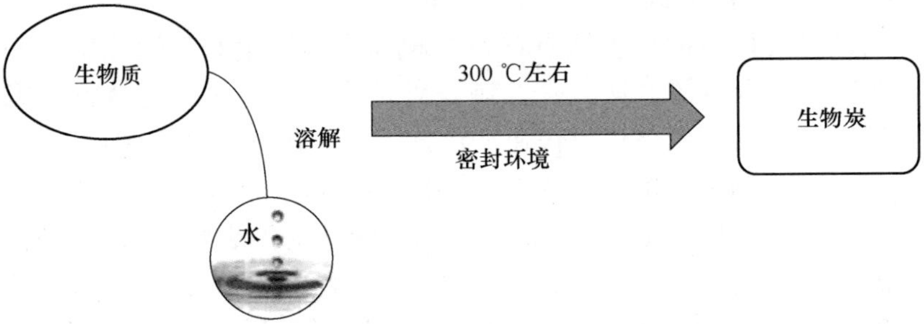

图 4.6　水热炭化法制备生物炭示意图

4.2.1.3　气化法制备生物炭

气化法是制备生物炭的重要技术之一。该方法将生物质材料使用气化炉加热，生成清洁可燃气体，同时产生生物炭和生物质提取液。气化法是在高温（>700 ℃）和气化剂（包括空气、水蒸气、氧气、氢气及复合气体等）供应下，发生气化反应生产气态混合物的方法。通过气化处理的生物质，得到的固态和液态产物较少。气化法制备生物炭的产率只有 10%左右。

4.2.2　生物炭制备中的热解气及其利用

生物质热解是指在隔绝空气或供给少量空气的条件下，通过热化学转换，将生物质转变成生物炭、液体和气体等物质的过程。这一过程分解生物质产生三种主要产品：生物油、生物炭和热解气。其中，生物质热解气主要组分为 CO、CO_2、H_2、CH_4、N_2 等，还含有一定量的 C_2H_6、C_3H_8、C_2H_4 和 C_3H_6 等大分子高热值气体，这些生物质热解气不仅可作为发电和供热的可再生能源，也可用作化工原料。通过优化工艺设计和设备配置，可以提高生物质热解气的能源利用效率，使其在能源领域得到更广泛的应用，为环境保护和可持续发展提供重要支持。

4.2.2.1　生物质热解气的形成机制

生物质热解气的形成机制涉及多个阶段和化学反应。生物质通常在温度超过 550 ℃的条件下进行热解，将生物质转化为气体产品和固体残留物。生物质的主要成分是纤维素、半纤维素和木质素，它们在不同的温度范围内分解，并产生不同数量的半焦。形成的气态产物包括 CO、CO_2、H_2 和 CH_4 等多种化合物，其比例取决于所使用的热解模式和系统类型。整个过程受温度、生物质成分和热解反应器内条件等因素的影响。生物质热解气化主要经历 4 个阶段（图 4.7）：

（1）干燥阶段：这是初期阶段，主要是移除生物质中的水分。这一过程发生在 100~150 ℃温度下。

（2）初步热解阶段：在这一阶段，生物质中的轻易分解物质开始分解，产生小分子的挥发性物质。这些物质包括一些简单的气体和蒸汽。

（3）主要热解阶段：随着温度的升高，复杂的生物质分子（如纤维素、半纤维素和木质素）开始分解，产生更多的气体（CO、H_2、CH_4、H_2O）和碳化物。

（4）气化和二次反应阶段：在这个阶段，碳化物和剩余的有机物继续反应，生成最终的气体产物。

每个阶段的具体化学反应和产生的气体类型取决于原料的类型和热解的具体条件。

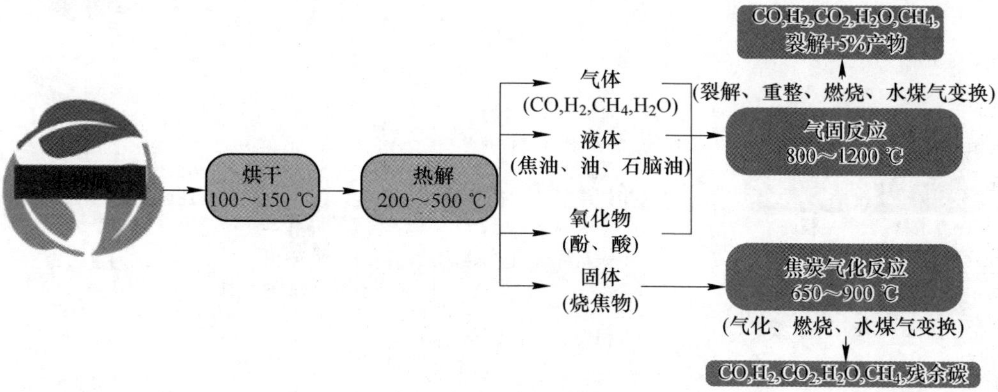

图 4.7　生物质热解气化机理

4.2.2.2　生物质热解气的利用

生物质热解是一种将生物质在缺氧条件下转化为气体、液体和固体产品的过程，其产生的热解气体包含了一系列可用于能源生产和材料合成的有价值化合物。值得关注的是，生物质热解气具有在处理废旧锂离子电池、铁尾矿回收以及化学循环制氢等领域的应用潜力。总之，生物质热解气的高效利用不仅是一个技术问题，更是一种实现环境可持续性和资源循环利用的重要途径。

A　回收钴酸锂（$LiCoO_2$）废电池

面对生物质热解气浪费与废旧锂离子电池处理难题，科学家发现利用生物质热解气可从废旧锂离子电池中高效回收有价金属，并产生有用合成气。研究发现，通过对生物质进行热解，可产生以 CO 为主的多种气体。这些气体在高温条件下能有效地还原废旧锂离子电池中的钴酸锂（$LiCoO_2$），从而实现有价金属的回收。通过调整生物质的成分，能够精确控制热解气体的反应性和成分。例如，富含纤维素的生物质能够产生更多的 CO，从而更有效地促进钴酸锂的还原过程。这种方法不仅提高了金属的回收效率，还能将生物质转化为有价值的气体，如二氧化碳和氢气。回收钴酸锂电池的过程主要分为三个阶段，如图 4.8 所示。首先是预处理阶段，废旧锂离子电池被安全地放电并拆解，以获取含有钴酸锂的正极片。这些正极片经过高温真空热解处理，产生纯净的 $LiCoO_2$ 粉末。紧接着是生物质热解还原阶段，其中粉碎的生物质和 $LiCoO_2$ 粉末在反应器中分层放置。在

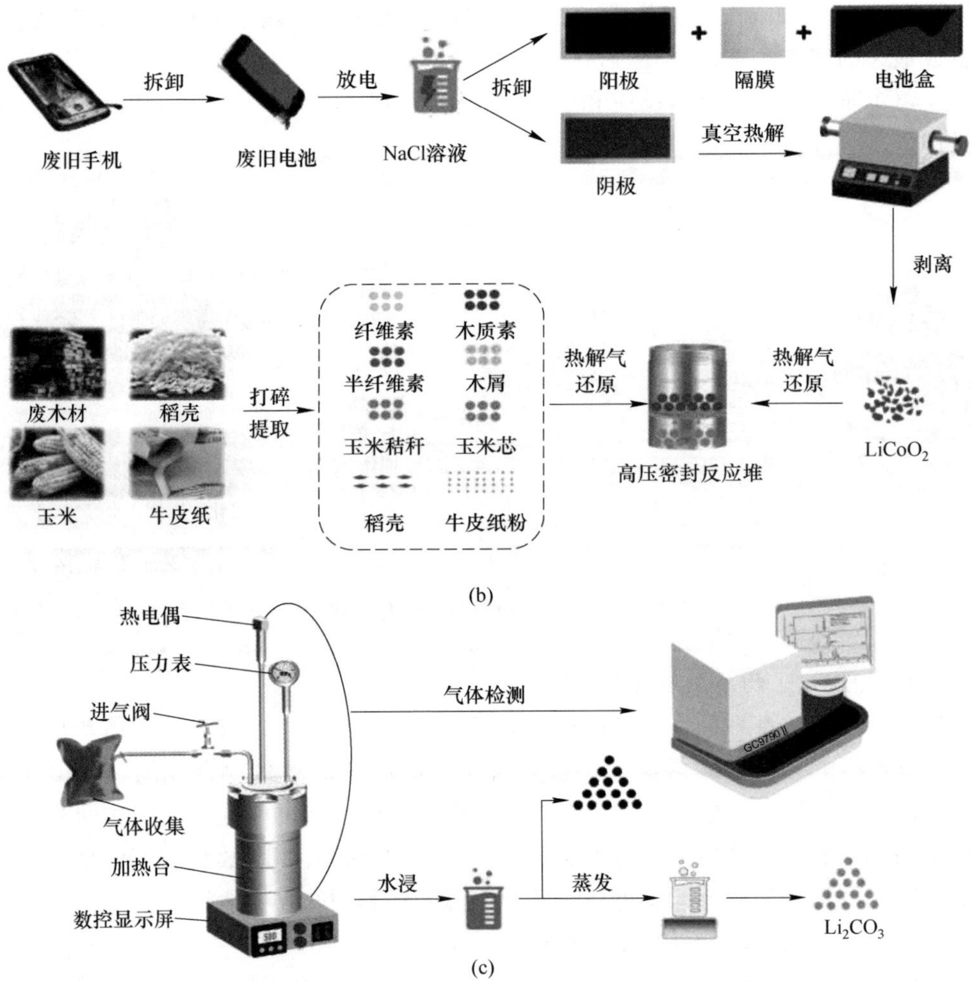

图 4.8　$LiCoO_2$ 电池回收流程

（a）废 LIB 回收预处理示意图；（b）不同生物质热解气体还原回收示意图；（c）后处理及试验体系

热解过程中，生物质发生化学反应，产生气体，促进金属的转化。最后是后处理与分离阶段，热解完成后，通过水洗分离出 CoO 粉末和 Li_2CO_3 粉末。这项技术不仅在有效回收电池中的有价金属方面展现了巨大潜力，还能将生物质转化为有用的合成气，从而支持了一种环境友好的循环经济模式。同时，这项研究强调了选择合适的生物质原料对于电池高效回收和合成气生产的重要性，为废旧锂离子电池处理和生物质的高值化利用开辟了新的道路。

B　诱导还原从废旧锂离子电池中回收有价金属

生物质热解气还可用于从废旧锂离子电池（LIBs）中回收有价金属，其回收的原理如图 4.9 所示。首先对废旧锂离子电池进行预处理，包括放电、干燥和拆解。然后，利用生物质热解产生的气体（如 CO 和 CH_4）在 300~500 ℃条件下对电池正极材料（如 $LiCoO_2$、$LiMn_2O_4$ 和 $LiNi_{0.6}Co_{0.2}Mn_{0.2}O_2$）进行还原处理。这个过程破坏了锂过渡金属氧化物（$LiTMO_x$）的结构，生成水溶性的 Li_2CO_3 和其他金属氧化物。接下来，通过水浸提取和回收这些物质，其中锂以 Li_2CO_3 的形式回收。

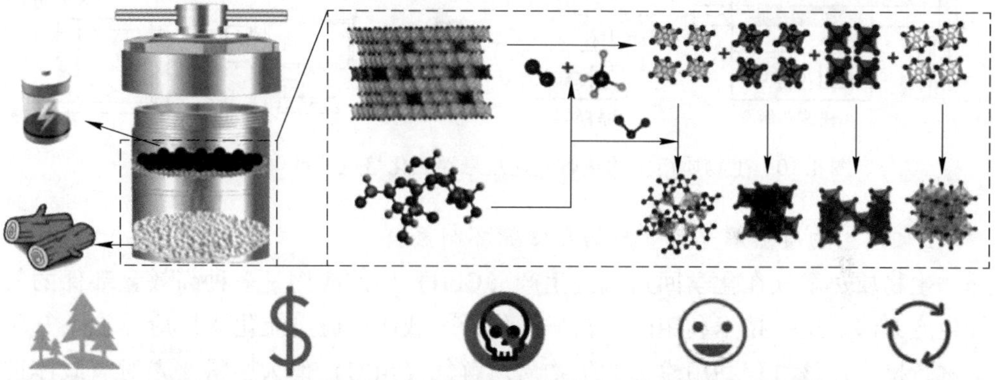

图 4.9　生物质热解气诱导还原从废旧锂离子电池中回收有价金属

C　用生物质热解气体悬浮磁化焙烧从铁尾矿中回收铁

研究表明，利用生物质热解气作为还原剂，通过悬浮磁化焙烧（SMR）技术能够有效回收铁尾矿中的铁。生物质热解气主要含 CO 和 H_2，这两种成分对将铁尾矿中的铁氧化物还原为金属铁至关重要。通过 X 射线衍射、扫描电子显微镜、振动样品磁强计、热重分析和差热扫描量热法、比表面积分析和气相色谱法等多种分析方法，对铁尾矿的相变和微观结构演变、生物质热解气的生成以及反应规律进行研究。实验结果显示，经过磨矿和磁选后，铁的回收率达到了 93.32%，铁精矿的铁品位为 61.50%。最佳工艺条件确定为快速热解温度为 600 ℃，SMR 温度为 700 ℃，生物质剂量为 10%，以及 SMR 时间为 4~5 min。如图 4.10 所示，样品表面和内部形成了 Fe_3O_4，并伴随着孔隙和裂纹的形成，从而增加了比表面积。SMR 温度提高了热量和质量传递效果，同时通过甲烷化反应的逆反应产生更多的 CO 和 H_2，共同作用增加了样品单位的饱和磁化强度。这一方法能够高效地从难处理的铁矿石中回收高品质的铁，有效解决铁尾矿带来的环境问题，并实现资源的回收和再利用。

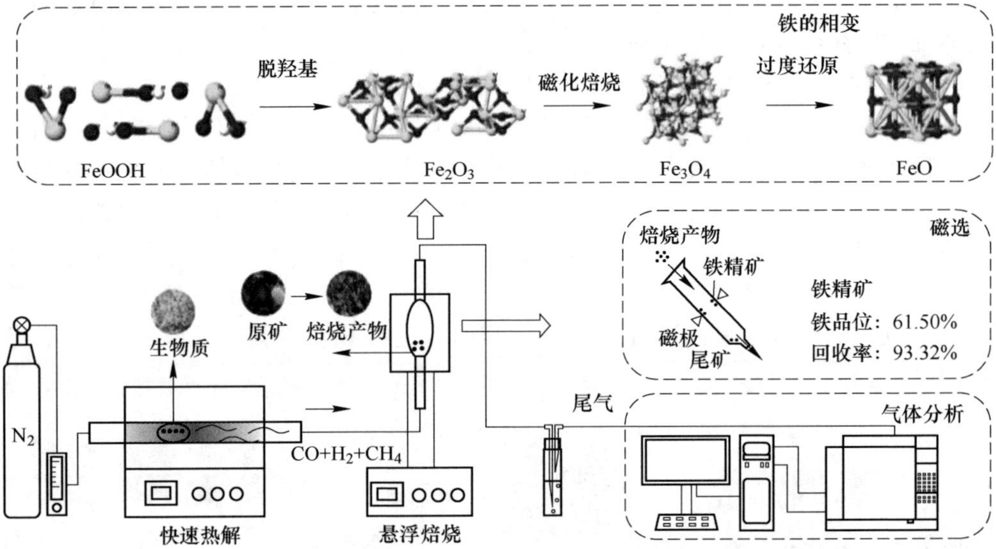

图 4.10　生物质衍生的热解气通过悬浮磁化焙烧从铁尾矿中回收铁

D　以生物质热解气为燃料的化学循环制氢

生物质热解气在化学回路氢气生产（CLH）中的应用是一种高效且环保的氢气生产方法。这一技术利用改性铁矿石作为氧载体，通过流化床反应器在大气压下进行操作。该过程利用模拟的生物质热解气（BPG）作为燃料，先对氧载体进行还原，然后与蒸汽反应生成氢气，最后通过空气完全氧化如图 4.11 所示。CLH 生产过程中，氧载体的选择至关重要。铁基氧载体（如改性的 Fe_2O_3）因其良好的热力学性质、低成本、无毒性和环保特性而被广泛使用。然而，由于热力学的限制，纯铁氧化物在氧化介质为蒸汽的情况下无法完全再生，因此需要空气反应器来氧化还原后的氧载体。在 CLH 生产系统中，首先在燃料反应器（FR）中使用燃料（如 BPG）还原 Fe_2O_3，然后在蒸汽反应器（SR）中用蒸汽氧化 Fe 和 FeO 生成氢气，最后在空气反应器（AR）中将 Fe_3O_4 氧化为 Fe_2O_3。总体而言，使用生物质热解气作为燃料的 CLH 生产技术，不仅能生产高纯度的氢气，还能有效捕获 CO_2，从而实现了负碳排放。这种方法不仅解决了传统化石燃料蒸汽重整技术的高能耗和严重 CO_2 排放问题，而且还为可持续的能源生产提供了一种环保且有效的解决方案。

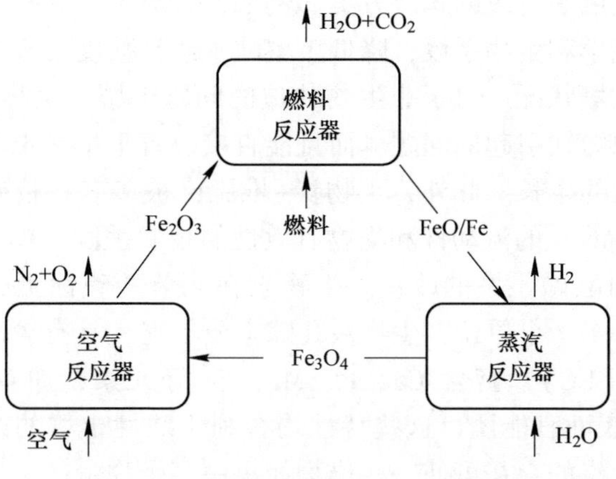

图 4.11 三反应器 CLH 生产系统示意图

4.3 生物炭产品的应用

4.3.1 生物炭土壤改良

生物炭的诸多功效在历史进程中逐渐被认知与应用，尤其在土壤改良领域，其作用意义重大。生物炭可以促进植物生长与提高作物品质。生物炭具有多孔结构，能增加土壤孔隙度，改善土壤通气性和透水性，利于植物根系生长与呼吸。尤其在黏性土壤中，可有效打破土壤板结，增强土壤的疏松程度。生物炭表面带有电荷，可吸附土壤中的养分离子（如铵根离子、磷酸根离子等），减少养分淋失，提高土壤保肥能力。同时，生物炭可与土壤微生物相互作用，促进微生物对养分的转化和释放，提高植物对养分的吸收效率。研究表明，施加生物炭后，土壤中氮、磷、钾等养分的利用率可提高 10%～30%。生物炭能调节土壤酸碱度，为植物生长创造适宜的土壤环境。在酸性土壤中，生物炭可提高土壤 pH，减轻铝毒等对植物的伤害；在干旱条件下，生物炭的保水能力可提高土壤水分含量，增强植物的抗旱能力。此外，生物炭还可能含有一些生物活性物质，能刺激植物生长，增强植物对病虫害的抵抗力。

生物炭通常会增加土壤中微生物的活性、土壤有机质、土壤养分有效性、保水能力和土壤作物产量，同时减少肥料需求、温室气体排放、养分淋失、侵蚀、污染物生物有效性和污染物流动性，还能调节土壤的酸碱性。生物炭-堆肥土壤改良、生物炭对酸碱土壤的改良、生物炭降低土壤温室气体（GHG）排放等都是近年的研究热点。

（1）生物炭-堆肥土壤改良。生物炭-堆肥作为一种新兴的土壤改良方式，为各类问题土壤提供了有效的解决方案。例如，针对干旱和盐渍土壤，生物炭堆肥可借助物理、化学和生物手段，降低土壤缺水或高盐度带来的危害，从而改善干旱或盐碱地的土壤状况。对于非生物胁迫的问题土壤，生物炭-堆肥不仅可以有效缓解因水资源短缺引起的问题，而且能直接改善干旱区土壤的持水力，有利于干旱条件下植物的生长。此外，生物炭-堆肥已被多名科技研究者证明是更有效修复重金属（HMs）的流动性和生物有效性的技术手段。

（2）生物炭对酸碱土壤的改良。生物炭在调节酸碱性土壤中，它的存在可以使 pH 改变 0.2~1.7 个单位，生物炭孔隙十分丰富，具有较高的溶解性有机碳（DOC）、电导率（EC），富含 Ca、P、Mg、Fe 等元素，拥有较大的比表面积（BET）以及碱性表面官能团，这些特性均有利于酸性土壤的改良。在具体农作物的研究中，生物炭的存在可使一些作物如小白菜生物量产量增加，提高综合效益。近几年，生物炭被认为是一种改善酸性土壤的优良材料。改善酸性土壤和防止抵抗土壤再次酸化的主要原因是生物炭自身中的硅酸盐、碳酸盐和含氧官能团的种类及含量。

（3）碳封存与减缓气候变化。

1）长期碳储存：生物炭富含稳定的碳结构，在土壤中可长期保存，将原本易在大气中释放的碳固定下来，减少碳排放，对缓解全球变暖具有积极意义。据研究，生物炭在土壤中的分解速率极慢，其碳储存时间可达数百年甚至上千年。

2）降低温室气体排放：生物炭施入土壤后，可改变土壤微生物群落结构和活性，影响土壤中温室气体（如二氧化碳、甲烷和氧化亚氮）的产生与排放。例如，生物炭能抑制反硝化细菌的活性，减少氧化亚氮排放；同时促进土壤团聚体形成，改善土壤通气性，降低甲烷生成。

（4）环境修复与污染治理。

1）吸附土壤中有机污染物：生物炭对土壤中的农药、多环芳烃、石油烃等有机污染物也有良好的吸附作用。通过吸附，可降低这些污染物在土壤中的迁移性和生物有效性，减少其对环境和人体健康的危害。

2）钝化土壤重金属：生物炭表面的官能团和矿物质可与土壤中的重金属离子发生化学反应，形成稳定的配合物或沉淀，降低重金属的活性和生物可利用性。例如，生物炭中的含氧官能团可与铅、镉等重金属离子发生络合反应，使重金属离子固定在土壤中，减少植物对重金属的吸收。

4.3.2　生物炭水质净化

4.3.2.1　去除水体中有机污染物

（1）对农药和多环芳烃的吸附：工农业污水的大量排放致使水体遭受严重污染，农药和多环芳烃作为常见污染物，对水质影响极大。生物炭因其多孔结构，具备较大的吸附容量，主要通过分子间引力进行表面吸附。生物炭的吸附行为与其表面官能团有关，其中高温制备的生物炭通常具有较少的氧和其他官能团，使其表面更为非极性。这使得高温制备的生物炭更适合吸附如萘等一些非极性物质。相反，低温制备的生物炭通常含有更多的氧官能团，这使得其表面更为极性，更适合吸附一些极性物质，如酚类化合物等。

（2）对有机溶剂的去除：工农业污水中的有机溶剂如三氯乙烯等，对人和动物都有很大的危害。研究发现，生物炭中的碳含量与其对有机溶剂的吸附量呈正相关关系。高碳含量的生物炭通常具有更多的吸附位点，因此可以吸附更多的有机溶剂分子。生物炭的氧含量也会影响其对有机溶剂的吸附能力。低氧含量的生物炭通常具有较高的疏水性，而疏水性对于非极性有机溶剂（如三氯乙烯）的吸附能力更强。因此，低氧含量的生物炭在吸附三氯乙烯等非极性有机溶剂时表现出较好的效果。此外，低温下制备的生物炭通常具有较高的无定型结构，无定型结构有利于三氯乙烯等有机溶剂在生物炭上符合分配理论，从而使吸附容量、解析迟滞和最大不可逆吸附较低。相反，高温下制备的生物炭芳香化程度高，其吸附机理可能趋向非线性吸附，从而使吸附容量、解析迟滞和最大不可逆吸附较高。

（3）对酚类物质的去除：双酚 A（BPA）是一种广泛用于塑料和树脂制造的化合物，在水环境中普遍存在。由于其在环氧树脂和聚碳酸酯生产中的大量使用，废水中检测到 BPA 的频率日益增加。由于含 BPA 废水的不当排放可能引发致癌和生育能力损害等严重后果，BPA 被认定为主要有机污染物之一。目前，高效去除水体中 BPA 的方法主要包括化学氧化、生物降解、光降解和吸附等技术。尽管许多降解技术可以有效去除 BPA，但它们可能需要复杂的处理过程，甚至可能产生毒性更大的中间产物。相比之下，生物炭吸附作为一种操作简便、成本低廉且高效的去除 BPA 方法备受关注。生物炭对 BPA 的吸附机理涉及多种相互作用机制。研究表明，疏水相互作用和 π-π 相互作用在 BPA 吸附过程中发挥着关键作用。具体而言，疏水相互作用促进了 BPA 分子与生物炭表面的结合，而 π-π 相互作用则通过芳香环之间的作用力进一步增强了吸附效力。这些相互作用机制协同作用，加快了 BPA 在生物炭上的高效吸附过程。

（4）对酚和硝基苯的去除：表面径流是污染水体的重要来源之一，其中含有酚和硝基苯等重要的污染物。硝基苯进入人体后，会与血红蛋白结合形成高铁血红蛋白，并发生溶血作用，对人体的肝脏有损害。另外，酚具有毒性，对人体和动物具有致癌作用。研究结果显示，生物炭对酚的吸附在大约 60 min 内达到平衡，此后吸附量和去除率缓慢下降，最大去除率可达 81.87%。这意味着生物炭可以有效地吸附和去除水中的酚污染物。通过吸附，生物炭可以将酚分子附着在其表面，从而降低水体中酚的浓度。

4.3.2.2　去除水体中无机污染物

无机污染物主要包括重金属、无机盐、酸、碱等。生物炭对无机物的吸附机理复杂，因吸附剂和污染物的不同而不同，主要机理为静电吸附、表面络合、离子交换及氧化还原等。吸附条件发生变化，这些机理可能同时作用，也可能单独作用。生物炭吸附水中重金属的机制主要包括：重金属在生物炭表面沉淀和重金属在其表面发生氧化还原后的吸附，生物炭表面活性官能团与重金属之间发生化学反应产生的化学吸附，生物炭表面分子之间作用产生的物理吸附。氨氮化合物是重要的无机污染物，会使水体富营养化，使其中的藻类及低等植物快速增长。生物炭对其吸附过程主要为化学吸附，并伴随着物理吸附过程。

4.3.3　生物炭在其他领域的应用

生物炭凭借其独特的结构与物理化学性质，在农业、环境及能源等多个领域展现出广泛且重要的应用价值，为解决各领域面临的诸多问题提供了有效途径。

A　生物炭在农业领域的应用

生物炭独特的结构和物理化学性质会影响土壤体积、含水量、孔隙度、阳离子交换能力和养分含量，从而改善土壤的物理和化学性质。由于生物炭的多孔结构，使得生物炭可以增加土壤孔隙度，提高土壤持水能力，减少水分蒸发和干燥。此外，生物炭的碱性可以提高酸性土壤的养分产量，改善盐碱土壤。

生物炭中的有机碳和矿物质可以增加土壤中的有机碳和矿物质含量。生物炭还能为植物提供成长所需的养分，提高土壤肥力。生物炭不仅具有多孔性和高吸附性，可以吸附和储存养分，防止养分流失；生物炭中的有机物还能分解成植物所需的养分，如氮、磷和钾。再者，生物炭本身富含矿物质，可以直接给植物提供充足的养分。此外，生物炭中的有机物和微生物可以促进土壤中的生物活动，增加有益微生物的数量，促进植物的生长和发育，抑制病原体的传播，减少植物对有害物质的吸收，克服或缓解土壤中的限制因素，从而提高作物产量。

除了对农作物产量的影响，生物炭还能改善动物体内营养物质的消化和新陈代谢，提高生长效率。研究表明，在饲料中添加生物炭可以提高动物对饲料的消化率和营养吸收率，促进动物的生长发育。例如，在饲料中添加生物炭可以提高鱼类、家禽和山羊等动物的生长率，减少脂肪沉积，增加肌肉蛋白质含量。生物炭中的有机物和微生物还能改善动物的肠道环境，增强免疫力，降低肠胃疾病的发病率。

B　生物炭在环境领域中的应用

当前，全球社会面临着前所未有的环境污染挑战问题。二氧化碳排放过多，导致全球温度升高，人类活动引起水和土壤受到严重的有机和无机污染物的污染。为了解决这些环境问题，实现经济社会的可持续发展，亟须一些行之有效的方法来解决这些问题。在目前环境受到严重污染的背景下，生物炭可以作为环境修复应用一项非常有前途的技术。生物炭可以用来净化水和工业生产中的污水，对土壤进行修复和改良。更重要的是生物炭在全球碳循环中扮演着非常重要的作用，生物炭不仅可以固碳，还可以减少土壤中 CO_2、N_2O 和 CH_4 的释放量，从而有助于缓解温室效应。综合探究生物炭在各环境领域的应用（图 4.12），已经成为人们越来越关注的热点。

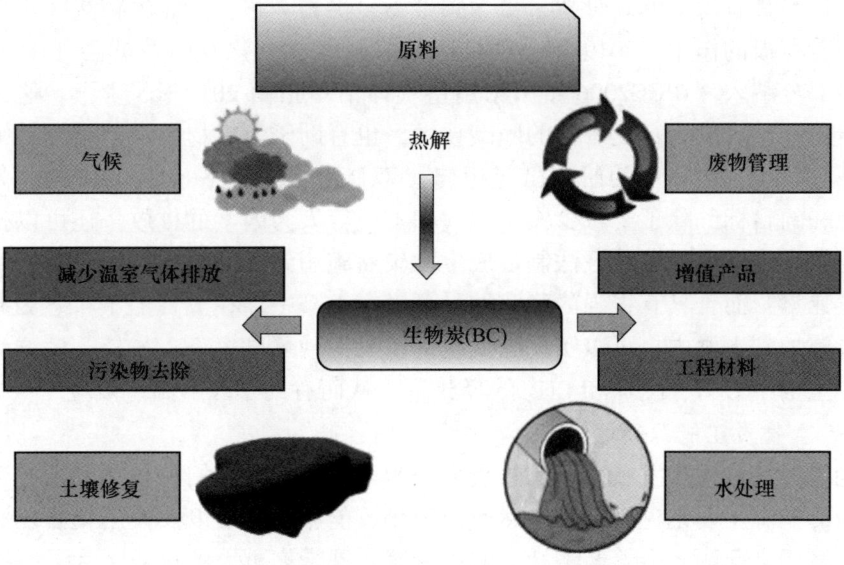

图 4.12 生物炭在环境修复中的应用

在全球面临对水污染处置非常严峻的挑战背景下，生物炭已被推广为处理含各种污染物的污水一种可行方案。由于生物炭具有较强的稳定性以及巨大的比表面积，生物炭可以作为吸附剂来处理污水中的污染物质。生物炭作为吸附剂，主要对水体中的重金属、无机盐、有机染料和抗生素等污染物进行去除，实际应用证明，生物炭对去除这些污染有着比较好的去除效果。

在土壤修复领域，生物炭主要用于修复土壤中的无机污染物和有机污染物的污染。土壤中的无机污染物主要是重金属等物质，土壤中的重金属来源广泛，主要是人类活动引起的，如采矿、工业废水排放和农药的过度使用导致重金属进入土壤。传统去除污染土壤中的重金属主要是通过洗涤、浸出和提取来去除重金属，但是传统的方法往往对土壤中重金属的去除效果不佳。目前的研究热点是通过生物炭将重金属转化为一种难溶解和生物不可及的形式来稳定土壤中的重金属。重金属在生物炭上稳定的机理主要是生物炭的吸附性能，包括表面络合、沉淀、阳离子交换、化学还原和静电吸附。当生物炭作用于受污染的土壤时，重金属被吸附在生物炭表面，转化为氢氧化物、磷酸盐和碳酸盐等沉淀物，使土壤中水溶性重金属含量显著降低。另外，生物炭还用来修复受有机污染物污染的土壤。土壤有机污染物包括农药、除草剂、各种抗生素、多环芳烃、多氯二苯并呋喃、多氯二苯并二噁英和多氯联苯等。生物炭对有机污染物的去除，主要靠各种物理和化学吸附机制。另外生物炭还可促进土壤微生物活性来促进对有机污染物的微生物矿化从而实现土壤修复。生物炭对土壤中有机污染物的去除会受到多种因素的影响，如生物炭原料的类型、施用剂量、目标污染物的种类及其浓度等。

生物炭具有稳定的碳骨架、富含碳且不易生物降解，因此生物炭在土壤固碳中发挥着积极的作用。2019 年，联合国政府间气候变化专门委员会（IPCC）将生物炭部分纳入《IPCC2006 年国家温室气体清单指南 2019 修订版》。这标志着生物炭技术正式成为行之有效的固碳技术，也有助于为生物炭参与碳交易铺平了道路。在我国，生物炭的研究已经迈向“双碳”目标这一全新的阶段。为了实现碳中和的目标，除了要减少汽车尾气和工业等人为因素的排放，还可以把农林废弃物等生物质通过各种方法制备成生物炭后施用到土壤中。由于生物炭富含大量的碳元素，而且具有很强的稳定性，可以在土壤中存在成百上千年。因此，将生物炭施加到土壤中，可以实现固碳减排以及消减环境污染。另外，生物炭还可以减少土壤中 CO_2、N_2O 和 CH_4 的释放量，从而有助于缓解温室效应。

C　生物炭在能源领域的应用

能源短缺是人类发展所面临的重大问题之一。目前人们在日常的生产生活中所使用的能源主要是化石能源，然而由于化石能源的紧缺以及使用化石能源所带来的环境污染问题，会给经济社会的可持续发展带来重大的挑战。为了解决化石能源短缺和相关的环境污染问题，开发可再生的清洁能源势在必行。可再生的清洁能源主要是太阳能、风能、核能、潮汐能和生物质能源等。生物质能源作为地球上唯一可再生的碳源，它在环境中分布广泛并且储量十分丰富，在环境保护、资源利用等方面具有特殊优势，被认为是人类未来能源的重要来源。生物炭可用于生产新型清洁能源，部分取代传统的化石燃料，从而降低温室气体的排放。生物炭在能源领域有多种用途，因此可以将生物炭制备成多种能源产品。目前主要生物炭能源产品的开发利用研究热点主要集中在储能材料（电极材料、生物炭锂离子和钠离子电池）以及燃料替代品。

生物炭可以直接或间接地用于生产电化学储能装置，如超级电容器和锂离子/钠离子电池的电极材料。与常见的碳材料相比，生物炭具有较大的比表面积和多孔结构，并且生物炭的制备成本相对较低，使得生物炭在制备电极材料和超级电容器上具有很大的潜力。研究表明，经过活化处理的生物炭可以提高电容器的电容量，并表现出快速充放电行为和高稳定性。此外，生物炭本身具有简单的离子运动、高导电性和缓冲整个电化学过程中体积变化的能力，使得生物炭可以作为锂离子/钠离子电池的电极材料。

生物炭作为一种可再生能源，具有替代化石能源的潜力。通过热解生物质原料，可以获得高能量的生物炭产品。生物炭具有高热值和丰富的含碳量，可用于发电和其他热应用。研究表明，生物炭的热值与很多煤炭的热值相当，甚至还更高。更重要的是，生物炭在燃烧过程中会排放较少的颗粒物和有害气体，因为在生物炭热解过程中去除了其中的挥发性物质，所以在钢铁行业和传统炉灶中使用生物炭替代煤炭可以减少二氧化碳和有害气体的排放。另外，生物炭还可以用于制备燃料泥浆，用于点火和燃烧应用。因此，生物炭作为一种可再生能源的替代品，在能源生产和热应用领域具有广阔的应用前景。

4.4 生物炭的改性

生物炭作为一种极具潜力的多孔材料，在众多领域展现出广泛的应用前景。探索各类生物炭改性方法有助于充分挖掘其性能优势。目前，生物炭制备技术和应用方面的研究在国内外都非常活跃，并且已成为国际上的主流研究领域之一。从材料制备的角度来看，不同的生物质原料与制备技术，造就了生物炭独特的结构与化学性质，使其在环境保护、农业、水处理、能源存储及材料工程等诸多领域得以广泛应用。

生物炭改性的主要目的是改善生物炭的孔隙结构、比表面积和功能等，最大化地发挥生物炭的吸附作用。目前，改性的方法主要包括物理改性和化学改性。其中，物理改性方法包括热处理、球磨和蒸汽活化等，而化学改性方法则包括酸碱活化、浸渍-负载、等离子体处理和紫外辐射等。图 4.13 是生物炭常见的改性方法。生物炭的改性方法在提高其吸附性能的同时，还可以拓宽其应用领域。例如，在环境领域，改性的生物炭可以用于水处理、废气和土壤修复等方面。在农业领域，改性的生物炭可以用于土壤改良与修复、植物生长促进和农药吸附等方面。在能源领域，改性的生物炭可以用于生物质能源的储存和转化。此外，生物炭还可以用于材料工程领域，例如用于电池、催化剂和吸附剂等方面。接下来，将详细介绍生物炭的各类改性方法。

4.4.1 生物炭的物理改性方法

物理改性是一种通过改变生物炭本身结构来提升其性能的方法，主要手段包括优化孔隙结构，增加微孔和中孔数量以扩大表面积，以及引入含氧官能团增强表面活性，以此有效提高生物炭的吸附能力与反应活性。生物炭常见的物理改性方法包括：气体活化法、球磨法、辐射改性法等。这些方法单独或结合应用，均可显著提升生物炭在环境修复、废水处理等领域的应用效果。未来研究还需要进一步优化各种改性工艺参数，探索不同方法的联合应用模式，以获得性能更佳的

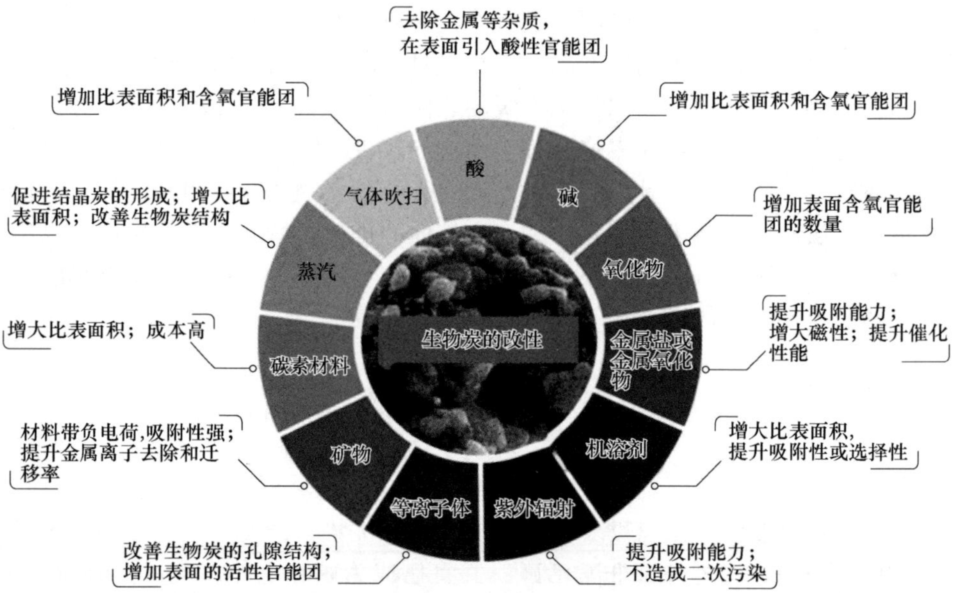

图 4. 13　生物炭常见的改性方法

改性生物炭产品。下面将具体介绍常见的生物炭物理改性方法。

4. 4. 1. 1　气体活化法

气体活化法是生物炭物理改性的重要方法之一，通常分为两步。第一步为原料炭化，在高温无氧环境下，生物质中的有机成分经脱水、脱氧等化学反应，形成具有多孔结构的碳质骨架。第二步是利用不同气体对炭化后的生物炭进行活化，常用的活化气体有水蒸气和二氧化碳。生物炭气体活化机理如图 4. 14 所示。下面将具体介绍水蒸气和二氧化碳这两种气体活化改性生物炭的方法，以及气体活化的机理。

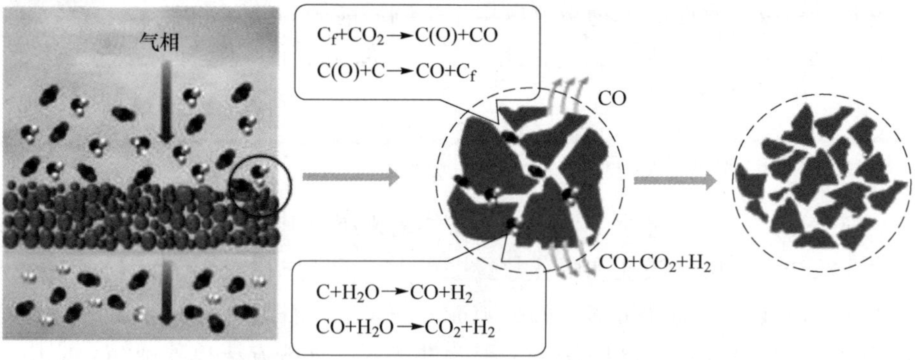

图 4. 14　生物炭气体活化机理示意图

C_f—游离 C 离子

（1）在水蒸气活化过程中，高温下水蒸气与生物炭表面发生物理和化学反应。一方面，通过开孔和扩孔丰富多孔结构；另一方面，在生物炭表面产生一定的含氧官能团。其主要反应机理为：$C + H_2O \rightarrow CO + H_2$。在蒸汽活化过程中，释放出的合成气促使生物炭中的小孔隙结合，扩大微孔直径，增大比表面积并增加新的孔隙结构，显著提升生物炭的吸附性能。同时，水蒸气活化会使生物质炭中的—OH基团和—C═O基团相对减少，增强其芳香性，进而提高吸附性能。

（2）二氧化碳活化法的机理与水蒸气活化法类似。CO_2 作为活化剂进入微孔内，在生物炭表面发生反应扩大孔隙。许多研究表明，使用 CO_2 作为活化剂可显著改善生物炭的性能，尤其是吸附性能。CO_2 活化能增加生物炭的微孔数量，显著提高比表面积，研究结果表明，CO_2 活化可使生物炭的比表面积最大达到610.04 m^2/g，使其对较大分子的吸附效果更佳。其主要反应机制为 $C + CO_2 \rightarrow 2CO$，不过该反应速率相对较慢，相比之下，水蒸气活化反应速率较高。需要注意的是，高温下的 CO_2 活化可能破坏生物炭的孔隙结构，导致吸附能力减弱。研究发现，随着活化温度升高，生物炭的吸附量逐渐下降，因此在 CO_2 活化过程中需精准控制活化温度，避免对生物炭结构造成不利影响。

此外，一些研究人员尝试将 CO_2 活化法与其他活化方法联用或混合使用，以进一步提升生物炭性能。例如，将 CO_2 活化法与水蒸气活化法联用，可获得吸附性能更优的生物炭；将 CO_2 与其他气体（如氮气）混合作为活化剂，也取得了良好效果。这些研究成果表明，气体活化法在生物炭改性中具有广阔的应用前景。

4.4.1.2 球磨

近年来，球磨改性在生物炭改性研究中备受关注。球磨是一种通过小球运动产生的动能来改变生物炭颗粒的形状和结构的方法。通过碰撞和搅拌，球磨可以破坏生物炭颗粒的化学键，并产生纳米级颗粒。球磨还能够显著改善生物炭的物理化学性质，使其具有更大的比表面积和孔容积，更负的Zeta电位，以及更丰富的含氧官能团，进而提升其对污染物的吸附能力。

球磨作为一种有效的生物炭改性方法，通过提高生物炭的物理化学性质和吸附性能，可以扩展其在环境修复领域的应用。球磨改性主要通过球磨仪来实现，球磨仪中的研磨球、研磨罐和原料颗粒之间的碰撞作用以及外部机械力的作用，使生物炭颗粒达到纳米级，并增大了其比表面积。此外，球磨仪还能打破生物炭内部的孔网结构，增加其内部比表面积。同时，通过球磨仪还能引入更多的石墨结构和含氧官能团，进一步提高生物炭的吸附能力。研究表明，经过球磨改性的甘蔗渣生物炭对镍和亚甲基蓝的去除率分别是原始生物炭的8倍和20倍。

此外，球磨改性还可以通过掺杂氮原子和巯基基团来改善生物炭的吸附性能。氮基团的掺杂可以提高生物炭对二氧化碳和阴离子对活性汞的吸附能力，而巯基基团的负载则可以显著提高生物炭对汞和甲基汞的吸附能力。这些改良措施使得球磨改性的生物炭在吸附污染物方面表现出更高的效率和性能。

4.4.1.3　辐射改性法

在生物炭的物理改性方法体系中，辐射改性法凭借其独特的作用机制与应用潜力，正逐渐成为研究热点。以下将从其原理、对生物炭性质的影响等方面进行详细阐述。

辐射改性法主要是利用高能射线（如 γ 射线、电子束等）对生物炭进行辐照处理。在辐射过程中，高能射线与生物炭中的原子、分子相互作用，引发一系列物理和化学变化。具体而言，射线的能量会使生物炭分子中的化学键断裂，产生大量的自由基。这些自由基极为活泼，能够在生物炭内部引发交联反应，促使生物炭的结构发生重排。同时，自由基还可能与周围环境中的气体分子（如氧气）发生反应，在生物炭表面引入新的官能团。

辐射改性能够改变生物炭的孔隙结构，使孔隙更加发达。射线引发的交联反应和化学键断裂-重组过程，有助于打通生物炭内部一些原本封闭或狭窄的孔隙通道，从而增加孔隙的连通性和有效容积。这一系列变化最终导致生物炭的比表面积显著增大，为其吸附性能的提升奠定了基础。例如，有研究表明，经过 γ 射线辐照后的稻壳生物炭，其比表面积相较于原始生物炭增加了近 30%，这使得它对各类物质的吸附位点大幅增多。如前文所述，辐射产生的自由基与周围气体分子反应，可在生物炭表面引入多种含氧官能团，如羟基（—OH）、羧基（—COOH）等。这些官能团的增加不仅提升了生物炭表面的极性，还增强了其与吸附质之间的相互作用。以电子束辐照改性的木屑生物炭为例，检测发现其表面羧基含量明显增加，这使得该生物炭对一些极性有机污染物（如酚类化合物）的吸附能力得到显著提高。辐射改性还会对生物炭的电学性质产生影响。随着孔隙结构和表面官能团的改变，生物炭的表面电荷分布发生变化，进而影响其 Zeta 电位。一般来说，适当的辐射处理可使生物炭的 Zeta 电位绝对值增大，这意味着生物炭表面的电荷密度增加，使其在溶液中与带电粒子的相互作用增强，对于吸附带相反电荷的污染物具有积极意义。

4.4.2　生物炭的化学改性方法

4.4.2.1　酸改性

酸改性生物炭是通过使用酸性溶液处理生物炭，以去除杂质并引入酸性官能团的一种改性方法。常用于对生物炭进行改性的酸包括盐酸、硫酸、硝酸、磷酸、草酸、柠檬酸等。对生物炭进行酸改性的目的是提高生物炭的吸附能力和催化活性，从而增强其在环境修复和农业领域的应用。

酸改性生物炭的机理主要有两个方面：孔隙结构的改变和官能团的引入。首先，酸改性可去除生物炭孔隙结构中的灰分和金属离子等杂质。这些杂质被酸溶液溶解，从而增加了生物炭的孔隙体积和比表面积。同时，酸改性可引入羧基、酚基和羰基等酸官能团，这些官能团可以增加生物炭表面活性位点的数量，提高其吸附能力和催化活性。

酸改性生物炭的效果会受到很多方面的影响。首先是酸的种类和浓度。生物炭改性的效果取决于酸的种类，而酸的浓度则影响生物炭改性的程度。一般来说，酸的浓度越高，改质效果越明显，但如果浓度过高，可能会破坏生物炭的结构。另外的关键因素是处理时间和温度。较长的处理时间和较高的温度会增加酸的改性效果，但如果处理时间过长或温度过高，对生物炭的结构和性质可能会产生不利的影响。此外，生物炭的种类和处理前生物炭的性质也会影响酸改性效果。不同原料制成的生物炭具有不同的结构和成分，因此对酸改性的反应也不同。

酸改性生物炭的应用范围很广。酸改性可提高生物炭的吸附能力，使其在环境修复过程中更好地去除污染物。同时，酸改性还能提高生物炭的催化活性，促进土壤中有机物的分解和养分的释放，改善土壤质量，促进植物的生长。不过，酸改性也会影响生物炭中的重金属含量，因此需要进一步研究以评估其环境风险。

4.4.2.2 碱改性

碱性改性是一种广泛使用的生物炭改性方法，用 KOH、NaOH 和 NH_3-H_2O 等碱性试剂处理可显著改善生物炭的特性和应用领域。碱改性的机理主要是增加比表面积和含氧官能团的数量。下面将具体介绍这两种机理。

碱改性可以增加生物炭的比表面积。生物炭的比表面积是指单位质量生物炭的有效吸附表面积，是衡量吸附能力的重要指标。碱性试剂可与生物炭表面结构中的有机物质和无机物质发生反应，引起表面结构的改变，从而增加生物炭的孔隙结构和比表面积。碱改性会增加生物炭中含氧官能团的数量。生物炭中的含氧官能团可以提供吸附污染物的活性位点，从而提高生物炭的吸附能力。碱性试剂可与生物炭中的含氧官能团发生反应，形成新的含氧官能团，从而增加生物炭中含氧官能团的数量。这些含氧官能团可与污染物发生化学或物理吸附作用，提高了生物炭对污染物的吸附能力。

碱改性对生物炭的影响受到多个因素的影响。碱改性的效果在很大程度上取决于原料的种类。不同原料的生物炭具有不同的结构和化学成分，跟碱性试剂的反应也不同，因此碱改性的效果也不尽相同。另外，制备方法对碱改性的效果也有很大影响。不同的制备方法会导致生物炭的孔隙结构和官能团有很大的差异，从而影响碱改性的效果。此外，碱性试剂的类型和比例也会对生物炭的改性有很大影响。由于不同的碱性试剂具有不同的反应性和腐蚀性，在对生物炭进行碱改性时需要选择适当的碱性试剂并控制其比例。

4.4.2.3　氧化剂改性

利用氧化剂改性是提高生物炭吸附能力和改善其性能的常用方法。常用于对生物炭进行改性的氧化剂有过氧化氢（H_2O_2）和高锰酸钾（$KMnO_4$）等氧化剂，它们的作用机理是通过增加生物炭中含氧官能团的含量来提高其重金属离子吸附能力。

氧化剂改性的机理主要有两个方面。一是增加生物炭中含氧官能团的含量，二是促进重金属的络合。氧化剂改性可引入一些含氧官能团，如羟基和羧基，以增加生物炭表面活性位点的数量。这些含氧官能团可与重金属离子形成配合物，提高其吸附能力。例如，用过氧化氢改性可增加生物炭中的羧基，提高生物炭对铅离子的吸附能力。另外，用高锰酸钾改性也能增加生物炭中的含氧官能团，改善生物炭与重金属的相互作用。用氧化剂改性也可以增加生物炭的比表面积和孔隙结构，提高其吸附能力。过氧化氢和高锰酸钾会在生物炭表面发生氧化反应，并在生物炭的表面形成氧化物和氢氧化物的沉积物，增加了生物炭的比表面积和孔隙度。比表面积和孔隙结构的增加会产生吸附位点和通道，从而促进重金属离子的吸附。

氧化剂改性的效果一般会受到多种因素的影响。氧化剂的类型和浓度会影响生物炭改性效果。不同种类的氧化剂的氧化能力和反应机制各不相同，因此生物炭的改性效果也不尽相同。氧化剂改性效果还受到污染物性质的影响。重金属离子的化学性质和吸附机理不同，生物炭对重金属离子的吸附效果也会不同。此外，生物炭的原始材料和生产条件也会影响改性的效果。

4.4.2.4　金属盐和金属氧化物改性

金属盐或金属氧化物改性可以改变生物炭的吸附、催化和磁性等特性。用金属盐和金属氧化物改性生物炭的作用机理主要是吸附金属离子、催化和氧化还原反应。在生物炭的生产过程中，金属盐和金属氧化物与原料混合并进行热解，在热解过程中，金属离子被固定在生物炭的结构中，形成结合的金属氧化物和离子。这些金属离子在生物炭表面形成多个活性位点，提高了生物炭的吸附能力和催化活性。常见的金属包括铁、镁、铝和锰。此外，还可以通过将金属盐或金属氧化物与原料混合热解合成生物炭，或者将金属盐或金属氧化物浸泡生物炭，可以实现金属改性。金属改性生物炭已被应用于不同的污染物去除领域，如重金属、有机污染物和营养物质的去除。常用的金属盐改性剂有碳酸氢盐、碳酸盐、磷酸盐和氯化物等，常见的金属包括铁、锰、镁、铝和锌等。

金属盐和金属氧化物的改性可以通过浸渍法、共沉淀法、原位合成法等途径实现。在改性过程中，金属盐或金属氧化物与生物炭表面发生相互作用，形成金属离子或金属氧化物的吸附或沉积层。这种改性能够赋予生物炭新的特性。例如，金属离子或金属氧化物可以增加生物炭表面的活性位点数量，提高其吸附能力和催化活性。金属离子或金属氧化物还可以提供额外的催化中心，促进催化反应的进行。此外，部分金属氧化物还具有磁性，可以赋予生物炭磁性特性，从而方便其在磁场下的回收和再利用。

4.5 生物炭开发利用现状

生物炭作为一种可再生和环境友好的碳材料，其开发利用已广泛应用于多个领域。目前有很多生物炭产品开发利用的研究。首先作为土壤改良剂使用。通过在生物炭表面加载不同功能材料，如金属氧化物、双层氢氧化物等，可以改善土壤质量和结构，增强肥料利用率。这类改性生物炭产品既能改善土壤养分供应能力，又能吸附和降解土壤污染物，从而实现土壤修复与改良。其次开发为各类炭基肥料。比如在生物炭表面加载不同养分，形成 N、P、K 复合肥料，这类肥料既可缓释养分，又可提高养分利用效率。

另外，生物炭改性材料还开发应用于多个领域。例如废水处理领域，利用生物炭吸附和降解有机污染物的能力，开发出用于工业废水精细处理的生物炭过滤材料。例如能源领域，在生物炭表面加载金属颗粒，形成催化剂，应用于氢能储备和燃料电池等领域，这对改变能源结构，促进节能减排有很重要的意义。

4.5.1 生物炭土壤改良剂

生物炭土壤改良剂是一种通过高温热裂解炭化有机残骸物料形成的产品，主要由碳元素组成。生物炭的制备过程中，有机物经过高温处理后失去水，氢和氧等元素，只留下含碳的残留物。这些残留物再经过炭化处理，形成具有多孔结构的生物炭。生物炭土壤改良剂具有巨大的比表面积和丰富的表面官能团，可以改变土壤的物理、化学和微生物学性质，增加土壤肥力，提高土壤有效性营养元素的含量，促进植物生长。生物炭土壤改良剂对土壤改良的主要机理是：降低土壤酸度，增加土壤交换性盐基数量，减少土壤中的铝含量；增加土壤的持水量和比表面积，提高土壤的养分吸附能力，减少养分的淋失，提高养分利用效率和土壤肥力；改善土壤微生物群落的呼吸代谢速率，改善微生物对基质的利用格局，进而改良土壤肥力；降低土壤中重金属的可交换态含量，增加植物对必需元素的可利用性，起到土壤修复和促进作物生长的双重效果。

生物炭土壤改良剂因制备原料、改性方法及添加成分的不同，衍生出多种类型，每种类型在土壤改良方面都具有独特的性能与优势。

4.5.1.1 不同原料的生物炭土壤改良剂

（1）农业废弃物生物炭改良剂：以农作物秸秆（如玉米秸秆、小麦秸秆）、稻壳、花生壳等农业废弃物为原料制备而成。农业废弃物来源广泛、成本低廉，将其转化为生物炭土壤改良剂，不仅实现了废弃物的资源化利用，还能有效改善土壤质量。例如，稻壳生物炭具有丰富的孔隙结构和较高的比表面积，能显著提高土壤的通气性和保水性。同时，其在土壤中缓慢分解，释放出的养分可增加土壤肥力。

（2）林业废弃物生物炭改良剂：利用树枝、木屑、树皮等林业废弃物制备。这类生物炭通常含有较多的木质素成分，使其具有较好的稳定性和较强的吸附能力。例如，由木屑制成的生物炭可有效吸附土壤中的重金属离子和有机污染物，减少其对土壤的危害。此外，林业废弃物生物炭还能改善土壤结构，促进土壤微生物的生长和繁殖。

（3）畜禽粪便生物炭改良剂：以畜禽粪便为原料，经高温炭化处理得到。畜禽粪便富含氮、磷、钾等营养元素，制成生物炭后，这些养分得以保留并缓慢释放，为土壤提供长效的肥力支持。同时，生物炭的吸附性能可减少畜禽粪便中臭味物质和病原菌的传播，降低环境污染风险。研究表明，猪粪生物炭对土壤中铵态氮的吸附能力较强，有助于提高土壤的保肥能力。

4.5.1.2　经物理改性的生物炭土壤改良剂

（1）高温热解改性生物炭改良剂：通过控制热解温度、升温速率等条件，对生物炭进行高温热解改性。较高温度热解得到的生物炭，其芳香化程度更高，结构更加稳定，孔隙结构也更为发达。例如，在 700～900 ℃高温热解制备的生物炭，比表面积大幅增加，对土壤中有机污染物的吸附能力显著增强，可有效去除土壤中的多环芳烃等有害物质。

（2）球磨改性生物炭改良剂：借助球磨工艺，使生物炭颗粒细化，增加其比表面积和表面活性位点。球磨过程中，生物炭的孔隙结构也会发生改变，有利于提高其吸附性能和与土壤的接触面积。研究发现，球磨改性后的生物炭对土壤中重金属离子的吸附量明显提高，能更有效地固定土壤中的铅、镉等重金属，降低其生物有效性。

4.5.1.3　经化学改性的生物炭土壤改良剂

（1）酸改性生物炭改良剂：使用盐酸、硫酸、硝酸等酸性溶液对生物炭进行处理。酸改性可去除生物炭孔隙中的杂质，增加孔隙体积和比表面积，并引入羧基、酚基等酸性官能团。这些官能团能与土壤中的养分离子发生交换反应，提高土壤对养分的吸附和保持能力。例如，经硝酸改性的生物炭，对土壤中钾离子的吸附量显著增加，有助于提高土壤的供钾能力。

（2）碱改性生物炭改良剂：采用氢氧化钠、氢氧化钾等碱性试剂处理生物炭。碱改性可增加生物炭的比表面积和含氧官能团数量，提高其对重金属离子的吸附能力和对酸性土壤的中和能力。例如，在酸性土壤中施用氢氧化钾改性的生物炭，能快速提高土壤 pH，减轻铝毒对植物的危害，同时有效吸附土壤中的铜、锌等重金属离子。

(3) 金属盐改性生物炭改良剂：将金属盐（如铁盐、镁盐、锌盐等）负载到生物炭表面。金属盐改性后的生物炭，不仅具有生物炭本身的吸附性能，还能利用金属离子的催化作用，促进土壤中有机污染物的降解和养分的转化。例如，铁盐改性的生物炭可通过芬顿反应产生羟基自由基，有效降解土壤中的有机农药残留，同时铁离子还能参与土壤中氮素的转化过程，提高土壤肥力。

4.5.2 炭基肥料

随着世界人口和农业产量的增加，传统化肥和农药的使用导致土壤质量逐渐恶化。在土壤中施用生物炭可以有效提高土壤的容重、保水性和透气性，从而提高作物产量。然而，单独使用生物炭对提高农作物产量的贡献尚未得到明确证实，因此将生物炭与肥料结合使用是一个新兴的研究领域。炭基肥，是以生物炭为基质，并在其中添加各类营养元素制成的新型肥料。作为一种创新型肥料，炭基肥在诸多方面展现出显著效果。它能够改善土壤的物理、化学和生物学性质，为土壤提供丰富养分，具备长期保持土壤肥力的能力，同时对环境保护也有着积极意义，有助于缓解传统化肥对环境造成的压力。

生物炭基肥的制备过程对其应用效果有显著影响，主要包括生物炭原料选择、炭肥比选择、制备方法等。这些因素与生物炭基肥的缓释效果、成型效果以及其他功能性效果密切相关。影响炭基肥应用效果的因素有以下几个方面：

(1) 生物炭原料。不同原料制备的生物炭基肥具有不同的缓释性能和肥效。例如，比表面积和孔隙结构的差异会影响生物炭对营养元素的缓释效果，进而影响生物炭基肥的农田应用效果。田间试验研究表明，在同一试验条件下，不同原料制备的炭基肥效果各不相同。例如，以稻壳为原料制成的炭基肥，因其独特的孔隙结构，对氮元素的缓释效果较好，能在较长时间内为作物提供稳定的氮素供应；而以玉米秸秆为原料的炭基肥，可能在磷元素的吸附与释放上具有独特优势。更为复杂的是，即便使用同一种原料制备的炭基肥，在不同的应用场景，如不同的作物种植或不同类型的土壤中，也会呈现出不同的效果。此外，不同作物对养分的需求特性以及土壤本身的质地、酸碱度等外在因素，同样会对炭基肥的应用效果产生影响。因此，全面综合考虑各个因素，开展系统化研究，是炭基肥得以广泛推广的必要前提。

(2) 炭肥比。炭肥比，即生物炭与添加肥料的比例，对炭基肥的吸附性能、物理性状以及养分释放率有着显著影响。较高的炭肥比例会强化生物炭的特性，诸如官能团的数量与种类、孔隙率、比表面积以及阳离子交换量等都会更加突出。不同作物适宜的炭肥比也不同，例如，炭肥比为 1∶4 或 1∶2.3 时能促进玉米植株生长，而炭肥比为 1∶3 时能促进黄瓜的生长。此外，炭肥比还会影响炭基肥的抗压性能和成型效果。炭肥比为 1∶3 时具有较强的抗压性能，而粒状生物炭基尿素肥料的成型率最好的炭肥比为 1∶1。因此，在实际应用中，确定最优炭肥比需要考虑作物的生长环境和类型。

（3）制备方法。制备方法在很大程度上决定了炭基肥的性能表现，主要体现在缓释性能、力学性能和成型效果等方面。不同的制备方法能够实现不同的功能性效果，为满足多样化的农业生产需求提供了可能。

1）掺混法：这是最为简单的制备方式，只需将生物炭和肥料直接混合即可。然而，这种方法制备的炭基肥缓释效果和力学性能较差。由于生物炭与肥料只是简单混合，养分容易快速释放，难以满足作物长期的养分需求，且在储存和使用过程中，颗粒之间的结合力较弱，容易出现分层、破碎等问题。

2）包膜法：通过在生物炭颗粒表面喷涂缓释包膜材料，能够有效提高炭基肥的缓释性能和机械强度。包膜材料可以延缓养分的释放速度，使肥料在土壤中逐渐分解，为作物提供持久的养分供应。同时，包膜还增强了颗粒的机械强度，减少了在运输和施用过程中的破损。例如，采用高分子聚合物作为包膜材料，能够根据土壤湿度、温度等环境因素，智能调节养分的释放速率，提高肥料利用率。

3）吸附法：将生物炭置于含养分溶液中，利用生物炭的吸附性将养分固定在炭基肥中，从而实现缓释效果。生物炭丰富的孔隙结构和较大的比表面积使其能够吸附大量养分离子，这些被吸附的养分在土壤中会缓慢释放，满足作物不同生长阶段的需求。此外，这种方法还能提高生物炭对养分的吸附容量和稳定性，减少养分的流失。

4）化学反应法：借助矿物元素改性来优化生物炭的性质，进而改善炭基肥的缓释性能和力学性能。通过化学反应，在生物炭表面引入特定的官能团或改变其晶体结构，能够增强生物炭与养分之间的相互作用，使养分更稳定地结合在生物炭上，实现缓慢释放。同时，矿物元素的添加还可以改善生物炭的物理性质，提高炭基肥的机械强度和稳定性。

5）混合造粒法：将生物炭与无机肥料和添加物混合后造粒，此方法可以同时实现缓释效果和成型效果的改善。在造粒过程中，通过调整原料的比例和工艺参数，可以控制颗粒的大小、形状和密度，使其更符合农业生产的实际需求。例如，制成的颗粒状炭基肥便于机械化施肥，且颗粒内部的生物炭与肥料相互作用，有助于实现养分的缓释，提高肥料的利用效率。

作为一种新型环保肥料，生物炭基肥具有广泛的应用前景。未来要加强生物炭基肥的基础研究，深入研究其结构、性能和作用方式，为生物炭基肥的生产提供技术和理论支持。为了提高生物炭基肥的缓释性能、力学性能和成型性，有必要研究新的生产方法，选择合适的技术工艺。此外，还需要加强有效使用生物炭基肥的应用研究，开发作物专用炭肥，研究生物炭基肥的替代率和施用方法，以及生物炭基肥对土壤微生物群的影响。最重要的是，要加强对生物炭基肥的环境影响评估，系统地评估使用生物炭基肥的环境风险，为生物炭基肥的安全应用奠定科学基础，进一步促进有机农业的发展。

4.5.3 生物炭改性材料

生物炭可作为一种新型吸附材料，在污染控制方面有着广泛的应用。然而，单一的生物炭在吸附能力、固液相分离等方面存在很多的限制，难以用于高效地去除有机污染物。为了克服这些缺点，研究人员目前正致力于开发以生物炭为基础的复合材料。在生物质原料中添加磁性材料、纳米材料和无机盐以及其他材料，通过高温分解生产生物炭基复合材料，如图 4.15 所示。生物炭复合材料的制备使得生物炭的应用范围正在进一步扩大。

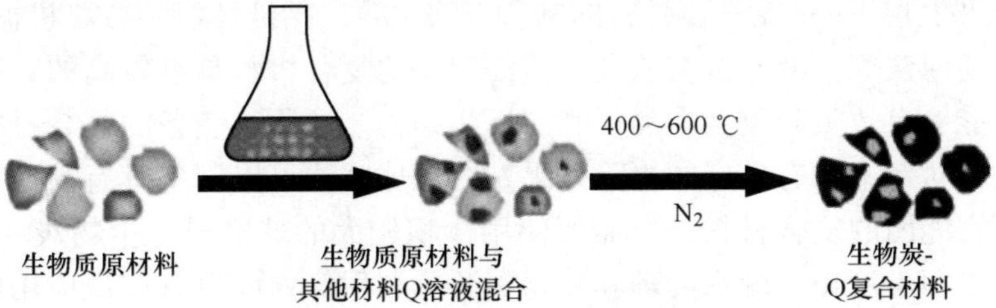

图 4.15 生物炭复合材料制备流程

4.5.3.1 生物炭基复合材料

生物炭基复合材料通过将生物炭与金属、光催化剂或黏土矿物等功能材料组合，利用各自材料在吸附、催化和固液分离等方面的互补优势，可以实现对环境有机污染物进行高效光催化降解或吸附，固液分离，从而有效扩展和提升生物炭在环境污染修复中的应用。根据生物炭以及复合材料的具体性质，可以将生物炭基复合材料分为生物炭金属复合材料、生物炭光催化剂复合材料以及生物炭黏土矿物复合材料等不同类型。

（1）生物炭金属复合材料：纳米金属材料、金属氧化物和层状双氢氧化物作为吸附剂和多相催化剂，在环境修复等诸多领域具有广泛应用前景。生物炭作为低成本的多孔载体材料，可以有效改善纳米金属材料的分散性和稳定性，提高生物炭本身的吸附能力和固液分离性能。将这些功能材料与生物炭组合制备生物炭基复合材料，不仅可以大幅提升载体上金属纳米颗粒的催化活性，还能实现污染物的高效协同去除。

（2）生物炭光催化剂复合材料：光催化复合材料是一种由光催化剂和其他

材料组成的复合材料，具有优良的光催化性能和降解污染物的能力。生物炭光催化剂复合材料是一种新型的光催化材料，通过优良的吸附性能、电子传输通道、较大的比表面积和易于修饰的表面特性，实现了对污染物的高效降解。

（3）生物炭黏土矿物复合材料：这是一种环境友好的吸附材料，具有资源丰富、比表面积大、阳离子交换量高和表面官能团丰富等特点，在重金属离子和有机污染物的去除方面具有广泛应用前景。这些复合材料的制备和应用正在成为环境污染控制领域的研究热点。

4.5.3.2　生物炭-磁性复合材料

生物炭-磁性复合材料是一种具有广泛应用潜力的新型吸附材料，其制备方法和性能特点对其应用效果有着重要影响。生物炭作为一种低成本、环境友好的材料，具有较大的比表面积和易于修饰的表面特性，能够实现对污染物的高效吸附和降解。通过将生物炭与磁性材料复合，可以实现对吸附材料的回收和固液分离，进一步提高吸附材料的重复利用率。

目前，生物炭-磁性复合材料的制备方法主要包括液体沉淀法、机械球磨法、浸渍法和还原法等。液体沉淀法和浸渍法制备的复合材料具有较高的吸附能力和稳定性，能够有效吸附重金属离子和有机污染物。还原法制备的复合材料富含纳米零价铁，对污染物有良好的去除效果。机械球磨法可以制备具有高比表面积和酸性表面官能团的复合材料，但需要使用体积较大的球磨机。生物炭-磁性复合材料在环境污染治理、废水处理和废物资源化利用等方面具有广泛应用前景。然而，不同制备方法和生物质来源会对复合材料的性状和吸附能力产生影响，因此在选择制备方法时需要综合考虑实际需求和应用场景。

4.5.3.3　生物炭-纳米复合材料

生物炭-纳米复合材料是一种将生物炭与纳米材料进行复合的新型材料。通过将纳米材料与生物炭进行复合，可以显著提高生物炭的吸附性能和催化活性，并拓展其应用领域。

制备生物炭-纳米复合材料的方法包括生物积累、金属盐预处理和热解后插入金属氧化物纳米颗粒等。生物积累方法通过种植生物质来富集目标元素，使得热解后的生物炭富含目标元素。金属盐预处理方法是将目标金属盐溶液浸入生物炭中，使金属离子附着在生物炭表面和内部，在热解后转化为纳米金属氧化物/氢氧化物。热解后插入金属氧化物纳米颗粒首先通过热解生物质（如木材、农业废弃物）获得多孔生物炭，然后通过物理或化学方法将金属氧化物纳米颗粒（如氧化铁、氧化铝、氧化锌等）插入生物炭的孔隙中。这些方法可以显著增强生物炭的吸附性能和应用潜力。

生物炭-纳米复合材料具有较大的比表面积、较多的酸性官能团数量和较好的热稳定性，这些性质有利于吸附和催化反应。例如，碳纳米管/生物炭复合材料的制备方法是将生物质原材料浸泡在碳纳米管悬浮液中，经过烘干和绝氧裂解后得到复合材料。与未经加工的生物炭相比，碳纳米管的添加可以增加复合材料的热稳定性、比表面积、孔隙体积和表面电荷，从而提高对污染物的吸附能力。类似地，石墨烯包覆生物炭和生物炭/纳米氧化铝复合材料也具有较好的吸附能力，对亚甲基蓝等污染物的去除效果显著提高。

生物炭-纳米复合材料在污染控制和资源回收方面有着广泛的应用。例如，生物炭纳米管复合材料具有出色的吸附能力，可用于去除水中的有机污染物，生物炭和氧化铝纳米复合材料可用于吸附去除重金属。此外，生物炭-纳米复合材料还可用作降解亚甲基蓝等有机污染物的催化剂。然而，纳米材料的团聚和溶解问题限制了它们在实际中的应用。

参考文献

[1] Chen W F, Meng J, Han X R, et al. Past, present, and future of biochar [J]. Biochar, 2019, 1 (1): 75-87.

[2] 廖承菌，吴郅俊，彭柳军，等．生物炭概念及生物炭形成的影响因素综述 [J]. 云南师范大学学报 (自然科学版), 2021, 41 (6): 57-62.

[3] 袁帅，赵立欣，孟海波，等．生物炭主要类型、理化性质及其研究展望 [J]. 植物营养与肥料学报, 2016, 22 (5): 1402-1417.

[4] 吕娟，王明峰，蒋恩臣，等．不同热解温度下稻壳炭的理化特性分析 [J]. 可再生能源, 2017, 35 (10): 1448-1453.

[5] 林肖庆．不同材料与制备工艺对生物炭性质及水稻土壤甲烷排放的影响 [D]. 金华：浙江师范大学, 2016.

[6] Yuan J H, Xu R K, Zhang H. The forms of alkalis in the biochar produced from crop residues at different temperatures [J]. Bioresource Technology, 2011, 102 (3): 3488-3497.

[7] Singh B, Singh B P, Cowie A L. Characterisation and evaluation of biochars for their application as a soil amendment [J]. Australian Journal of Soil Research, 2010, 48 (6/7): 516-525.

[8] Demirbas A. Effects of temperature and particle size on bio-char yield from pyrolysis of agricultural residues [J]. Journal of Analytical and Applied Pyrolysis, 2004, 72 (2): 243-248.

[9] 张千丰，孟军，刘居东，等．热解温度和时间对三种作物残体生物炭 pH 值及碳氮含量的影响 [J]. 生态学杂志, 2013, 32 (9): 2347-2353.

[10] 霍丽丽，姚宗路，赵立欣，等．典型农业生物炭理化特性及产品质量评价 [J]. 农业工程学报, 2019, 35 (16): 249-257.

[11] Lin Y, Munroe P, Joseph S, et al. Chemical and structural analysis of enhanced biochars: Thermally treated mixtures of biochar, chicken litter, clay and minerals [J]. Chemosphere, 2013, 91 (1): 35-40.

[12] Chun Y, Sheng G Y, Chiou C T, et al. Compositions and sorptive properties of crop residue-derived chars [J]. Environmental Science & Technology, 2004, 38 (17): 4649-4655.

[13] Novak J M, Cantrell K B, Watts D W, et al. Designing relevant biochars as soil amendments

using lignocellulosic-based and manure-based feedstocks [J]. Journal of Soils and Sediments, 2014, 14 (2): 330-343.

[14] 高超群．生物炭在土壤环境中的应用 [J]. 安徽农学通报, 2017, 23 (23): 55-57, 60.

[15] 王章鸿, 郭海艳, 沈飞, 等．热解条件对生物炭性质和氮、磷吸附性能的影响 [J]. 环境科学学报, 2015, 35 (9): 2805-2812.

[16] 简敏菲, 高凯芳, 余厚平．不同裂解温度对水稻秸秆制备生物炭及其特性的影响 [J]. 环境科学学报, 2016, 36 (5): 1757-1765.

[17] Crombie K, Masek O, Sohi S P, et al. The effect of pyrolysis conditions on biochar stability as determined by three methods [J]. Global Change Biology Bioenergy, 2013, 5 (2): 122-131.

[18] 张伟明, 孟军, 王嘉宇, 等．生物炭对水稻根系形态与生理特性及产量的影响 [J]. 作物学报, 2013, 39 (8): 1445-1451.

[19] Enders A, Hanley K, Whitman T, et al. Characterization of biochars to evaluate recalcitrance and agronomic performance [J]. Bioresource Technology, 2012, 114: 644-653.

[20] Lehmann J. Bio-energy in the black [J]. Frontiers in Ecology and the Environment, 2007, 5 (7): 381-387.

[21] Silber A, Levkovitch I, Graber E R. pH-Dependent mineral release and surface properties of cornstraw biochar: Agronomic implications [J]. Environmental Science & Technology, 2010, 44 (24): 9318-9323.

[22] Brewer C E, Hu Y Y, Schmidt-Rohr K, et al. Extent of pyrolysis impacts on fast pyrolysis biochar properties [J]. Journal of Environmental Quality, 2012, 41 (4): 1115-1122.

[23] 卞荣军．城市和农业废弃物生物质炭的农田环境效应及安全性与可持续性研究 [D]. 南京: 南京农业大学, 2014.

[24] 王盛杰．生物炭-水泥土物理力学性能研究 [D]. 南宁: 广西大学, 2022.

[25] 黄兆琴, 赵可馨, 张乃文, 等．生物炭的性质及其环境效应研究 [J]. 广州化工, 2020, 48 (19): 22-26.

[26] 王蕾, 张福勤, 夏莉红, 等．压汞法分析 C/C 复合材料平板的孔隙结构 [J]. 矿冶工程, 2009, 29 (4): 95-98.

[27] Yavari S, Malakahmad A, Sapari N B. Biochar efficiency in pesticides sorption as a function of production variables-a review [J]. Environmental Science and Pollution Research, 2015, 22 (18): 13824-13841.

[28] Suliman W, Harsh J B, Abu-Lail N I, et al. Influence of feedstock source and pyrolysis temperature on biochar bulk and surface properties [J]. Biomass & Bioenergy, 2016, 84: 37-48.

[29] Al-Wabel M I, Al-Omran A, El-Naggar A H, et al. Pyrolysis temperature induced changes in characteristics and chemical composition of biochar produced from conocarpus wastes [J]. Bioresource Technology, 2013, 131: 374-379.

[30] Brown R A, Kercher A K, Nguyen T H, et al. Production and characterization of synthetic wood chars for use as surrogates for natural sorbents [J]. Organic Geochemistry, 2006, 37 (3): 321-333.

[31] 张卓然，刘清华，王伟刚，等. 制备温度对竹炭基生物炭理化特征的影响 [J]. 环境工程，2021，39 (11)：96-102，26.

[32] Weber K，Quicker P. Properties of biochar [J]. Fuel，2018，217：240-261.

[33] 孙涛，朱新萍，李典鹏，等. 不同原料生物炭理化性质的对比分析 [J]. 农业资源与环境学报，2017，34 (6)：543-549.

[34] Lee J W，Kidder M，Evans B R，et al. Characterization of biochars produced from cornstovers for soil amendment [J]. Environmental Science & Technology，2010，44 (20)：7970-7974.

[35] Inyang M，Gao B，Pullammanappallil P，et al. Biochar from anaerobically digested sugarcane bagasse [J]. Bioresource Technology，2010，101 (22)：8868-8872.

[36] Lehmann J，da Silva J P，Steiner C，et al. Nutrient availability and leaching in an archaeological anthrosol and a ferralsol of the central amazon basin：Fertilizer，manure and charcoal amendments [J]. Plant and Soil，2003，249 (2)：343-357.

[37] Kalinke C，Oliveira P R，Oliveira G A，et al. Activated biochar：Preparation，characterization and electroanalytical application in an alternative strategy of nickel determination [J]. Analytica Chimica Acta，2017，983：103-111.

[38] Suliman W，Harsh J B，Fortuna A M，et al. Quantitative effects of biochar oxidation and pyrolysis temperature on the transport of pathogenic and nonpathogenic escherichia coli in biochar-amended sand columns [J]. Environmental Science & Technology，2017，51 (9)：5071-5081.

[39] Chen B L，Chen Z M，Lv S F. A novel magnetic biochar efficiently sorbs organic pollutants and phosphate [J]. Bioresource Technology，2011，102 (2)：716-723.

[40] Zhang W，Xiu L，Wu D，et al. Review of biochar structure and physicochemical properties [J]. Acta Agronomica Sinica，2021，47 (1)：1-18.

[41] Li H B，Dong X L，da Silva E B，et al. Mechanisms of metal sorption by biochars：Biochar characteristics and modifications [J]. Chemosphere，2017，178：466-478.

[42] Tomczyk A，Sokolowska Z，Boguta P. Biochar physicochemical properties：Pyrolysis temperature and feedstock kind effects [J]. Reviews in Environmental Science and Bio-Technology，2020，19 (1)：191-215.

[43] Wang J L，Wang S Z. Preparation，modification and environmental application of biochar：A review [J]. Journal of Cleaner Production，2019，227：1002-1022.

[44] Igalavithana A D，Mandal S，Niazi N K，et al. Advances and future directions of biochar characterization methods and applications [J]. Critical Reviews in Environmental Science and Technology，2017，47 (23)：2275-2330.

[45] Malucelli L C，Silvestre G F，Carneiro J，et al. Biochar higher heating value estimative using thermogravimetric analysis [J]. Journal of Thermal Analysis and Calorimetry，2020，139 (3)：2215-2220.

[46] Naik S，Goud V V，Rout P K，et al. Characterization of Canadian biomass for alternative renewable biofuel [J]. Renewable Energy，2010，35 (8)：1624-1631.

[47] Reza M S，Afroze S，Bakar M S A，et al. Biochar characterization of invasive pennisetum

purpureum grass：Effect of pyrolysis temperature［J］. Biochar，2020，2（2）：239-251.

［48］Parikh S J，Goyne K W，Margenot A J，et al. Soil chemical insights provided through vibrational spectroscopy［J］. Advances in Agronomy，2014，126：1-418.

［49］Bavariani M Z，Ronaghi A，Ghasemi R. Influence of pyrolysis temperatures on FTIR analysis，nutrient bioavailability，and agricultural use of poultry manure biochars［J］. Communications in Soil Science and Plant Analysis，2019，50（4）：402-411.

［50］Yoo S，Kelley S S，Tilotta D C，et al. Structural characterization of loblolly pine derived biochar by X-ray diffraction and electron energy loss spectroscopy［J］. Acs Sustainable Chemistry & Engineering，2018，6（2）：2621-2629.

［51］王申宛，郑晓燕，校导，等．生物炭的制备、改性及其在环境修复中应用的研究进展［J］. 化工进展，2020，39（S2）：352-361.

［52］张倩茹，冀琳宇，高程程，等．改性生物炭的制备及其在环境修复中的应用［J］. 农业环境科学学报，2021，40（5）：913-925.

［53］李经宽，曲孟青，张圆圆，等．生物炭 CO_2 吸附剂的制备和改性研究进展［J］. 燃料化学学报（中英文），2023，51（7）：882-895.

［54］Wang J，Wang S. Preparation，modification and environmental application of biochar：A review［J］. Journal of Cleaner Production，2019，227：1002-1022.

［55］吕宏虹，宫艳艳，唐景春，等．生物炭及其复合材料的制备与应用研究进展［J］. 农业环境科学学报，2015，34（8）：1429-1440.

［56］姚全福．生物炭基复合材料的制备及其在有机污染环境修复中的应用研究［J］. 皮革制作与环保科技，2022，3（22）：136-138.

［57］Liang L，Xi F，Tan W，et al. Review of organic and inorganic pollutants removal by biochar and biochar-based composites［J］. Biochar，2021，3（3）：255-281.

［58］王晓玲，赵泽州，任树鹏，等．生物炭基肥在我国的制备和应用研究进展［J］. 中国土壤与肥料，2022（1）：230-238.

［59］赵泽州，王晓玲，李鸿博，等．生物质炭基肥缓释性能及其对土壤改良的研究进展［J］. 植物营养与肥料学报，2021，27（5）：886-897.

［60］胡政权，金敏，袁朗月，等．生物炭土壤改良剂特性与应用［J］. 湖北农业科学，2018，57（S2）：13-16.

［61］Kong S，Yao X，Zhang J，et al. Review of characteristics of biochar and research progress of its applications［J］. Ecology and Environmental Sciences，2015，24（4）：716-723.

［62］Sakhiya A K，Anand A，Kaushal P. Production，activation，and applications of biochar in recent times［J］. Biochar，2020，2（3）：253-285.

［63］李雪，费潇钰，曹允洁．生物炭的制备及应用的研究进展［J］. 化工技术与开发，2023，52（5）：37-40.

［64］Osman A I，Fawzy S，Farghali M，et al. Biochar for agronomy，animal farming，anaerobic digestion，composting，water treatment，soil remediation，construction，energy storage，and carbon sequestration：A review［J］. Environmental Chemistry Letters，2022，20（4）：2385-2485.

5　生物质堆肥还田

近现代以来，随着农业和工业的快速发展，以及人口的迅速增长，人类对食物的需求量大大增加。这意味着农业生产需要更多的资源和能源来满足人类的需求，同时也会产生更多的生物质废弃物。但是相较于生产方面，各类生物质废弃物却没有得到系统的回收处理和利用。生物质废弃物若处理不当，会对环境造成很大威胁，造成土壤污染、水污染、空气污染等，给社会带来不良影响。因此，如何有效处理和利用这些生物质废弃物成为一个重要的环境和资源管理问题。大部分生物质废弃物富含有机物、氮、磷等物质，它们可以作为生产有机肥的原料，若将这些数以亿吨计的生物质废弃物进行收集，通过科学地处理和利用，可以最大限度地减少对环境的负面影响，并且将废弃物转化为资源，实现循环利用，促进可持续发展。

5.1　生物质堆肥概述

5.1.1　堆肥的定义

当今社会，生物质废弃物数量庞大，焚烧、热解等方法在处理大量生物质废弃物时可能存在局限性，而直接将这些生物质还田，又会导致土壤肥力下降，作物生长不良等问题，并最终导致土壤板结等恶性问题。在这种情况下，堆肥是一种非常有效的处理生物质废弃物的方法，可以将废弃物转化为有机肥料，降低环境污染，同时改善土壤质量和促进农作物生长。

堆肥是一种利用自然界广泛存在的微生物，在一定的人工控制条件下，将生物质（如农业废弃物、厨余垃圾、人畜粪便等）中的有机物质进行生物降解和转化的过程。通过微生物的代谢活动，复杂的有机化合物逐步分解为简单的无机物和腐殖质，最终形成一种类似于腐殖土的物质，即堆肥产品。这种产品不仅含有丰富的植物营养元素，还具有改善土壤结构、提高土壤肥力的作用。

5.1.2　堆肥的原理

5.1.2.1　微生物主导的分解转化

微生物种类及功能：参与生物质堆肥的微生物种类繁多，其中细菌凭借数量优势，在堆肥初期快速分解易降解的糖类、蛋白质和脂肪等物质；真菌拥有强大的酶系统，能够分解纤维素、木质素等复杂的有机聚合物，是堆肥后期的关键参与者；放线菌则能产生抗生素，抑制有害微生物的滋生，维持堆肥环境的健康稳定，同时也参与有机物质的分解与转化。

分解步骤：堆肥起始阶段，微生物分泌胞外酶，将大分子有机物初步分解为小分子。随后，这些小分子物质被微生物吸收利用，通过代谢活动转化为二氧化碳、水、无机盐等无机物以及细胞物质。随着堆肥进程的推进，微生物利用剩余的有机物质合成腐殖质，这是堆肥腐熟的重要标志，腐殖质不仅富含养分，还能显著改善土壤结构。

5.1.2.2　化学反应进程

元素化学变化：堆肥过程中，碳元素经历氧化反应，一部分以二氧化碳的形式释放到大气中，另一部分则被微生物固定，参与腐殖质的形成；氮元素发生氨化与硝化反应，从有机态氮逐步转化为铵态氮、硝态氮等无机态氮，更易于被植物吸收利用；磷元素也在微生物和化学反应的作用下，从难溶性的有机磷转化为可溶性的无机磷，提高了磷的有效性。

能量释放与转化：微生物分解有机物质的过程伴随着能量的释放，这些能量一部分以热能的形式散发，使堆体温度升高，另一部分则被微生物用于自身的生长、繁殖和代谢活动。堆肥温度的变化反映了微生物活性和化学反应的强度，在升温期和高温期，微生物代谢旺盛，能量释放量大，堆体温度迅速上升；进入降温期，微生物活性减弱，能量释放减少，堆体温度逐渐降低。

5.1.3　堆肥的优势

相较于传统化学肥料，堆肥的产物富含有机质，重金属等物质较少，产物中没有其他化学成分，避免了某些重金属或化学物质对土壤环境的危害，同时堆肥产物由于富含腐殖质，腐殖质疏松多孔，蕴含大量营养物质，为土壤中各类微生物和生物提供了良好的生存环境，同时堆肥产物还可以维持土壤的 pH 和含水率，从而维持土壤成分和肥力的稳定性。

相较于生物质废弃物直接还田，堆肥产物已经过分解，蕴含大量小分子有机质。相较于未堆肥发酵的原料，堆肥发酵的原料更容易被植物利用，且由于其已经经过了发酵这一过程，避免了生物质废弃物直接还田后，在田地里发酵造成的 pH 上升、土壤含氧量降低、含水量波动等问题，从而防止了土壤理化性质的改变。此外，在好氧堆肥中，原料中的病原体微生物和杂草种子等在受到高温、微生物拮抗、副产物毒性等联合作用下，丰度降低，降低了作物生病的风险。环境中的竞争者也减少，能够降低农药和除草剂的用量，提升土壤中的生物多样性。

堆肥在生产上也具有较大优势，相较于其他方式生产的有机肥，堆肥能够处理大量的生物质废弃物，可使用的原料多，产出的肥料理化性质更加稳定。生物质堆肥还田具有以下优势：

（1）环保效益：堆肥能够有效减少有机废弃物对环境的压力，避免因填埋或焚烧带来的土壤、水源和空气污染。同时，堆肥过程中产生的温室气体排放量相对较低，有助于缓解气候变化。

（2）资源循环利用：将原本视为废弃物的生物质转化为有价值的肥料，实现了资源的循环利用，减少了对化学肥料的依赖，降低了农业生产成本。

（3）土壤改良：堆肥富含腐殖质，施用于土壤后可以改善土壤结构，增加土壤孔隙度，提高土壤的保水保肥能力，促进土壤微生物的生长和繁殖，从而提升土壤肥力，为农作物生长创造良好的土壤环境。

（4）促进农业可持续发展：使用堆肥有助于维持土壤生态平衡，减少化学肥料和农药的使用，降低对土壤和农产品的污染，保障农产品质量安全，推动农业的可持续发展。

5.2 生物质堆肥工艺

常见的堆肥工艺依据其对氧气的需求可以分为两种，好氧堆肥以及厌氧堆肥。如今，大部分正在应用的堆肥工艺主要以好氧堆肥为主，厌氧堆肥较少。因此本章节主要介绍好氧堆肥工艺以及近些年衍生出的超高温好氧堆肥工艺。

5.2.1 好氧堆肥

5.2.1.1 定义

好氧堆肥是指在通风、供氧、温度、含水率、pH、碳氮比、物料粒径等适宜条件下，将好氧微生物接种到原料中，利用好氧微生物的有氧呼吸等生命活动，有效地分解物料中的有机物质，从而提高堆肥产物的质量。好氧堆肥由于有好氧微生物的参与，堆肥过程中温度较高，能够有效地杀死病原微生物，产物符合无害化要求，是一种能够生产高质量有机肥的堆肥方式。

5.2.1.2 原理

好氧堆肥工艺的原理基于微生物在有氧环境下对生物质原料的分解转化，这一过程涉及微生物的作用、化学反应以及多个关键环节。

（1）微生物作用原理：好氧堆肥依赖好氧微生物来驱动整个过程。细菌在堆肥初期发挥重要作用，凭借其庞大数量优势，快速分解生物质原料中易降解的糖类、蛋白质和脂肪等物质。这些物质被分解为小分子化合物，为微生物的生长和代谢提供能量和基础物质。随着堆肥进行，真菌成为关键参与者。真菌拥有复杂且强大的酶系统，能够分解纤维素、木质素等复杂有机聚合物，这些物质结构稳定，普通微生物难以分解。真菌通过分泌特定的酶，将纤维素和木质素逐步降解为简单的糖类和其他小分子，使其能够被微生物进一步利用。放线菌则在维持堆肥环境健康稳定方面发挥关键作用。它能产生抗生素，抑制如病原菌、霉菌等有害微生物的滋生，为有益微生物创造良好的生长环境。同时，放线菌也参与有机物质的分解与转化，有助于提高堆肥产品的安全性和质量。

（2）化学反应原理：在好氧堆肥过程中，碳元素经历重要的化学变化。一部分碳元素通过微生物的呼吸作用被氧化为二氧化碳，释放到大气中，这是碳循环的重要环节。另一部分碳元素则被微生物固定，参与腐殖质的形成。腐殖质是一种复杂的有机大分子，富含多种养分，对改善土壤结构和肥力具有重要意义。氮元素同样发生一系列化学反应。有机态氮在微生物的作用下，首先通过氨化反应转化为铵态氮，接着在硝化细菌的作用下，铵态氮被氧化为硝态氮。这两种无机态氮更易被植物吸收利用，提高了氮素的有效性，满足植物生长对氮的需求。磷元素也在微生物和化学反应的共同作用下，从难溶性的有机磷转化为可溶性的无机磷。例如，磷酸酯类有机磷在磷酸酶的作用下水解为磷酸根离子，从而提高了磷的有效性，为植物生长提供必要的磷素养分。

5.2.1.3　工艺流程

好氧堆肥工艺根据堆肥过程中温度的不同分为三个过程，升温期、高温期和腐熟阶段。

（1）升温期：这是堆肥过程的初期，堆体温度较低，一般小于 45 ℃，这一阶段嗜温性微生物较为活跃，其会利用堆体中的有机物进行旺盛的生命活动。这些嗜温微生物主要为真菌、放线菌和一些其他细菌，主要分解原料中的糖类以及淀粉类。同时还有一些原生动物如线虫等也会存在于堆体中，这些原生动物能够摄取堆体中的有机物和一些细菌。

（2）高温期：当堆体温度升高到 45 ℃以上时，堆肥进入高温期，这一阶段是主要的分解阶段。大部分有机物在这一阶段被分解，此外一些在升温期难以降解的有机物如木质素、纤维素等在这一温度下被分解，腐殖质开始形成。这一阶段嗜热微生物的活性较大，嗜温微生物的生命活动受到抑制，堆肥中常见的嗜热微生物主要有厚壁菌门（firmicutes）、拟杆菌门（bacteroidetes）、变形菌门（proteobacteria）、放线菌门（actinobacteria）等。这些微生物能够将堆肥中的可溶性有机物分解，此外还可以将木质素、纤维素这些难降解的有机物降解。此外这一阶段随着温度的提升，也能够杀死一些病原体，以满足无害化需求。

（3）腐熟阶段：当堆体中的可被微生物利用的有机物逐渐消耗殆尽时，微生物活性降低，发热量减少，堆体温度下降，嗜温微生物逐渐占据优势地位，对堆体内残留的有机物进一步分解，堆体中腐殖质含量逐渐提高，堆肥进入腐熟阶段。

5.2.1.4 好氧堆肥的优点

好氧堆肥作为一种常见的堆肥方式，在生物质处理和资源利用方面具有显著优势。

（1）处理效率高：好氧堆肥过程中，好氧微生物在充足氧气的环境下代谢活跃，能够快速分解生物质原料中的有机物质。在升温期，微生物迅速繁殖，快速分解易降解的糖类、蛋白质和脂肪等物质，为堆肥快速启动提供能量和小分子物质基础；进入高温期，嗜热微生物成为优势菌群，能够高效分解纤维素、木质素等复杂有机聚合物，加速有机物质的分解转化，整个堆肥周期相对较短，一般在 10~20 d，相比厌氧堆肥的 20~60 d，大大提高了处理效率。

（2）产品质量优：好氧堆肥产品质量稳定且优质。堆肥过程中，通过精准控制通风、温度等条件，能够有效促进腐殖质的形成。腐殖质富含多种养分，如氮、磷、钾以及微量元素，能为土壤提供丰富且持久的肥力。同时，腐殖质具有良好的胶体特性，能够改善土壤团聚体结构，增加土壤孔隙度，提高土壤的通气性、透水性和保水保肥能力，为农作物生长创造良好的土壤环境。而且，高温期 50~70 ℃的温度能够有效杀灭病原菌、虫卵和杂草种子等有害生物，保障了堆肥产品的安全性，可直接用于土壤改良和施肥。

（3）环保效益显著：好氧堆肥在环保方面表现出色。通风系统不仅为微生物提供充足氧气，还能有效带走堆体产生的热量，防止温度过高对微生物造成伤害，同时排出堆肥过程中产生的氨气、硫化氢等有害气体，减少对环境的污染。与传统农业废弃物处理方式，如露天焚烧、随意丢弃或简单填埋相比，好氧堆肥实现了废弃物的减量化、无害化和资源化，避免了空气污染、土壤结构破坏和水体富营养化等环境问题，有利于生态环境保护。

（4）适应性强：好氧堆肥工艺具有广泛的适应性。在原料方面，能够处理多种生物质原料，如农作物秸秆、畜禽粪便、厨余垃圾等，可根据不同原料的特性进行合理搭配和工艺调整。在规模方面，具有多种堆体构建方式以适应不同生产规模。条垛式堆肥操作简单、成本低，适合小规模生产；槽式堆肥便于机械化操作和通风控制，适用于中型规模生产；反应器式堆肥能够精确控制各项条件，常用于大规模工业化生产，满足不同用户和产业的需求。

5.2.1.5 好氧堆肥的缺点

好氧堆肥在近些年的应用中，逐渐出现许多问题，例如对于难降解有机物降解效率低，堆肥过程中高温期时间短，对抗性基因的分解能力不足，难以处理重金属等，这使得传统好氧堆肥的产物应用于环境中时，可能会对环境造成不良影响。因此，为了解决这些问题，减少堆肥，近些年出现了生物炭混合堆肥、超高温好氧堆肥等新技术。

5.2.2　超高温堆肥

5.2.2.1　定义

传统好氧堆肥在运行过程中，存在些许问题，如堆肥耗时时间长、堆肥占地面积大、堆肥过程中需要控制堆体温度、堆肥效果不满意等问题。因此，需要研究出一种新的堆肥工艺来解决这些问题。研究人员在堆肥领域进行了许多创新和改进。发现超高温堆肥较为理想。超高温堆肥是近十几年出现的一种新兴堆肥技术，其是在传统好氧堆肥基础上，在一定控制条件下，接种自然中存在的或者人工改造过后的嗜高温微生物，利用其耐高温特性以及好氧呼吸特性，实现堆肥的成熟以及无害化。传统的好氧堆肥一般在 50~70 ℃的温度范围内进行，而超高温堆肥则通过引入特定的菌剂来提高堆体的温度。这些菌剂可以是自然存在的微生物，也可以是经人工培育后的微生物。这些微生物具有较高的耐热性和分解能力，能够在较高温度下有效地分解有机质。

5.2.2.2　工艺流程

超高温堆肥工艺流程与好氧堆肥大致相同，也是分为预处理，一次发酵，后处理三个过程。首先为预处理，需要准备好堆肥原料，包括各类有机废弃物和堆肥添加剂。有机废弃物可以包括农作物秸秆、畜禽粪便、厨余垃圾等，而堆肥添加剂则包括菌剂、调节剂等。其次，将堆料按照一定的比例和层次进行堆放，确保通风良好并且易于管理。接下来是一次发酵，在构建堆体的过程中，需要适当加入特定的微生物菌剂或添加剂，这些菌剂能够在堆体内部促进高温发酵的产生。堆体内部的通风非常重要，可以通过在堆料中设立通气管道或者定期翻堆来保证空气的流通，促进微生物的正常活动。适当的湿度对于微生物的生长和分解作用非常重要，因此需要对堆体的湿度进行监测和调节，确保湿度在适宜的范围内。所以，温湿度控制和调节也非常重要。利用温度计等工具对堆体内部的温度进行监测，确保温度能够持续升高到较高水平。通常超高温堆肥的温度可达 60 ℃以上，甚至可达到 70 ℃或更高。在堆体达到预期的高温后，需要控制一定的时间进行发酵，在此期间微生物可以充分分解有机物。最后，经过一段时间的发酵，堆体内的有机物质将转化为成熟的堆肥，可以进行杀菌处理后投入使用。

超高温堆肥与好氧堆肥的工艺不同体现在这两种工艺引入菌种以及部分工艺流程的技术不同。例如，超高温堆肥在预处理阶段，会采用油浴加热预处理，不接种菌剂，之后进行传统堆肥，传统的好氧堆肥则不会使用油浴加热；或者超高温堆肥采用传统的预处理，接种菌剂时接种极端嗜热微生物菌剂，之后进行堆肥，而传统的好氧堆肥技术，接种菌剂时则是使用嗜温微生物菌剂。超高温堆肥工艺流程引入微生物的不同方式如图 5.1 所示，由于引入方法各有不同，对堆肥各个进程也有不同的影响，三种方法差异性较大。

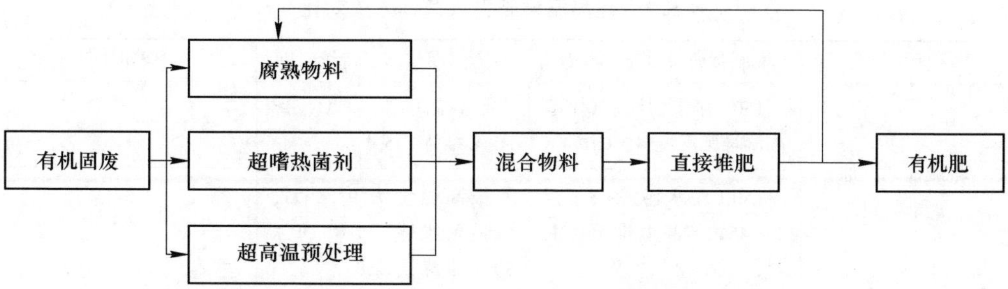

图 5.1 超高温堆肥工艺流程引入微生物的不同方式

(1) 引入超高温堆肥产出的腐殖质。堆肥预处理后，在原料中加入已经过超高温堆肥成熟的腐殖质，由于腐殖质自身具有疏松多孔的特性，且富含有机质，为嗜高温微生物的生长提供了良好的生长环境，促进了微生物的生长发育，从而加快原料中有机质的分解，进而缩短了堆肥时间。这种方法不改变主要功能菌，成本较为低廉。

(2) 堆体加入极端嗜热微生物菌剂。堆肥预处理后，在原料中加入由极端嗜热微生物制成的微生物菌剂，这种方法较为简单，可以提前进行菌剂调配，需要引入对应的菌种，以达到较好的堆肥效果。但现阶段极端嗜热微生物菌剂种类有限，制备和储存步骤较为复杂、烦琐。此外，如果菌剂选择环节选用不当，可能无法达到理想的结果。目前在超高温堆肥领域，对菌剂选择研究较少，不同菌剂对堆肥效果的影响还无法完全确定，因此该种方法在超高温堆肥上应用的可行性还需后续实验验证。

(3) 超高温预处理。超高温预处理是在预处理阶段，采用高温油浴等方式，对原料进行处理，由于极端嗜热微生物对高温具有抗性，能够存活，而其他没有抗性的微生物会因为高温而死亡，通过这种方法对微生物进行筛选，最终留下极端嗜热微生物。这种方法是三种方法中唯一需要能量输入的微生物。这种方法由于在预处理阶段，杀死了不耐高温的微生物，生物多样性较低。此外由于极端嗜热微生物在温度低于 60 ℃时，会处于休眠状态，在堆肥初期启动缓慢，微生物数量和种类较少，对生物质利用能力差，堆肥时间在三种引入菌种的方法中是最长的。

三种方法总体对比如表 5.1 所示。

5.2.2.3 超高温堆肥的工艺参数

超高温堆肥的工艺参数与传统堆肥一致，但相较于传统堆肥，其各项参数具有独特性，因此有必要进行一定的对比。

A 温度

对于堆肥来说，温度是一个重要因素，它可以通过影响微生物活性，从而影

表 5.1　超高温堆肥引入菌种方式对比

引种方式	堆肥基质及其基本参数	最高温度与高温持续时间	腐熟时间
堆肥前期添加腐熟物料	150 t 城市污泥+50 t 超高温堆肥反混料，C/N=8	最高温度为 89 ℃，≥80 ℃维持了 5 d	25 d
	150 t 脱水污泥+5 t 稻壳+45 t 超高温堆肥反混料，C/N=8	最高温度为 93.4 ℃，≥80 ℃维持了 9 d，50～80 ℃维持了 12 d	24 d
堆肥前期直接添加超嗜热菌剂	鸡粪质量+稻壳质量=20 t，1%超嗜热菌液，C/N=8	最高温度为 82.6 ℃，≥80 ℃维持了 7 d	试验总时间 44 d
	脱水污泥，0.5%超嗜热菌液，最佳 C/N=10	最高温度为 93 ℃	试验总时间 50 d
	黄瓜秧：玉米秸秆：小麦秸秆：鸡粪= 1：0.45：0.55：0.3（干重），3% VT 菌剂	最高温度为 73 ℃	7 d
堆肥前期进行高温预处理	300 kg 新鲜鸡粪+ 30 kg 切碎的稻秸，C/N≥15	最高温度为 68.4 ℃，≥50 ℃维持了 12 d	42 d（85 ℃油浴预处理 4 h）
	猪粪+稻壳= 200 kg，C/N=25	最高温度接近 71 ℃；≥60 ℃维持了 18 d	90 ℃油浴预处理 4 h，试验总时间 60 d

响原料中有机质的分解，可以直接反映堆肥的进程。图 5.2 为超高温堆肥与传统堆肥的温度曲线变化，在堆肥过程中，超高温堆肥与传统堆肥总体趋势大致相同，均为初期温度升高，后期温度降低。但超高温堆肥在升温期温度明显高于传统堆肥，升温速率也明显高于传统堆肥的升温速率，超高温堆肥的最高温度可达 70～80 ℃，而传统的高温堆肥仅可达到 50～60 ℃，超高温堆肥比传统堆肥最高温度平均高 20 ℃左右，这是由于，在超高温堆肥堆体中引入/残留有极端嗜热微生物，堆肥过程中，这类微生物替代嗜热菌成为优势菌种，从而使得堆体温度可达 70～80 ℃。而传统堆肥中的嗜热菌在堆体温度超过 60 ℃时，大部分会因温度变化失活或者休眠，导致堆体温度难以提升。超高温堆肥在高温期也可持续较长时间，研究表明，超高温堆肥能够维持堆体温度大于 60 ℃十几天，而传统的好氧堆肥，仅可维持几天，可以显著地满足产品无害化需求。堆肥进入降温期后，两种工艺均会出现温度下降，这是由于堆肥原料中那些微生物容易利用的有机质被大量消耗，而那些难利用的有机质则需要能量去分解，因而微生物生长发育速度放缓，但超高温堆肥在这种情况下，温度依旧显著高于传统的好氧堆肥。

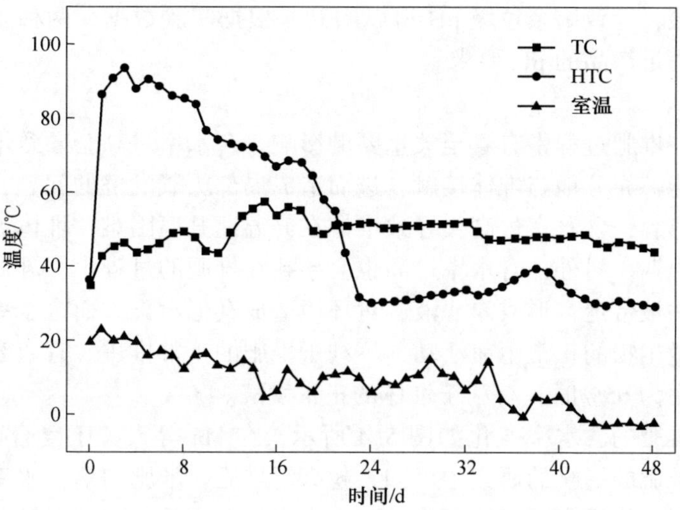

图 5.2 传统堆肥（TC）与超高温堆肥（HTC）温度变化对比

B pH

在堆肥过程中，pH 可以影响微生物的生长繁殖，从而影响堆肥的效果，因此作为一个评价堆肥效果的指标。对于好氧堆肥以及超高温堆肥，以厨余垃圾为原料，二者的 pH 随发酵时间的变化如图 5.3 所示，均为先升高，后续稳定的趋势。堆肥初期，两种工艺的 pH 较低，主要原因与原料选择有关，厨余垃圾自身 pH 较低，在不控制的环境中，极易发生厌氧消化产生酸。堆肥过程中，两种工艺的 pH 均回升，这是由于在有氧环境下，微生物进行好氧呼吸，分解有机质以

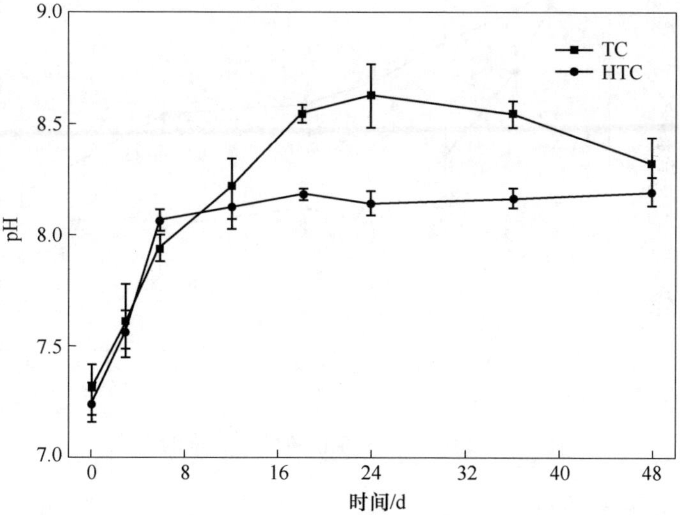

图 5.3 传统堆肥（TC）与超高温堆肥（HTC）pH 变化对比

及部分有机酸，导致厨余垃圾 pH 得以回升。根据实验数据，两种工艺在堆肥完成时，均可满足产品的 pH 要求。

C　含水率

含水率在堆肥过程中有着至关重要的影响，含水率过高会导致堆体中孔隙降低，氧气不能够充分地与堆体接触，进而造成局部厌氧发酵的问题；且由于水具有较大的比热容，含水率过高会导致堆体在升温期升温困难，堆体温度无法快速提高达到高温期。另外，含水率过高也会导致在堆肥的过程中，堆体中的一部分水溶性有机物被带走，形成渗滤液，对环境造成其他污染。而含水率过低，则会影响堆体中微生物的正常生命活动，不利于堆肥的正常推进。有研究表明，堆体的初始含水率为 65%时，有利于堆体的正常发酵。

超高温堆肥的含水率变化如图 5.4 所示，在 Ma 等人关于复合菌剂对牛粪-秸秆超高温堆肥的影响的研究中可知，超高温堆肥在堆肥初期含水率变化与传统好氧堆肥近似，均没有明显地下降，而进入高温期之后，超高温堆肥由于其微生物大量分解有机质散发出大量热量，堆体温度较高，水分蒸发散失现象相较于传统好氧堆肥更为明显，而当堆肥进行了一段时间后，随着有机物质含量的减少，堆体温度缓慢下降，含水率降低速度减缓，当堆肥结束后，含水率几乎不再变化。超高温堆肥由于堆体温度较高，具有较长的高温期，含水率下降相较于传统好氧堆肥更加明显，在传统堆肥含水率下降趋势放缓时，还会继续下降。在堆肥结束后，堆体含水率较传统好氧堆肥低 10%左右。

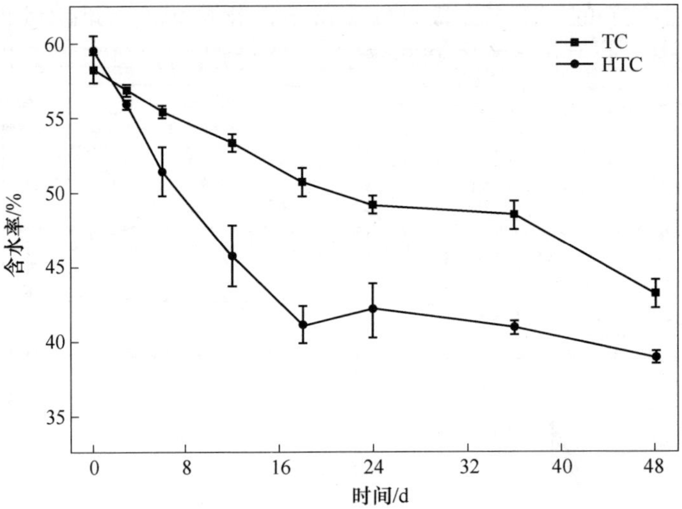

图 5.4　超高温堆肥期间堆体含水率的变化

D　微生物群落结构

极端嗜热菌在堆体中充当着促进剂的作用，可以有效地促进堆体中的生物质废物的矿化和腐殖化，并释放出热能。近些年，许多研究人员致力于研究超高温菌剂，许多菌剂已问世数年。YM 菌属芽孢杆菌已经在大型超高温好氧堆肥场中用于污水污泥处理，已被应用于大型超高温好氧堆肥场处理各类生物质废弃物。此外还有许多种超高温菌剂已经应用于各类生物质废弃物堆肥处理中。

在超高温堆肥中，其微生物群落相较于传统的高温好氧堆肥截然不同，近些年，研究人员利用现代微生物学技术对超高温堆肥中的微生物群落及其结构进行了深入研究，期望以此来研究超高温堆肥的机理。结果显示超高温堆肥的微生物菌落中，相较于传统堆肥多样性较低，微生物群落组成单一。传统高温好氧堆肥中，优势地位的微生物主要属于厚壁菌门（firmicutes）、拟杆菌门（bacteroidetes）、变形菌门（proteobacteria）、放线菌门（actinobacteria）等，而属水平上主要以 *bacillus*、*actinomyces* 等中等嗜热细菌为主。在超高温堆肥中，近几年通过研究发现，占据优势的微生物主要属于奇异球菌-栖热菌门（deinococcus-thermus）厚壁菌门（firmicutes）放线菌门（actinobacteria）等，属水平上主要以 thermus、planifilum 等为主。其中 thermus 为优势种群，其最适生长温度超过 70 ℃，能够产生大量耐高温的水解酶和过氧化氢酶，促进堆体中多种有机物的降解。虽然已有研究分离出大量极端嗜热微生物，并对其性质进行了一定的研究，但是，对于超高温堆肥体系下的多种极端嗜热微生物如何协同促进堆体升温和有机物降解，推动堆肥腐殖化进程的机制还尚未研究。

5.2.2.4 超高温好氧堆肥的优点

A 超高温堆肥对难降解有机物的分解作用

传统堆肥法在应用过程中，存在堆肥时间长，堆肥质量低等问题，为了缩短堆肥时间，提高堆肥效率和堆肥质量，如何降解木质素等难降解物质成为堆肥的一个关键问题。已有研究表明超高温堆肥的多个指标能够满足堆体对难降解有机物的处理能力，且可能会有较好效果。研究表明，木质素的分解主要在堆肥高温期，温度的升高可以促进木质素的降解。

B 超高温堆肥氮素损失减少机制

氮素作为重要的营养元素，其直接影响着堆肥效果和微生物的新陈代谢，氮素损失是堆肥过程中不可避免的现象，传统堆肥过程中氮素损失通常为 16%~76%，不但对生态环境造成不良影响，也不利于产出高质量的堆肥产品。

如图 5.5 所示，在传统堆肥过程中，通常有一部分氮会在高温期被转化为氨，以该种形式散失掉，另外，部分转化的氨会发生氨氧化物反应，产生氮氧化物（NO_x），从而以该种形式损失掉。有研究表明，在超高温堆肥过程中，由于堆体温度较高，会使脲酶和蛋白酶失活，减缓氮的排放过程，从而使得氮的保留率提高了 16%。也有研究表明，超高温堆肥能够有效地减少氮损失，氨氮化作用主要发生在 40 ℃以下，超高温堆肥过程中的持续性高温抑制了前期的氨氧化过程，通过限制底物数量，从而抑制反硝化过程，减少氮氧化物的产出。此外，超高温堆肥还通过限制相关基因的表达减少氮损失，Cui 等人通过对超高温堆肥中与氮代谢相关基因的研究结果表明，超高温堆肥过程中氨单加氧酶亚基 A 基因（amoA）和一氧化二氮还原酶基因（norB）这两种参与硝化和反硝化过程的基因显著低于传统堆肥。此外，在超高温堆肥过程中，由于堆体温度较高，能够加速蛋白质的降解过程，使得蛋白质物质具有较高的降解率。这些均说明，超高温堆肥在减少氮损失方面具有明显的优势，具有较好的应用潜力。

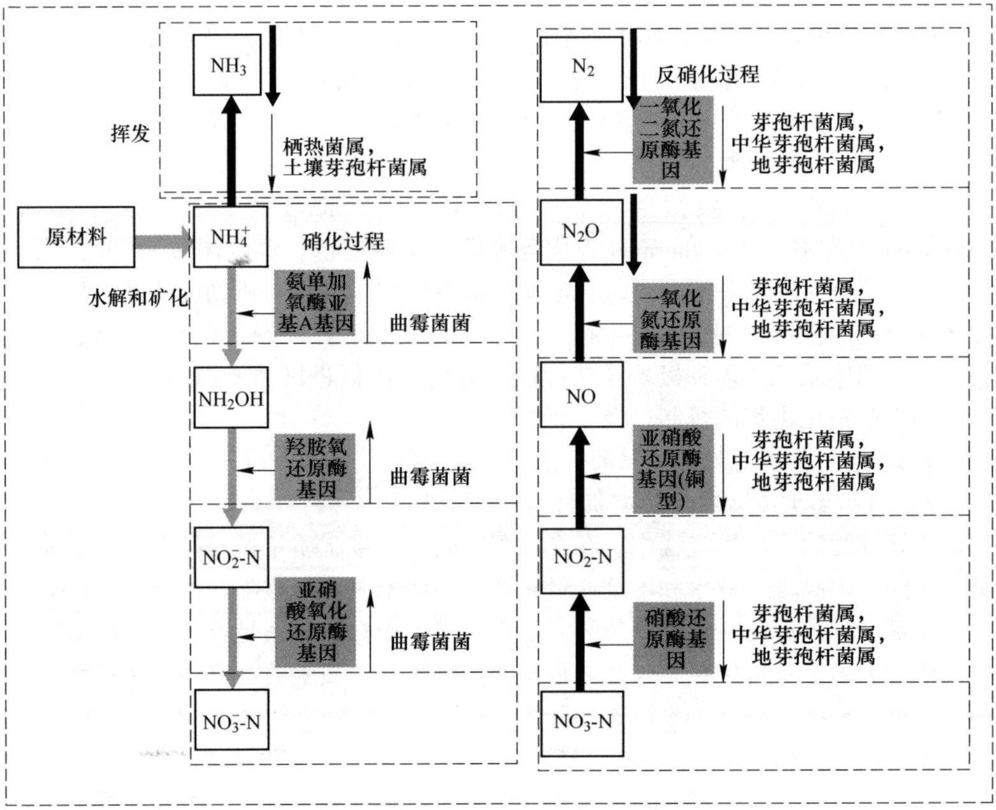

图 5.5　超高温堆肥减少氮素损失机制

C　超高温堆肥对微塑料的处理

近年来，微塑料（MPs）已经成为人体健康领域一个重点关注的问题，如何处理微塑料在环境领域已成为一个新的热点。对于堆肥而言，实验研究表明，采用传统好氧堆肥在 40 ℃下对 MPs 的降解不显著，仅可降解 1.1%，而采用超高温堆肥在 70 ℃下，降解效率是传统好氧堆肥的 6.6 倍。由此可见，超高温堆肥微生物对 PS（塑料颗粒）具有很强的降解能力，对污泥中的 MPs 具有良好的降解作用。进一步分析可以发现，超高温堆肥中，—C—O—以及—C ═O—官能团的丰度明显高于 CTC，而这部分官能团有助于降低塑料的疏水性，从而帮助微生物降解微塑料，如图 5.6 所示。

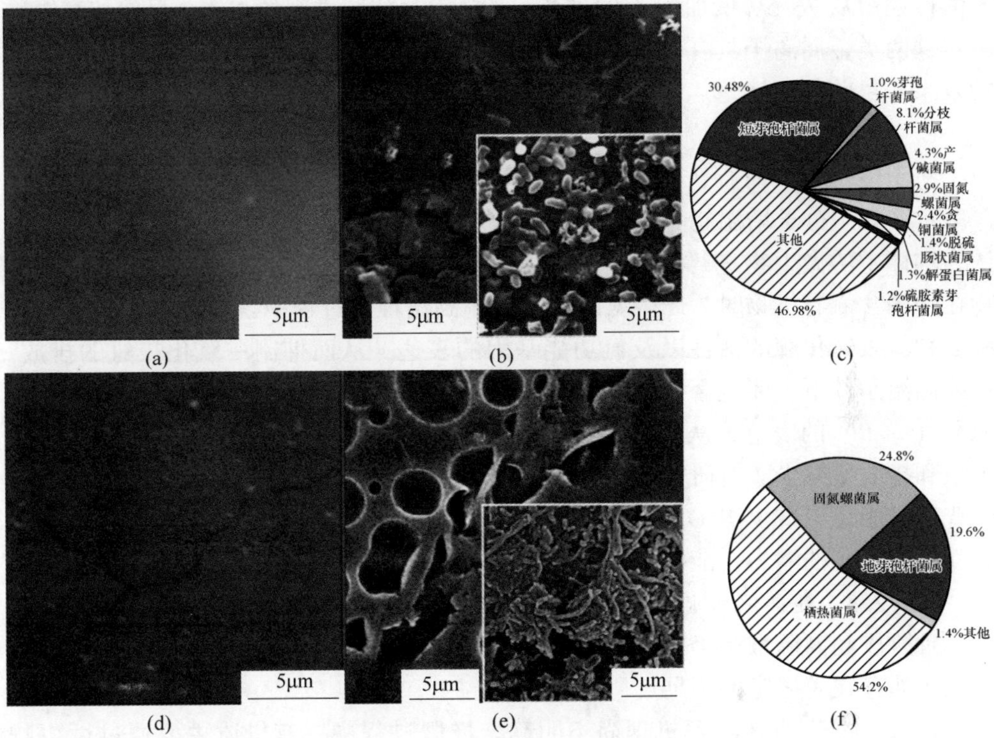

图 5.6 超高温堆肥对微塑料的降解

(a) 40 ℃，未接种；(b) 40 ℃，cTC，接种；(c) 40 ℃，微生物群落；
(d) 70 ℃，未接种；(e) 70 ℃，hTC，接种；(f) 70 ℃，微生物群落
cTC—传统嗜热堆肥；hTC—超高温堆肥技术

温度也是一个重要因素，根据实验研究，PS（塑料颗粒）的热裂解温度大于 70 ℃，HTC（超高温堆肥）堆体温度较高，因此可以较为容易地让 PS 热解，而传统堆肥堆体温度较低，所以 PS-MPs 很难热解。此外，研究也表明，超高温堆肥中的微生物，可以在 PS-MPs 热解后，利用其产物，这也是超高温堆肥相较于传统堆肥对 PS-MPs 有较好降解作用的一大原因。

D 超高温堆肥对重金属的钝化

生物质废弃物，特别是粪便等废弃物中含有大量的重金属，若不进行处理，直接还田会对土壤环境造成不良影响，严重时甚至造成土壤板结等问题，此外重金属也会在食物链中积累，最终对人体健康造成不良影响。研究表明，超高温堆肥能够有效地处理重金属。对 Cu^{2+} 离子的研究表明，超高温堆肥产生的腐殖酸具

有较高的腐殖化程度，富含大量的羧基和酚类，能够较快地与 Cu^{2+} 发生结合反应，对 Cu^{2+} 的络合能力显著高于传统堆肥；对 Pb^{2+} 离子的研究表明，在接种了 Thermus thermophilus FAFU013 的超高温堆肥工艺中，进行 40 天的堆肥后，Pb 的不溶性残留从 76.5%增加到了 92.5%，其效率是传统堆肥的 3 倍。虽然超高温堆肥对这两类金属离子具有较好的处理效果，但是对于其他金属离子是否有如此好的效果，目前尚不清楚。

E　温室气体减排机制

对于传统堆肥而言，温室气体排放是一个严重的问题，尤其是一氧化二氮（N_2O），其单分子增温趋势是二氧化碳（CO_2）的 298 倍。在传统堆肥中，一般认为堆体中的微生物进行的脱氮过程是堆肥系统中 N_2O 排放的主要来源，微生物在降解含氮有机物时，产生氨态氮。在超高温堆肥过程中，超高温堆肥能够抑制多种氮素转化酶的活性以及氮功能基因的表达，从而抑制一氧化二氮的排放。在超高温条件下，能显著抑制氨单加氧酶亚基 A 基因（*amoA*）和一氧化二氮还原酶（*norB*）的表达，从而抑制微生物的硝化反硝化过程，进而导致 N_2O 的产生量和排放量减少，有研究表明，以鸡粪与谷壳作为堆肥原料，超高温堆肥相较于普通堆肥可以减少 N_2O 排放量 90%以上。因此，超高温堆肥在温室气体减排方面具有较高的潜力，能够满足当今政策的要求。

5.2.2.5　超高温堆肥存在的问题

现阶段超高温堆肥仍处于探索阶段，虽然在已有的研究中展现出许多优点，但是仍然存在着一定的不足。

（1）部分有机物降解机理尚不明确。堆肥过程中，有机质主要通过微生物的氮代谢和碳代谢两个过程从而降解。超高温堆肥在目前的研究中，尚未对碳代谢的整个过程进行全面的系统性的阐述，而是仅在不同文献中进行分开阐述。此外部分有机物的碳代谢与微生物生命活动之间的关系尚不明确。

（2）研究选用原料种类单一。现阶段，在超高温堆肥原料引入研究中，原料种类单一，仅选取了一些较为常见的生物质废弃物作为堆肥原料进行研究，部分方法（如反混法）仅选用了城市污泥作为原料进行研究。不同生物质废弃物之间碳氮比、含水率、pH 等参数均不同，虽然有研究已对超高温堆肥的参数进行了一定的探讨，但是样本量较少，未考虑其他生物质废弃物，也未对不同参数之间的交互作用进行研究。此外，类比传统堆肥出现的不同初始参数不同堆肥结果，超高温堆肥也可能存在类似情况，还需研究对此进行分析。

（3）可利用的菌剂种类较少。虽然通过现代微生物学技术研究出大量不同的极端嗜热菌菌剂，但是对这些菌剂的研究较少，这些菌剂在堆肥过程中的降解机理尚未研究清楚，处理不同类型原料时处理效果也没有系统性的分析，能够直接商用化的菌剂可选种类较少，此外部分菌剂引入方法如超高温预处理，会导致堆肥启动困难，最终效果不理想等问题。

（4）超高温堆肥需要额外供能。超高温堆肥由于其需要维持较高的堆体温度以满足极端噬热微生物的生命活动，堆肥过程中微生物的需氧量很大，因此需要较高的曝气量，故需要安装较多的曝气设备，这会增加设备以及能源的开支。传统堆肥通过选用一些孔隙度大的添加剂，从而减少堆体对曝气量的需求。超高温堆肥也可从这一角度进行研究，从而减少设备曝气量。

（5）部分重金属钝化效果不明。现阶段研究中，除了 Cu^{2+} 和 Pb^{2+}，对于其他重金属离子在超高温堆肥过程中的钝化效果尚不明确。生物质废弃物中，除了 Cu^{2+} 和 Pb^{2+}，还有多种不同的重金属离子，如 Cr、Cd、Zn 等。这些重金属离子在生物质废弃物，尤其是粪便中广泛存在，但在超高温堆肥论文中对这些重金属钝化效果的研究较少，是否具有良好的处理效果，还不明确。此外仅探讨了化学络合以及微生物作用两个方面对重金属的钝化作用，对传统的物理吸附钝化等作用，还没有系统性的研究。

5.2.3 厌氧堆肥

5.2.3.1 定义

厌氧堆肥是一种在无氧或微氧环境下，借助厌氧微生物的生命活动，将生物质中的有机物质进行生物转化的过程。通过这一过程，有机废弃物被转化为富含腐殖质的稳定堆肥产品，同时还会产生沼气等可利用资源。

5.2.3.2 原理

厌氧堆肥主要依靠厌氧微生物的代谢活动来实现有机物质的分解与转化，其过程较为复杂，通常可分为以下四个阶段：

（1）水解阶段：厌氧微生物首先分泌胞外酶，如纤维素酶、蛋白酶、脂肪酶等，将大分子的有机物，像纤维素、蛋白质、脂肪等，分解为小分子的糖类、氨基酸、脂肪酸等。这些小分子物质能够溶于水，更便于后续微生物的吸收利用。

（2）酸化阶段：水解产物被发酵细菌进一步转化为挥发性脂肪酸（如乙酸、丙酸、丁酸等）、醇类（如乙醇、甲醇等）、二氧化碳、氢气等。此阶段发酵细菌利用水解产物进行发酵代谢，产生大量的有机酸，使得堆肥体系的 pH 降低，这也是酸化阶段得名的原因。

（3）产乙酸阶段：产乙酸菌将酸化阶段产生的挥发性脂肪酸、醇类等物质转化为乙酸、氢气和二氧化碳。乙酸是产甲烷阶段的重要底物，它的生成对于沼气的产生至关重要。

（4）产甲烷阶段：产甲烷菌将乙酸、氢气和二氧化碳等转化为甲烷和二氧化碳，这是厌氧堆肥产生沼气的主要阶段。产甲烷菌对环境条件较为敏感，如温度、pH、氧化还原电位等，适宜的环境条件才能保证其正常的代谢活动，从而高效产生沼气。

5.2.3.3　工艺流程

（1）原料收集与预处理：收集各类生物质原料，如畜禽粪便、农作物秸秆、厨余垃圾等。对原料进行预处理，包括粉碎、混合，调节原料的水分、碳氮比和酸碱度等。合适的水分含量一般在60%~80%，碳氮比控制在20∶1~30∶1，pH维持在6.5~7.5，以满足厌氧微生物的生长需求。

（2）厌氧发酵装置装填：将预处理后的原料装入厌氧发酵装置，如沼气池、厌氧发酵罐等。装填时要注意排除空气，营造无氧环境，可采用水封、密封盖等方式。

（3）发酵过程控制：在发酵过程中，需要对温度、pH、搅拌等参数进行控制。中温发酵的温度一般控制在30~35 ℃，高温发酵则控制在50~55 ℃。定期检测pH，若pH过低，可添加碱性物质（如石灰）进行调节。适当的搅拌能够使原料与微生物充分接触，提高发酵效率，但搅拌频率不宜过高，以免破坏厌氧微生物的生长环境。

（4）产物分离与利用：发酵结束后，对产物进行分离，得到沼渣和沼液。沼渣富含腐殖质和养分，可作为优质的有机肥料；沼液含有大量的可溶性养分，可用于灌溉施肥。产生的沼气经过净化处理后，可作为清洁能源用于炊事、发电、供热等。

5.2.3.4　优点

（1）能源回收：厌氧堆肥能够产生沼气，沼气主要成分是甲烷，是一种清洁能源，可用于炊事、发电、供热等，实现了生物质能源的有效回收利用，减少对传统化石能源的依赖。

（2）减少污染：相较于好氧堆肥，厌氧堆肥在无氧条件下进行，产生的氨气、硫化氢等有害气体较少，对大气污染较小。同时，通过厌氧发酵，有机废弃物中的病原菌、虫卵等在一定程度上被灭活，降低了对环境和人体健康的危害。

（3）肥料质量高：厌氧堆肥产生的沼渣和沼液富含氮、磷、钾等养分以及有机质，是优质的有机肥料。沼渣的腐殖质含量高，能够改善土壤结构，提高土壤肥力；沼液中的养分易被植物吸收，可作为速效肥料使用。

5.2.3.5　缺点

（1）堆肥周期长：厌氧微生物的代谢活动相对缓慢，导致厌氧堆肥的周期较长，一般需要20~60 d，甚至更长时间，这限制了其处理效率和生产规模。

（2）对环境条件要求严格：厌氧堆肥过程对温度、pH、氧化还原电位等环境条件要求较为苛刻。温度过高或过低、pH不适宜、氧化还原电位异常等，都会影响厌氧微生物的活性，进而影响堆肥效果和沼气产量。

(3) 设备投资大：为了营造无氧环境并实现对发酵过程的精准控制，厌氧堆肥需要专门的设备，如沼气池、厌氧发酵罐等，以及配套的搅拌、加热、气体收集与净化等设备，设备投资成本较高，后期的运行维护费用也较大，这对于一些小型农户或企业来说，经济压力较大。

(4) 沼渣沼液处理难度大：虽然沼渣和沼液是优质肥料，但是如果处理不当，容易造成二次污染。例如，沼液直接排放可能导致水体富营养化；沼渣的堆放也可能占用土地并产生异味。因此，需要对沼渣沼液进行妥善处理和合理利用。

5.3 堆肥的影响因素

5.3.1 堆肥原料

5.3.1.1 堆肥原料种类

生物质废弃物种类多种多样，绝大部分都可以选取作为堆肥原料。堆肥原料选取的不同，会显著地影响堆肥的效果，常见的堆肥原料如下：

(1) 粪便。随着现代畜牧业的发展，养殖场规模和数量逐渐增加，粪便体量也随之增加，养殖户仅靠个人难以处理。这些废弃物含水率高，体量大，具有恶臭味，内部成分也较为复杂，有的粪便含有大量的重金属、微塑料等物质，直接还田，会导致土壤环境受到破坏，土壤稳定性下降。因而需要对这些废弃物进行处理。粪便内含大量的有机质，C/N 比较低，比较适合作为堆肥的原料，但是部分粪便含水率高，需要对其进行预处理，以便其含水率不会影响堆肥正常进行。此外当粪便作为堆肥原料时，需要注意其内部含有的重金属元素，如果大量使用粪便堆肥，需要采取一定措施防止重金属积累对环境造成不良影响。

(2) 农林废物。农林废物是指在农、林、牧、渔等相关产业生产的植物秸秆、畜禽粪便等，这些物质含有多种营养元素，是很好的堆肥原料，目前我国农业产业规模巨大，各类农林废物不仅体量大种类也多，是一笔宝贵的财富。

(3) 污泥。污泥是指城市污水处理厂以及一些工业废水处理过程中产生的污泥，这些污泥含有大量的有机物，此外富含氮、磷等物质，可以充当良好的堆肥原料。但污泥中一般重金属浓度较高，特别是工业废水产生的污泥，其重金属含量更高。在应用前需要对污泥进行一定的调理，通过添加添加剂等物质，在一定程度上可以避免后续产品因重金属含量过高对土壤的污染。

(4) 城市垃圾。城市垃圾是指城市居民在日常生活、日常生产中产生的各种废弃物，包括厨余垃圾、废纸、废布、废旧塑料制品等。堆肥上可以应用的是城市垃圾中的有机物质，应用时需要先通过分选等手段去除其中不可堆腐物质后，才可以进行堆肥。

5.3.1.2　原料特性的影响

（1）不同生物质原料成分差异的影响：各类生物质原料因其来源和性质的不同，在堆肥过程中发挥着各异的作用。秸秆富含纤维素和木质素，结构复杂，分解难度较大，这使得堆肥周期相对延长。不过，其丰富的碳源为微生物提供了充足的能量物质，有利于堆肥后期腐殖质的形成，对提升土壤肥力和改善土壤结构有显著作用。畜禽粪便则含有较高的氮、磷、钾等养分，分解速度较快，能够为微生物的生长繁殖提供丰富的氮源和磷源，加快堆肥进程。但由于其氮含量较高，如果单独堆肥，容易导致氮素以氨气的形式挥发，造成环境污染和养分损失。厨余垃圾含水量高，有机物含量丰富，且多为易降解物质，这使得堆肥初期微生物能够迅速繁殖，快速启动堆肥过程。然而，高含水量和易腐败的特点也容易导致堆肥过程中产生异味和有害微生物滋生。因此，在实际堆肥中，通常将不同原料进行合理搭配，取长补短，以实现最佳堆肥效果。

（2）物理化学性质对堆肥进程的作用：原料的颗粒大小直接影响微生物与原料的接触面积。较小的颗粒能够增加微生物与原料的接触点，使微生物更易于分解原料中的有机物质，从而加快堆肥速度。例如，将秸秆粉碎至合适的粒度，可显著提高其分解效率。含水量对堆肥至关重要，适宜的含水量是微生物生长和代谢的必要条件。一般来说，堆肥原料的含水量应控制在50%～60%。如果含水量过高，堆体透气性变差，容易形成厌氧环境，导致堆肥产生恶臭气体，且微生物的有氧呼吸受到抑制，堆肥进程受阻；含水量过低，微生物活性降低，无法正常进行代谢活动，堆肥反应也会变得缓慢。初始碳氮比是影响堆肥的关键参数之一。微生物生长需要合适的碳氮比来维持其代谢平衡，一般好氧堆肥的碳氮比宜控制在（25～35）：1。当碳氮比过高时，微生物生长所需的氮素不足，会导致堆肥周期延长，腐殖质合成量减少；碳氮比过低，氮素过多，会造成氮素的浪费和氨气的挥发，污染环境。

5.3.2　添加剂

传统好氧堆肥在实际应用时，由于原料种类不同，工艺参数也会有明显差距。对于某些原料，如粪便、木炭等，如果不进行一定的调节，会由于这些原料独有的特性，导致堆肥过程效果差、堆肥时间过长、堆肥产物还田时效果不好等问题。此外，实际应用中，传统好氧堆肥也暴露出了在温室气体排放控制方面效果较差，氮素损失也较大，新型污染物处理效果不佳等问题，如何解决这些问题，提高堆肥效果，已成为堆肥领域一个重点关注方向。

为了解决这些问题，提高堆肥处理效率，选择在堆体中加入一些添加剂是一种可行的方案。添加剂是一种为了提高堆肥效果，而在堆肥原料中加入的一些微生物、无机物质或者有机物质。添加剂根据作用不同可以分为接种剂（菌剂）、

pH 调节剂、调理剂、重金属钝化剂等。比如近些年，生物炭作为添加剂被广泛研究。

（1）菌剂。堆体中的有机物分解主要依靠微生物的生命活动，微生物生命活动的旺盛，间接决定了堆肥进程的推进，为了达到良好的处理效果，一般会在原料中混合一些微生物，以此来加快堆肥堆体中有机物的分解，推进堆肥进程。此外添加合适的菌剂，还可以加快堆体的升温过程，延长堆体的高温期，以满足无害化需求。另外部分微生物对一些新型污染物（如微塑料、抗生素等）会有降解作用，在堆体中添加这些微生物，能够应对这些污染物对环境和人体构成的潜在威胁。

（2）pH 调节剂。在堆肥过程中，pH 会先降低，随后逐渐增加。如果堆肥产品用于培养蘑菇或者进行蚯蚓饲养时，需要加入 pH 调节剂，以免 pH 有较大波动。此外，pH 也会影响堆体中氮素的损失，为了堆肥过程中防止氮素过度损失，也需要添加 pH 调节剂。

（3）调理剂。在堆肥应用时，一些堆肥原料会存在着各种各样的特性，例如堆肥原料选择粪便、污泥时会有含水率过高的问题，导致堆肥效率降低，另外一些堆肥原料的 C/N 比较低，不能满足堆肥的要求。因此，一些堆肥原料如粪便、污泥的部分在实际应用时，在堆肥前，往往会加入一些调理剂，如褐煤、木屑、麦秆、锯末等，对堆肥原料的性质进行一定的调整，使得堆肥能够正常完成。

此外，有的堆肥原料在堆肥应用时，孔隙率和孔径较小，阻碍堆体中的正常通气，直接应用会导致堆体中的氧含量不足。通过添加一些调理剂，可以改变堆体中的孔径大小以及孔隙率，从而满足堆肥过程中对氧气的需求。

（4）重金属钝化剂。用于堆肥的生物质（如粪便、污泥等）中会有一定浓度的重金属，若不进行处理会对环境造成危害，另外这些重金属也会通过食物链传递到人类体内，对人体健康造成危害。堆肥中常用的重金属钝化剂有沸石、石灰、粉煤灰等，它们可以钝化堆肥中的重金属。Wong 等人的研究表明，在污泥和锯末的混合堆肥中添加石灰，能够有效降低堆体中的 Fe、Mn、Ni、Pb 和 Zn 的有效形态。Zorpas 等人在污泥堆肥中添加沸石，随着沸石比例的增加，堆体腐熟后重金属的含量会随之下降。

（5）生物炭。除了传统的一些添加剂以外，生物炭作为添加剂在堆肥上的应用也是近几年研究的热点。生物炭主要通过生物质原料的热解产生，其是具有高碳含量、大比表面积、发达的多孔结构以及蕴含丰富的表面官能团的有机物质。生物炭可作为良好的添加剂，生物炭能够提高堆肥效率、减少氮素损失、减少温室气体排放、固定重金属减少环境污染。总体而言，生物炭作为添加剂，可通过对以下影响因素的调控增加堆肥的效率。

1）温度。温度是堆肥工艺中最重要的参数之一，它不但会影响堆肥的效率，也会影响堆肥过程中对堆体中存在的一些病原体的消除。以污泥或粪便作为原料时，温度的控制更加重要。研究发现，在一定条件下，添加生物炭进行堆肥，与不添加生物炭的堆肥对比，在堆肥过程中会有更快的升温速度，能够提前达到最高温度。另外还有研究表明，添加生物炭能够填充堆肥原料中的一些空间，缩短堆肥过程中的热量损失，使得堆体可以达到更高的温度。堆体中增加生物炭还能提高堆体的通气量，增加微生物的数量，加快堆肥进程的推进。

2）含水率。含水率也是堆肥工艺中一个重要参数，一般而言堆肥过程中的最佳初始含水率应该在50%~60%。堆肥过程中的含水率过高，会影响堆体中的氧气流动，导致发生部分厌氧发酵；而含水率过低，会导致微生物的活性下降，影响堆肥的进行。研究表明，在堆肥中添加生物炭，相较于一般堆肥，堆体含水率会更高，这是由于生物炭具有多孔结构，具有较强的保水能力。制备生物炭时，生物炭的热解温度越高，生物炭保水能力就会越强。

3）pH。堆体的pH不仅会影响堆体中微生物的正常生命活动，也会影响堆肥过程中对重金属的钝化能力，pH越高，重金属的溶解度就会越低，越有利于无害化。研究表明，当以相同原料进行堆肥时，添加生物炭的堆体pH较高，但堆肥完成后，两者几乎没有差异。这是因为生物炭本身具有较高的pH，因此加入后会提升整个堆体的pH。然而，随着堆肥过程的进行，生物炭会经历老化过程，同时其表面官能团可能会发生氧化作用，这将导致堆体的pH逐渐降低。因此，尽管堆肥过程中添加生物炭会使堆体的初始pH较高，但在堆肥完成后，两者的pH几乎没有差异。

4）有机物。由于生物炭的多孔结构，具有较高的孔隙率，与堆肥原料混合后会增加堆体是孔隙率，提高堆体的通气能力。此外，生物炭能够促进微生物的生命活动，加速其对有机物的降解，提高堆体温度。已有多个研究表明，在堆肥过程中添加生物炭可以提高堆肥系统对可溶性有机碳的降解能力。生物炭也能够提高堆肥后产生的腐殖质的稳定性，研究表明，生物炭会使堆肥中的黄腐酸的化学结构更加稳定，并降解腐殖酸，当堆肥产品用作肥料时，形成的腐殖质在环境中的降解率会更低，更加稳定。

5）氮。在堆肥过程中，氮的形态会发生变化，由NH_4^+转化为NO_3^-。这一过程会导致氮的生物利用率降低。Lopez-Cano等人在研究中发现，在堆肥中加入生物炭，有利于硝化反应的进行，这是由于氨化过程减缓，同时在生物炭存在下会产生一些可为硝化细菌提供良好环境的细菌。在堆肥中添加生物炭也会提高最终堆肥产品中的总氮的含量，许多研究表明，生物炭表面的多孔结构，可以吸附NH_4^+离子以及挥发性NH_3，从而减少堆肥中氮的损失。含有生物炭的堆体在堆肥结束后，其堆肥产品的总氮含量会明显高于不添加生物炭的堆肥产品。

5.3.3 环境条件

（1）温度。温度对微生物活性和堆肥反应速率有着显著影响。在堆肥过程中，微生物的代谢活动会产生热量，使堆体温度升高。一般堆肥过程可分为升温期、高温期和降温期。在升温期，微生物迅速繁殖，分解易降解的有机物质，堆体温度在 1~3 d 内可迅速上升至 50 ℃左右。高温期，温度维持在 50~70 ℃，此时嗜热微生物成为优势菌群，它们能够更有效地分解复杂的有机物质，如纤维素和木质素，同时高温还能杀灭病原菌、虫卵和杂草种子等有害生物。降温期，随着易分解有机物质的减少，微生物活性逐渐减弱，堆体温度开始下降。最佳温度范围需根据堆肥工艺和微生物种类进行维持。在升温期，可通过合理控制通风量，为微生物提供充足氧气，促进其代谢活动，加速堆体升温。进入高温期，若温度过高，可增加通风量或适当翻堆，带走多余热量，防止温度过高对微生物造成伤害。在降温期，减少通风量，保持堆体一定的温度，促进腐殖质的形成。

（2）水分。水分在堆肥中扮演着多重重要角色。它是微生物代谢的溶剂，参与各种化学反应，同时还能调节堆体的温度。适宜的水分含量能够保证微生物的正常生长和活动，促进有机物质的分解。若水分含量过高，堆体透气性差，易形成厌氧环境，导致堆肥产生恶臭气体，且微生物有氧呼吸受抑制，堆肥进程受阻；水分含量过低，微生物活性降低，无法正常进行代谢活动，堆肥反应缓慢。调控水分含量的手段有多种。当水分过高时，可添加干物料，如秸秆、木屑等，吸收多余水分，同时增加堆体的透气性；当水分过低时，可添加适量的水或含水量高的原料，如厨余垃圾、污水等。如果出现水分失衡，除了上述添加物料的方法外，还可通过调整堆肥工艺参数来解决。例如，在水分过高导致厌氧环境时，增加通风频率和时间，促进水分蒸发和氧气进入；在水分过低时，适当减少通风，保持堆体湿度。

（3）通风。通风对堆肥的氧气供应、温度调节和废气排放起着关键作用。充足的氧气供应是好氧堆肥的必要条件，能够保证微生物的有氧呼吸，促进有机物质的分解。通风还能带走堆体产生的热量，防止温度过高对微生物造成伤害。此外，通风能够排出堆肥过程中产生的氨气、硫化氢等有害气体，减少环境污染。通风量的计算需要考虑多个因素，包括堆体体积、原料特性、微生物需氧量等。一般来说，可根据堆体中氧气含量和二氧化碳含量来调整通风量。在堆肥初期，微生物活动较弱，通风量可适当较小；随着堆肥进行，微生物代谢旺盛，需氧量增加，通风量应相应增大。通风量的控制可通过风机的功率调节、通风管道的开关控制或翻堆频率来实现。例如，采用变频风机，根据堆体的实际情况调节风机转速，从而控制通风量；定期翻堆不仅能增加氧气供应，还能使堆体物料混合均匀，促进堆肥反应的进行。

5.4　生物质堆肥的腐熟及应用

5.4.1　腐熟度及其评价指标

5.4.1.1　腐熟度

堆肥产品的是否成熟，直接关系到生物质堆肥成品进入土壤后对土壤微环境和作物的影响效果，也有助于人们更好地选择适合其需求的生物质堆肥类型。为评价堆肥产品的成熟程度和堆肥产品的质量好坏，引入了腐熟度这个指标。所谓腐熟度是指堆肥过程中原料内有机质经过微生物的矿化、腐殖化作用，一系列复杂的生化反应后达到稳定的程度。

腐熟度对堆肥的质量和适用性有重要影响，在不同的堆肥阶段，有机物分解和腐殖化程度对最终产品的质量影响很大，有研究表明，成熟的堆肥比新鲜和未成熟的堆肥更能增加土壤有机质（SOM），因为它们的稳定碳水平更高。但堆肥如果过于腐熟，会使大量养分得不到充分利用而被浪费。而未完全腐熟的堆肥，由于其中可能含有大量未分解的有机质，导致过高的 C/N（碳氮比），施入土壤后会对农作物的生长产生不利影响，如土壤中微生物会与植物竞争土壤中的氮来分解有机质，导致土壤中含氮量降低，植物缺氮；又因为有机质尚未完全稳定，土壤中的微生物会利用土壤间隙中的氧气，继续分解有机质，导致植物根部形成局部厌氧环境产生 H_2S 等有害气体。未完全腐熟的堆肥中可能仍存在病原体和有害微生物，通常还散发出难闻的气味，当其应用于农田时，可能会引来害虫和传播疾病，对作物和人畜健康构成威胁。此外，因有机质在堆肥过程中会产生大量的中间产物——有机酸，同时微生物的代谢过程也会释放酸性物质，这些物质会导致土壤 pH 降低，还会严重毒害植物的根系，严重影响作物的生产。

5.4.1.2　评价指标

为了避免以上问题，检测并保证堆肥的腐熟度至关重要，通过国内外学者针对堆肥腐熟度进行大量研究后，目前，国内外判断堆肥腐熟的指标分为物理评价指标、化学评价指标和生物评价指标三大类，见表 5.2。因堆肥原料的种类多样和堆肥发酵过程的复杂性，使用单一参数或指标来评价堆肥成熟度是不合理的，所以通常采用几种指标相结合的方法来判断堆肥的成熟度。

表 5.2　腐熟度评价指标

物理评价指标	化学评价指标	生物评价指标
温度	C/N	种子发芽指数
气味	pH	呼吸作用
色度	有机质	酶活性

续表 5.2

物理评价指标	化学评价指标	生物评价指标
含水率	氮成分变化	微生物活性和数量
电导率	腐殖化指标	
吸光度	有机酸	

（1）物理评价指标。物理评价指标常代表堆肥过程中直观的变化因素，通过观察堆肥的表观特征来判断是否腐熟，无法进行定量分析，容易导致人为引起的主观误差，单独使用可信度不高。因此只能在用化学和生物法判断时起辅助作用。

1）温度。堆肥过程中主要有三个阶段的温度变化，初期升温阶段堆体温度很快升高，维持一段时间高温阶段后，堆体温度逐渐开始降低，最后稳定在与环境温度相持平的程度，一般不再发生明显变化，即可认为基本腐熟。但由于堆体为非均相体系，其各个部分温度分布并不均匀，限制了温度作为腐熟度的评价指标。

2）气味。一般来说，生物质堆肥原料是有机废弃物，常具有刺激性难闻气味，同时堆肥过程中也会有 H_2S、NH_3、挥发性脂肪酸等有毒有害气体产生，高温期尤其严重。随着堆肥的进行，堆体逐渐成熟，这些气体逐渐减少直至完全消失，最后腐熟阶段，堆肥产品应具有潮湿泥土气味。但部分堆肥原材料经过堆肥后与其原来相比气味可能并无明显变化，所以用气味判断堆肥腐熟度存在一定的局限性。

3）色度。堆体色度是表观特征，初期未腐熟堆肥呈现有机质原料的颜色，色度一般随发酵过程逐渐变深，腐熟后呈黑色或黑褐色，用水润湿后呈浓茶色。由于原料对色度有很大影响，因此很难建立统一的色度标准来判断堆肥的腐熟度。

（2）化学评价指标。

1）C/N。碳氮比（C/N）是指堆体物料中碳元素和氮元素的比值，是评价腐熟度的一个重要指标，也是应用较为广泛的一种方法。碳源为微生物代谢活动提供能量，氮源为微生物提供营养元素。在堆肥的过程中，碳源被消耗，变成二氧化碳和腐殖质，氮源则被分解、硝化和反硝化变为硝酸盐和亚硝酸盐或是变为氨气逸出，或是被微生物同化。

堆肥初期 C/N 通常为 25～30，当初始 C/N 较高时，堆肥时间会增加。随着微生物的代谢活动对碳源的消耗，C/N 会逐渐降低，理论上 C/N 值降低到 15～20，表示堆肥已腐熟，达到稳定程度。但由于不同种类的生物质堆肥原料 C/N 差异较大，有的原料初始 C/N 值较低，就无法用此方法评价。Hirai 等人提出采用

$$T = \frac{\text{终点 C/N}}{\text{初始 C/N}}$$

来评价腐熟度，他们认为当 $T<0.6$ 时，即可认为堆肥达到腐熟，该方法较为合适。

2）pH。随着堆肥过程的进行，堆体的 pH 也会发生变化，堆肥发酵初期，pH 为弱酸性或中性，pH 一般为 6.5~7.5，腐熟后的堆体 pH 为弱碱性，pH 一般为 8~9。但堆肥 pH 受堆肥原料和堆肥条件影响较大，所以其只能作为判断堆肥腐熟的一个必要条件，而不是充分条件。

3）有机质。堆肥过程中，有机质的变化也是较为显著的，随着堆肥发酵的进行，生物质原料中的有机质逐渐被微生物分解为二氧化碳、水、矿物质、稳定的有机质和能量供给微生物的生产代谢活动。常用作反映有机质变化的参数有化学需氧量（COD）、生化需氧量（BOD_5）和挥发性固体（VS）。

Lossin 在对畜禽粪便进行堆肥的过程中提出，当堆体的 COD 小于 700 mg/g 时可认为其达到腐熟。BOD_5 代表堆肥中可生物降解的有机质含量，当堆肥腐熟时，产品 BOD_5 应该小于 5 mg/g。但受生物质堆肥原料的影响，BOD_5 和 COD 会因原料种类不同，变化很大，有的生物质堆肥原料初始 BOD_5 值较低，使其无法用此参数判断腐熟度；同时，因 BOD_5 测定方法复杂、耗时，无法及时反映产品的腐熟度，从而限制了 BOD_5 指标的应用。

4）氮成分变化。随着堆肥的进行，堆肥的氮成分通常会发生变化，一部分氮会被微生物同化、一部分以氨气形式散失，还有一部分变为硝态氮（NO_3^--N）或亚硝态氮（NO_2^--N），所以可以根据氮成分的变化来判断堆肥的腐熟程度。堆肥初期氮成分主要以铵态氮（NH_4^+-N）以及有机氮的形式存在，初期氮成分会因堆肥原料的不同而有所变化。堆肥发酵过程主要是在水溶相发生生化反应，所以检测堆肥样品水萃取成分更能反映出腐熟程度，例如水溶性 NH_4^+-N 和水溶性 NO_3^--N。其中，水溶性 NH_4^+-N 可以代表含氮有机物降解的程度，在堆肥前含量高，堆肥后含量少；而水溶性 NO_3^--N 反映堆肥后期硝化反应程度，堆肥前含量不高，腐熟时会大量出现；更重要的是，这两个参数受堆肥原料的影响小，具有普遍性，可以构建统一的标准来判断堆肥的腐熟程度，且样品前处理简单，有快速测定方法。

（3）生物评价指标。

1）种子发芽指数法（germination index，GI）。GI 是判断堆肥腐熟程度较为直接可靠的一种方法，是评价堆肥产品无害腐熟较具说服力的方法，是国内外评价堆肥腐熟程度应用最为广泛的方法之一。未腐熟的堆肥对植物具有毒性，对植物的生长具有抑制作用，同时，考虑到堆肥产品的实际用途，用堆肥萃取液对种子进行培养，对种子的发芽和根长度进行计算，用以评价堆肥的腐熟程度具有一定准确性。种子发芽指数（GI）是通过计算堆肥萃取液处理种子的发芽率乘以对应种子根长与蒸馏水处理种子的发芽率乘以种子根长的比值来评估堆肥的腐熟程度，该方法具有灵敏度高、简单快捷、成本低等特点。一般认为，GI>50%，则可认为堆肥产品达到植物可以承受范围，当GI达到80%~85%时，可认为堆肥就已经完全腐熟，对植物没有毒性。

2）呼吸作用。微生物活动在堆肥过程中起主要作用，而微生物的活动会消耗氧气（O_2）并产生二氧化碳（CO_2），所以可以根据监测堆肥过程中微生物耗氧和释放二氧化碳的强度来判断堆肥的腐熟度。张明芝等人研究发现，当堆肥达到腐熟时，耗氧速率为（0.02~0.102）%/min。

5.4.2 生物质堆肥的应用

土壤是地球生态系统不可或缺的重要组成部分，它是各种微生物的栖息地，并为植物的生长发育奠定基础，为地球上各类生物的生命活动提供必不可少的生存环境和营养条件。然而，由于人类活动的加剧和不断扩展，导致土壤肥力和质量下降，阻碍植物和土壤微生物的正常生长发育，恶化土壤健康，从而带来一系列土壤环境问题，诸如：土壤污染、土壤有机质减少、土壤板结、土壤次生盐碱化和土壤侵蚀等，这些问题直接影响着人类的生活方式、粮食安全、健康和环境可持续性。向土壤中施用堆肥被认为是一种可持续的方法，堆肥的使用可以减少化学肥料的需求，从而降低了农业对化学肥料的依赖性。化学肥料可以为植物提供养分，但其弊大于利，化学肥料的使用导致了农业面源污染，施用的化学肥料并不能完全被作物吸收，部分未被吸收化肥会随着降水流入江河湖泊，由于化肥中富含氮、磷等营养元素，从而导致湖泊富营养化，此外，化肥还会造成温室效应、环境污染、土壤生物和海洋生物死亡、臭氧层破坏和人类疾病等。这些都导致人们转而使用堆肥作为恢复土壤肥力的手段。堆肥是将有机废物在有氧或无氧条件下进行生物分解和稳定化的过程，是一种环保、经济地处理固体有机废物的替代方法。

A 土壤改良及缓解土壤污染

由于生物质堆肥是由分解的有机废物组成，堆肥材料中含有充足的养分和促进植物生长的营养元素，所以堆肥的施用可以有效提高土壤中有机质的含量，提高农业生产力。因此，向土壤中添加堆肥可以丰富土壤中氮、碳、硫、磷等植物生长发育所需的重要元素，对土壤形成和土壤肥力产生积极影响，增加土壤团聚体稳定性并改善土壤结构，调节土壤 pH，提高土壤含水量，提高土壤质量，改善土壤环境问题。

堆肥作为一种土壤修复剂，在干旱和半干旱地区表现出尤为显著的成效。在这些地区，土壤往往面临着干旱缺水、肥力低下以及盐碱化等问题。通过在正常和盐碱地上施用堆肥，不仅能够增加土壤中的有机质含量，改善土壤结构，提高土壤的保水保肥能力，还能减少了50%推荐用量的无机氮磷钾肥料，减少化学肥料对环境的污染。研究表明，施用堆肥后，显著降低 Cd^{2+} 和 NO_3^- 在植物叶片、豆荚和种子中的浓度，改善了土壤的化学和物理特性。使用食物残渣作为原料的堆肥产品，可稳定金属或金属螯合物，改善土壤性质，促进植物生长，并减少废物量，还可使土壤有机质含量由0.89%～0.93%提高到1.39%～1.40%，以及提高常量元素（N、P、K）和微量元素（Fe、Mn、Zn）的速效含量。以市政污泥为原料进行好氧堆肥所得到的产品，施用后未造成土壤酸碱化，土壤肥力等级由三级一般土壤提升为二级肥沃土壤，当堆肥污泥添加比例为50%时，土壤有机质增加1.9倍、碱解氮增加3.0倍、有效磷增加9.5倍、速效钾增加3.7。

堆肥除了可以改善土壤性质外，还可以对污染土壤进行生物修复，主要修复机制如图5.7所示，这是由于堆肥原料中基质丰富，堆肥过程中微生物的多样性和活性较高，包括细菌、放线菌和木质溶解真菌在内的许多微生物，施用后可以增加土壤微生物的多样性，可以促进土壤中有机污染物的降解，施用堆肥后，土壤微生物的多样性得以增加，丰富的微生物群落能够分泌各种酶类和代谢产物，促进或强化土壤中有机污染物的降解，将复杂的有机污染物分解为简单的无害物质，从而减少土壤污染，降低受污染土壤的毒性。此外，堆肥的使用显著降低了酸性土壤中土壤微生物的毒性，通过离子交换、络合等作用固定了土壤中的重金属，减少重金属对土壤微生物的毒害，从而显著增加了土壤微生物的生物量和各种代谢活动。Alburquerque 等人利用西班牙橄榄油加工业的主要副产品（alperujo）为原料制成的堆肥，可以用来修复受黄铁矿污泥污染的土壤。堆肥作为有效养分的来源，增加了水溶性有机碳、氮和有效磷浓度，即使在堆肥施用量最低的情况下，也明显高于矿物肥料所产生的效果。堆肥施用还可以对有机物污染土壤进行修复，其原因应该是通过增加土壤养分含量和微生物活性来改善对有机物的生物降解。

B 抑制土壤传播病原体、杂草和害虫

许多年前，人们就已经知道在土壤中添加有机添加剂可以抑制植物的一些土壤传播病原体。这一发现为农业生产中病害防治提供了新的思路和方法。此后，大量的研究聚焦于使用各种有机废物原料制成的堆肥作为土壤改良剂，以实现对病害的抑制效果。对堆肥材料进行灭菌处理通常会导致病害抑制能力下降，这表明病害抑制机制可能主要是生物因素导致的。堆肥中丰富的微生物群落，包括有益细菌、真菌等，它们在土壤中与病原体竞争生存空间、营养物质，分泌抗菌物质，从而抑制病原体的生长和繁殖。长期施用病害抑制堆肥（至少连续5年）可提高生物多样性，并减少植物病原体的数量对病害进行抑制，就可减少农药、杀

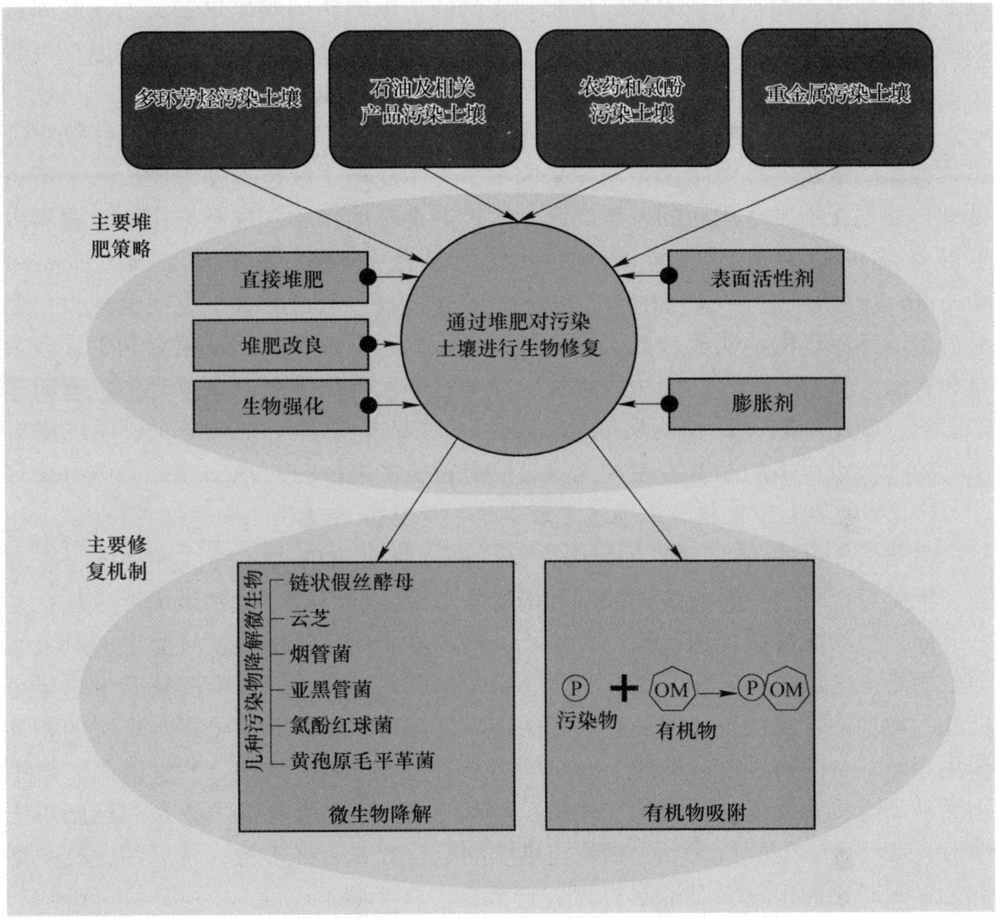

图 5.7 堆肥对污染土壤进行修复的主要策略和机制

虫剂等具有环境危害效应化学制剂的使用。通过对堆肥的施用量和施用频率进行研究发现，如果施用量为 100 t/hm^2（1 hm^2 = 10^4 m^2），病害发生率可控制在 50% 以上。

用堆肥改良土壤，对土壤中的植物病原体引起的作物病害有抑制作用。在堆肥中接种生物防治剂也是一种很有前景的技术，可提高土壤改良后抑制病害的效果和可靠性。生物防治剂中含有特定的有益微生物或其代谢产物，它们能够与堆肥中的微生物协同作用，增强对病原体的抑制能力。研究得出，堆肥可激活土壤中的一系列天然病害抑制机制，对缩短有害且具有经济影响的土壤传播真菌病害的化学防治作出了重要贡献。

然而，施用堆肥对土壤病害的控制水平难以预测，有效抑制一种作物病害的处理方法可能对另一种作物病害无效。这是因为不同作物的病害种类、发病机制以及土壤环境等因素存在差异，堆肥和生物防治剂的作用效果也会受到这些因素的影响。目前，病害控制水平还无法与有效的化学杀真菌剂相提并论，但不可否认，使用堆肥这种绿色、可持续的方法抑制病害的重要性将会增加。

施用堆肥除了能够对土壤传播病原体进行抑制外，还可以控制生态系统中杂草和害虫的数量。在两个小型研究果园中，一半施用了家禽粪便堆肥，一半不做处理，发现在堆肥施用后的一年内起到了控制杂草的作用，堆肥施用后对两年内节肢动物的数量有明显影响，堆肥地块中斑点触角潜叶蝇（*Phyllonorycter blancardella*）和迁飞苹果绵蚜（*Eriosoma lanigerum*）若虫的数量有明显减少，但对真菌的抑制作用不明显，此研究表明在果园生态系统中使用堆肥有利于管理杂草和害虫，具有减少农药使用的潜力，除此之外，施用堆肥对杂草种类也有明显的影响，施用堆肥（即作为覆盖物）后，一些杂草种类明显减少，说明堆肥对甜叶菊种植过程中的杂草控制和土壤性质有积极影响。

C　堆肥和生物炭结合提高土壤改良和污染修复的效率

生物炭和堆肥之间的相互作用可以提高两种材料的潜在特性和功能。一方面，堆肥可以促进生物炭表面羧基和酚基的形成，从而提高生物炭的反应性；另一方面，生物炭可以加速腐殖质化过程，提高堆肥产品的质量，堆肥中的重金属与生物炭反应部分固定化。因此将生物炭与堆肥相结合，探究堆肥掺杂生物炭对彼此的特性的影响以及施用后对环境的影响是至关重要的。生物炭与堆肥的相互作用会对各自的特性产生影响，如养分、阳离子交换量（CEC）、官能团、微生物活性和有机质的增加，如图 5.8 所示。这些变化可能会提高生物炭和堆肥对土壤改良和污染修复的效率。生物炭与堆肥的结合方式有许多种，常见的方式主要有：堆肥时添加生物炭对堆肥过程进行改良、将生物炭与生物质共同进行堆肥，然后去除堆肥，只保留经过堆肥过程的生物炭，之后将修饰的生物炭施用于土壤（BCed）、生物炭与生物质原料共同进行堆肥（BCing）和堆肥产品与生物炭混合施用（B+C）。

在土壤改良方面，生物炭与堆肥的结合施用比单一的堆肥更加优越。生物炭由于其高含碳量的特点，可以增加土壤中的有机质和营养素的含量，同时改善土壤质地和理化性质。这些改进可以促进植物的生长，提高土壤酶和微生物活动，从而进一步增加土壤营养素的含量。此外，生物炭中还含有丰富的宏量营养素和微量营养素，如氮、磷、钾和钙等。这些营养素可以被植物充分利用，进一步提高植物的生长水平和产量。因此，生物炭与堆肥配合使用，能够产生“1+1>2”的效果，即两者的效果相互叠加，为土壤改良和植物生长提供更加完善的营养和环境条件。

共堆肥生物炭富含养分，尤其是阴离子硝酸盐和磷酸盐，在贫瘠的沙质土壤中添加共堆肥生物炭后，生物量产量提高了 305%。相反，添加未经处理的生物

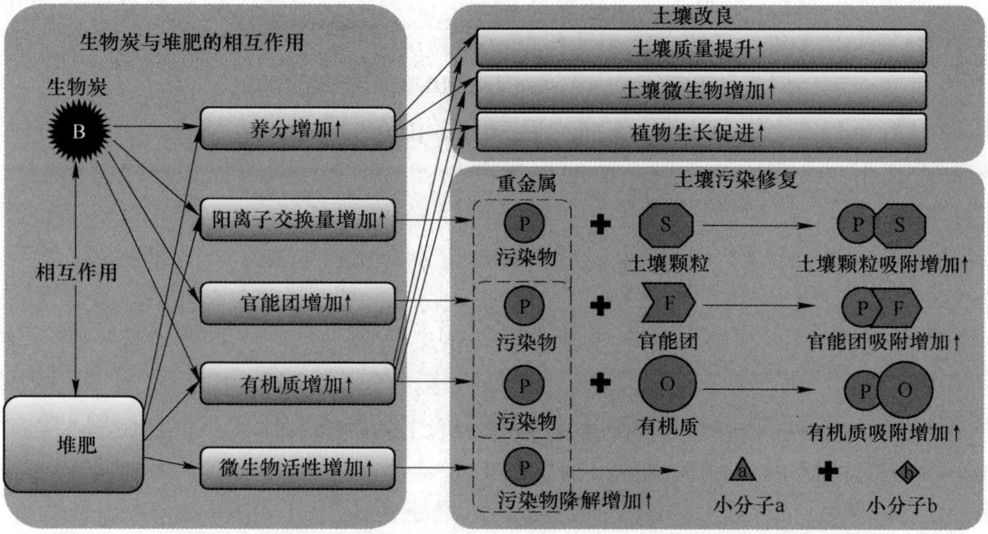

图 5.8 生物炭与堆肥相互作用对土壤修复和土壤污染修复的影响

炭（纯生物炭）后，生物量降至对照组的 60%。热带潮湿环境中的有机质分解率较高，使用有机堆肥来维持土壤有机质（SOM）的做法非常普遍。但由于 SOM 的分解率很高，频繁施用堆肥又会抵消这种效果，因此这些效果通常是短暂的。有研究将生物炭和堆肥以不同比例与表土混合，并栽种了新加坡常见的两种城市树种，以评估生物炭和有机堆肥对新加坡城市土壤特性和树木生长性能的影响，结果表明堆肥和生物炭混合使用对土壤的影响最强，所研究的两种城市树种的生长情况最明显，堆肥中添加生物炭减轻了热带地区土壤有机质矿化率高的缺点。

对使用共堆肥生物炭改善海洋沿岸土壤性质和提高生产力的潜力进行了评估，施用 1.5% BCing 可促进芝麻菜和海滨锦葵的生长，并使其总生物量分别增加 309%和 70.8%，而施用 10% BCing 则会显著抑制这两种盐生植物的生长，原因可能是 BCing 添加量越高（如 10%），土壤含盐量就越高，从而抑制了盐生植物的生长。同样，添加 1.5% BCing 后，促进了两种盐生植物生长，其原因可能是土壤性质的改善，如增加了 SOM 和 CEC，研究结果表明共堆肥生物炭是修复黄河三角洲退化的沿海土壤的可行方案。此外，BCing 的添加量应适当，这样才能产生预期的积极效果。通过 18 种不同堆肥配比对燕麦生长和土壤性状的影响实验，发现燕麦株高和种子质量随生物炭和堆肥用量的增加而增加，堆肥和生物炭添加越多，植物生长和土壤肥力越高，生物炭堆肥结合了生物炭（稳定的富碳贫氮物质）的高固碳能力和堆肥（富含养分的不稳定有机物）的施肥潜力。总而言之，堆肥与生物炭的结合使用是一种非常有前途和有效的方法。

此外，生物炭-堆肥可以对污染土壤进行修复。得益于生物炭具有较大的比表面积、孔隙度和大量的官能团的特征，生物炭能与重金属发生反应或将重金属吸附在其表面。但生物炭稳定金属的能力与其表面氧官能团的数量直接相关。土壤有机组分和矿物组分的含氧羧基、羟基和酚类表面官能团在结合金属离子中起着核心作用，含有这些含氧基团的生物炭在应用于土壤时可以帮助提供结合位点。Karer 等人发现在温室条件下，添加生物炭-堆肥可使硝酸铵（NH_4NO_3）提取的镉（Cd）、铅（Pb）和锌（Zn）浓度分别降低 75.6%、86%和 92%；在田间试验中，生物炭-堆肥可使 Cd 减少 87%。Forján 等人也有类似结论，发现堆肥+生物炭+芥菜组合是降低此类土壤中金属浓度的最佳组合，可以降低矿山土壤孔隙水中 Cu、Pb、Ni 和 Zn 的浓度。此外，在土壤中施用生物炭可以通过吸附固定污染物，而堆肥投入可以加速有机污染物的生物降解。比如，单独使用生物炭能降低 BDE-47 的生物利用率，但降解效果较差，而添加堆肥后可促进 BDE-47 的生物降解。值得注意的是，生物炭与堆肥的组合（MSB-SMC）增强了 2,2′,4,4′-四溴二苯醚在土壤中的生物降解，并显著降低了土壤中可提取的 2,2′,4,4′-四溴二苯醚。

简而言之，生物炭-堆肥在修复污染土壤方面比单独使用堆肥或生物炭更为优秀。在施用生物炭-堆肥之前，应根据田间试验结果选择合适的生物炭-堆肥比例和用量。此外，使用的产品必须达到相关的质量标准，这样可以大大减少向土壤中额外引入污染物的可能性。

D　减少温室气体排放

全球气候变化已经成为全人类共同面临的挑战，中国作为发展中国家，也在积极地履行自己的国际责任。2020 年习近平总书记在第 75 届联合国大会一般性辩论上庄严宣告：2030 年前中国要碳达峰，2060 年实现碳中和，提出了中国作为负责任的大国应对气候变化的“30 · 60”目标。这一目标的提出，展示了中国在应对全球气候变化问题上的决心和责任感，也为全球应对气候变化问题注入了强劲的动力。中国政府已经出台了一系列政策措施，包括推进清洁能源、促进碳交易市场的建设、加强节能减排等方面的工作，以支持实现“30 · 60”目标。

尽管目前的研究表明，堆肥管理在碳利用效率和长期碳储存方面的固碳潜力有限，但生物炭的出现为缓解温室气体排放提供了新的可能。生物炭作为一种难降解的富碳材料，在土壤中可稳定地存在数百年。将生物炭施入土壤可以有效增加土壤生态系统的碳固存和碳捕集能力，对于提升土壤碳库含量和缓解温室气体排放有积极作用。在生物炭-堆肥过程中，生物炭可以吸附共堆肥过程中释放的氨气（NH_3）和二氧化碳（CO_2），从而减少这些温室气体的排放。由秸秆和木质生物质生产的生物炭在堆肥过程中对减缓 CH_4、N_2O 和 NH_3 的排放有较大作用，加入约 10%（质量分数）的生物炭可显著减少温室气体的排放。堆肥过程中生物炭的添加会减少堆肥产品中的总氮含量，可能原因是生物炭上的酸性官能团可以吸附 NH_4^+ 和 NH_3，生物炭中的芳香族化合物也可能与 NO_3^- 发生作用。此外，生物炭还能在堆肥过程中通过改变微生物群落来影响氮的转化。Alarefee 等人发现在碳氮比（C/N）为 25 的条件下，将稻壳生物炭与畜禽粪便进行共堆肥，有助于减少 NH_3 的挥发和 CO_2 的排放，同时通过缩短堆肥时间，减少氮排放和固碳，NH_3 累计排放量减少 94.60%，总碳（TC）保留率为 77.39%。也有研究表明，添加生物炭-堆肥的土壤 N_2O 的平均排放量低于添加生物炭的土壤或添加堆肥而不添加任何肥料的土壤。

综上所述，生物炭可以作为碳和氮的固定剂，堆肥中生物炭的添加可以减少温室气体的释放，无论是堆肥过程中的还是施用土壤后。生物炭和堆肥的组合使用在土壤中应用时呈现出高附加值的效果，但有时仍可能会出现不利或不显著的生物炭影响结果。因此，生物炭与堆肥的结合应用在今后的探索中，仍需要详细的机理研究和长期的风险评估。

参考文献

[1] 赵天涛. 固体废物堆肥原理与技术［M］. 2 版. 北京：化学工业出版社，2006.

[2] 刘子乐，白林，胡红文. 超高温堆肥及其资源化与无害化研究进展［J］. 中国农业科技导报，2021，23（1）：119-127.

[3] 马骏. 畜禽养殖废弃物超高温堆肥技术研究［D］. 石家庄：河北科技大学，2021.

[4] 王艳成，黄升日，董微巍，等. 超高温堆肥过程中微生物群落及其理化性质研究［J］. 延边大学学报：自然科学版，2021，47（4）：319-323.

[5] 余震，周顺桂. 超高温好氧发酵技术：堆肥快速腐熟与污染控制机制［J］. 南京农业大学学报，2020，43（5）：781-789.

[6] 曹云，黄红英，吴华山，等. 猪粪稻秸超高温预处理促进后续堆肥腐殖化条件优化［J］. 中国环境科学，2019，39（5）：2055-2062.

[7] 陆晓林，朱为静，王经邦，等. 超高温堆肥促进氮素减损的微生物机制研究进展［J］. 微生物学通报，2022，49（7）：2805-2818.

[8] Cui P, Ai C, Xu Z, et al. Abundances of keystone genes confer superior performance in hyperthermophilic composting [J]. Journal of Cleaner Production, 2021, 328: 129589.

[9] Chen Z, Zhao W, Xing R, et al. Enhanced in situ biodegradation of microplastics in sewage sludge using hyperthermophilic composting technology [J]. Journal of Hazardous Materials, 2020, 384: 121271.

[10] Wang S, Wu Y. Hyperthermophilic composting technology for organic solid waste treatment: Recent research advances and trends [J]. Processes, 2021, 9 (4): 675.

[11] Tang J, Zhuang L, Yu Z, et al. Insight into complexation of Cu(Ⅱ) to hyperthermophilic compost-derived humic acids by EEM-PARAFAC combined with heterospectral two dimensional correlation analyses [J]. Science of the Total Environment, 2019, 656: 29-38.

[12] Liao H, Lu X, Rensing C, et al. Hyperthermophilic composting accelerates the removal of antibiotic resistance genes and mobile genetic elements in sewage sludge [J]. Environmental Science & Technology, 2018, 52 (1): 266-276.

[13] Wong J W C, Fang M, Li G X, et al. Feasibility of using coal ash residues as CO-composting materials for sewage sludge [J]. Environmental Technology, 1997, 18 (5): 563-568.

[14] Zorpas A A , Constantinides T , Vlyssides A G , et al. Heavy metal uptake by natural zeolite and metals partitioning in sewage sludge compost [J]. Bioresource Technology, 2000, 72 (2): 113-119.

[15] Guo X X, Liu H T, Zhang J. The role of biochar in organic waste composting and soil improvement: A review [J]. Waste Manag, 2020, 102: 884-899.

[16] Qian S, Zhou X, Fu Y, et al. Biochar-compost as a new option for soil improvement: Application in various problem soils [J]. Scienceof the Total Environment, 2023, 870: 162024.

[17] Godlewska P, Schmidt H P, Ok Y S, et al. Biochar for composting improvement and contaminants reduction. A review [J]. Bioresource Technology, 2017, 246: 193-202.

[18] Prost K, Borchard N, Siemens J, et al. Biochar affected by composting with farmyard manure [J]. Journal of Environmental Quality, 2013, 42 (1): 164-172.

[19] Hagemann N, Joseph S, Schmidt H P, et al. Organic coating on biochar explains its nutrient retention and stimulation of soil fertility [J]. Nature Communications, 2017, 8 (1): 1089.

[20] Luo L, Xu C, Chen Z, et al. Properties of biomass-derived biochars: Combined effects of operating conditions and biomass types [J]. Bioresource Technology, 2015, 192: 83-89.

[21] Xiao R, Awasthi M K, Li R, et al. Recent developments in biochar utilization as an additive in organic solid waste composting: A review [J]. Bioresource Technology, 2017, 246: 203-213.

[22] Lopez-Cano I, Roig A, Cayuela M L, et al. Biochar improves N cycling during composting of olive mill wastes and sheep manure [J]. Waste Management, 2016, 49: 553-559.

[23] Zhang J, Chen G, Sun H, et al. Straw biochar hastens organic matter degradation and produces nutrient-rich compost [J]. Bioresource Technology, 2016, 200: 876-883.

[24] Li R, Wang Q, Zhang Z, et al. Nutrient transformation during aerobic composting of pig manure with biochar prepared at different temperatures [J]. Environmental Technology, 2015, 36 (5/6/7/8): 815-826.

[25] Sanchez-Garcia M, Alburquerque J A, Sanchez-Monedero M A, et al. Biochar accelerates organic matter degradation and enhances N mineralisation during composting of poultry manure without a relevant impact on gas emissions [J]. Bioresource Technology, 2015, 192: 272-279.

[26] Wang C, Tu Q, Dong D, et al. Spectroscopic evidence for biochar amendment promoting humic acid synthesis and intensifying humification during composting [J]. Journal of Hazardous Materials, 2014, 280: 409-416.

[27] Awasthi M K, Wang Q, Huang H, et al. Effect of biochar amendment on greenhouse gas emission and bio-availability of heavy metals during sewage sludge co-composting [J]. Journal of Cleaner Production, 2016, 135: 829-835.

[28] Chen Y X, Huang X D, Han Z Y, et al. Effects of bamboo charcoal and bamboo vinegar on nitrogen conservation and heavy metals immobility during pig manure composting [J]. Chemosphere, 2010, 78 (9): 1177-1181.

[29] Yin Y, Yang C, Li M, et al. Research progress and prospects for using biochar to mitigate greenhouse gas emissions during composting: A review [J]. Science of the Total Environment, 2021, 798: 149294.

[30] Cui E, Wu Y, Zuo Y, et al. Effect of different biochars on antibiotic resistance genes and bacterial community during chicken manure composting [J]. Bioresource Technology, 2016, 203: 11-17.

[31] Sonoki T, Furukawa T, Jindo K, et al. Influence of biochar addition on methane metabolism during thermophilic phase of composting [J]. Journal of Basic Microbiology, 2013, 53 (7): 617-621.

[32] Chowdhury M A, De Neergaard A, Jensen L S. Potential of aeration flow rate and bio-char addition to reduce greenhouse gas and ammonia emissions during manure composting [J]. Chemosphere, 2014, 97: 16-25.

[33] Kammann C I, Schmidt H P, Messerschmidt N, et al. Plant growth improvement mediated by nitrate capture in co-composted biochar [J]. Scientific Reports, 2015, 5: 11080.

[34] Inyang M I, Gao B, Yao Y, et al. A review of biochar as a low-cost adsorbent for aqueous heavy metal removal [J]. Critical Reviews in Environmental Science and Technology, 2015, 46 (4): 406-433.

[35] Ahmad M, Rajapaksha A U, Lim J E, et al. Biochar as a sorbent for contaminant management in soil and water: A review [J]. Chemosphere, 2014, 99: 19-33.

[36] 熊晓莉, 李宁, 张晓岸. 有机肥料生产·登记·施用 [M]. 有机肥料生产·登记·施用, 2018.

[37] Bouajila K, Sanaa M J J M E S. Effects of organic amendments on soil physico-chemical and biological properties [J]. Journal of Materials and Environmental Science, 2011, 2 (1): 485-490.

[38] 张亚宁. 堆肥腐熟度快速测定指标和方法的建立 [D]. 北京: 中国农业大学, 2004.

[39] Sayara T, Basheer-Salimia R, Hawamde F, et al. Recycling of organic wastes through Composting: Process Performance and Compost Application in Agriculture [J]. Agronomy, 2020, 10 (11): 1838.

[40] Mf H, V C, H K. A standard measurement for compost maturity [J]. Biocycle, 1983, 24: 54-56.

[41] Lossin R D. Compost studies: Ⅲ. Disposing of animal waste measure of the chemical oxygen demand of compost [J]. Coplst Sci. In Emeterio Iglesias Jimenez & Victor Perez Garcea, 1997, 27: 115-142.

[42] Zucconi F, Forte M, Monaco A, et al. Biological evaluation of compost maturity [J]. Biocycle, 1981a, 22 (4): 27-29.

[43] 陈星. 利用发芽指数评价堆肥腐熟度方法研究 [D]. 咸阳: 西北农林科技大学, 2023.

[44] 张明芝，王寅虎，柯福源，等．不同种类有机肥质量综合评价方法的探讨［J］．土壤通报，1994，25（7）：74-79.

[45] Huang G F, Wu Q T, Wong J W C, et al. Transformation of organic matter during co-composting of pig manure with sawdust [J]. Bioresource Technology, 2005, 97 (15): 1834-1842.

[46] Rady M M, Semida W M, Hemida K A, et al. The effect of compost on growth and yield of Phaseolus vulgaris plants grown under saline soil [J]. International Journal of Recycling of Organic Waste in Agriculture, 2016, 5 (4): 1-11.

[47] Jingzi B, Daniel C W T, Nanthi S B, et al. Interactions of food waste compost with metals and metal-chelant complexes during soil remediation [J]. Journal of Cleaner Production, 2018, 192: 199-206.

[48] 侯锋，何芸，高霖，等．施用堆肥污泥对土壤肥力及植物生长的影响［J］．地球与环境，2024，52（1）：53-64.

[49] Semple K T, Reid B J, Fermor T R. Impact of composting strategies on the treatment of soils contaminated with organic pollutants [J]. Environmental Pollution, 2001, 112 (2): 269-283.

[50] Alburquerque J A, De La Fuente C, Bernal M P. Improvement of soil quality after "alperujo" compost application to two contaminated soils characterised by differing heavy metal solubility [J]. Journal of Environmental Management, 201092 (3): 733-741.

[51] Uyizeye O C, Thiet R K, Knorr M A. Effects of community-accessible biochar and compost on diesel-contaminated soil [J]. Bioremediation Journal, 2019, 23 (2): 107-117.

[52] Bruehl G W . Biology and control of soil-borne plant pathogens [J]. American Phytopathologic, 1975, 121 (3): 192.

[53] Noble R , Coventry E . Suppression of soil-borne plant diseases with composts: A review [J]. Biocontrol Science & Technology, 2005, 15 (1): 3-20.

[54] De Corato U. Disease-suppressive compost enhances natural soil suppressiveness against soil-borne plant pathogens: A critical review [J]. Rhizosphere, 2020, 13: 100192.

[55] Zaccardelli M, Perrone D, Pane C, et al. Control of corky root of tomato with compost and role of spore-forming bacteria to inhibit [C] //Ⅲ International Symposium on Tomato Diseases, 2010: 393-396.

[56] Pane C, Spaccini R, Piccolo A, et al. Disease suppressiveness of agricultural greenwaste composts as related to chemical and bio-based properties shaped by different on-farm composting methods [J]. Biological Control, 2019, 137: 104026.

[57] Noble R. Risks and benefits of soil amendment with composts in relation to plant pathogens [J]. Australasian Plant Pathology, 2011, 40 (2): 157-167.

[58] Brown M W, Tworkoski T. Pest management benefits of compost mulch in apple orchards [J]. Agriculture Ecosystems & Environment, 2004, 103 (3): 465-472.

[59] Coelho L, Osório J, Beltrão J, et al. Organic compost effects on stevia rebaudiana weed control and on soil properties in the mediterranean region [J]. Revista de Ciências Agrárias, 2019, 42 (1): 111-120.

[60] Wu H, Lai C, Zeng G, et al. The interactions of composting and biochar and their implications for soil amendment and pollution remediation: A review [J]. Critical Reviews in Biotechnology, 2017, 37 (6): 754-764.

[61] Wiedner K, Fischer D, Walther S, et al. Acceleration of biochar surface oxidation during composting? [J]. Journal of Agricultural and Food Chemistry, 2015, 63 (15): 3830-3837.

[62] Wu H, Zeng G, Liang J, et al. Responses of bacterial community and functional marker genes of nitrogen cycling to biochar, compost and combined amendments in soil [J]. Applied Microbiology and Biotechnology, 2016, 100 (19): 8583-8591.

[63] Manolikaki I, Diamadopoulos E. Ryegrass yield and nutrient status after biochar application in two Mediterranean soils [J]. Archives of Agronomy and Soil Science, 2016, 63: 1093-1107.

[64] Kammann C I, Schmidt H-P, Messerschmidt N, et al. Plant growth improvement mediated by nitrate capture in co-composted biochar [J]. Scientific Reports, 2015, 5: 11080.

[65] Ghosh S, Ow L F, Wilson B. Influence of biochar and compost on soil properties and tree growth in a tropical urban environment [J]. International Journal of Environmental Science and Technology, 2014, 12 (4): 1303-1310.

[66] Luo X, Liu G, Xia Y, et al. Use of biochar-compost to improve properties and productivity of the degraded coastal soil in the Yellow River Delta, China [J]. Journal of Soils and Sediments, 2017, 17 (3): 780-789.

[67] Schulz H, Dunst G, Glaser B. Positive effects of composted biochar on plant growth and soil fertility [J]. Agronomy for Sustainable Development, 2013, 33 (4): 817-827.

[68] Zhang J, Lü F, Luo C, et al. Humification characterization of biochar and its potential as a composting amendment [J]. Journal of Environmental Sciences, 2014, 26 (2): 390-397.

[69] Uchimiya M, Chang S, Klasson K T. Screening biochars for heavy metal retention in soil: Role of oxygen functional groups [J]. Journal of Hazardous Materials, 2011, 190 (1/2/3): 432-441.

[70] Karer J, Zehetner F, Dunst G, et al. Immobilisation of metals in a contaminated soil with biochar-compost mixtures and inorganic additives: 2-year greenhouse and field experiments [J]. Environmental Science and Pollution Research, 2017, 25 (12): 2506-2516.

[71] Forján R, Rodríguez-Vila A, Cerqueira B, et al. Comparison of compost with biochar versus technosol with biochar in the reduction of metal pore water concentrations in a mine soil [J]. Journal of Geochemical Exploration, 2018, 192: 103-111.

[72] Xiang L, Sheng H, Gu C, et al. Biochar combined with compost to reduce the mobility, bioavailability and plant uptake of 2,2′,4,4′-tetrabrominated diphenyl ether in soil [J]. Journal of Hazardous Materials, 2019, 394: 341-348.

[73] Qian S, Zhou X, Fu Y, et al. Biochar-compost as a new option for soil improvement: Application in various problem soils [J]. Science of The Total Environment, 2023, 870: 162024.

[74] Yin Y, Yang C, Li M, et al. Research progress and prospects for using biochar to mitigate

greenhouse gas emissions during composting: A review [J]. Science of the Total Environment, 2021, 798: 149294.

[75] López-Cano I, Roig A, Cayuela M L, et al. Biochar improves N cycling during composting of olive mill wastes and sheep manure [J]. Waste Management, 2016, 49: 553-559.

[76] Zhang P, Sun H, Ren C, et al. Sorption mechanisms of neonicotinoids on biochars and the impact of deashing treatments on biochar structure and neonicotinoids sorption [J]. Environmental Pollution, 2018, 234: 812-820.

[77] Godlewska P, Schmidt H P, Ok Y S, et al. Biochar for composting improvement and contaminants reduction. A review [J]. Bioresource Technology, 2017, 246: 193-202.

[78] Alarefee H A, Ishak C F, Othman R, et al. Effectiveness of mixing poultry litter compost with rice husk biochar in mitigating ammonia volatilization and carbon dioxide emission [J]. Journal of Environmental Management, 2023, 329: 117051.

[79] Suddick E C, Six J. An estimation of annual nitrous oxide emissions and soil quality following the amendment of high temperature walnut shell biochar and compost to a small scale vegetable crop rotation [J]. Science of the Total Environment, 2013, 466: 298-307.

6 生物质高值化利用

如图 6.1 所示，联合国的最新预测显示，世界人口将在 2030 年达到 85 亿人，到 2050 年将增至 97 亿人。这一增长趋势无疑会加剧对自然资源的需求，对地球生态系统造成前所未有的压力。目前，我们所依赖的许多产品都建立在不可再生的化石资源之上，这些资源的过度使用不仅会导致大量温室气体的排放，加剧全球气候变化，而且会在生产过程中释放出有毒有害物质，对环境和人类健康构成严重威胁。此外，有些产品（如塑料废物）在自然环境中难以降解，会对生态系统和人类福祉构成长期风险。

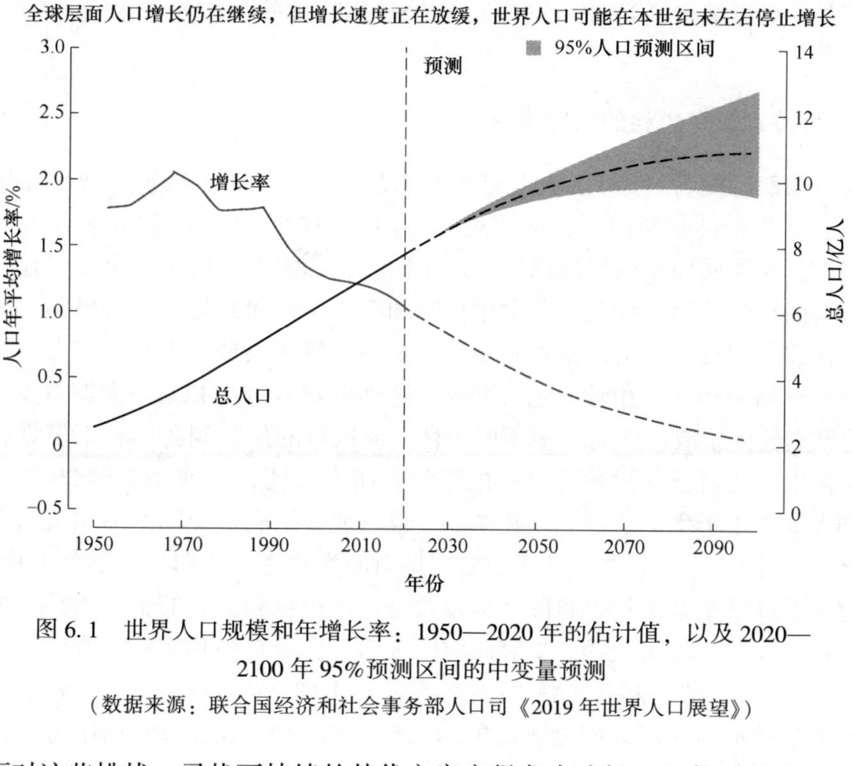

图 6.1　世界人口规模和年增长率：1950—2020 年的估计值，以及 2020—2100 年 95%预测区间的中变量预测

（数据来源：联合国经济和社会事务部人口司《2019 年世界人口展望》）

面对这些挑战，寻找可持续的替代方案变得尤为迫切。生物质能源，作为一种可再生能源，来源于木材、农作物废弃物、食品残渣以及城市垃圾等，其在能源产业中的应用前景广阔，有助于减少对化石燃料的依赖，并在环境保护方面发挥积极作用。通过生物转化或热化学转化等技术，生物质能源被转化为航空燃

料、建筑材料和化妆品等高值化生物基产品。这些生物基产品以其较少的温室气体排放、碳储存能力和可降解性，为可持续发展提供了一种有希望的解决方案。

随着生物基产品研究的不断深入，它们在多个领域的应用日益增多，从能源到材料，生物基产品正在改变我们的生活方式。本章节将详细阐述生物基产品和生物质能源的利用现状、技术进展、环境影响以及未来的发展潜力。

6.1　可持续航空燃料

航空业在全球经济中扮演着举足轻重的角色，其对全球 GDP 的贡献达到了 3.5 万亿美元，占全球 GDP 的 4.1%。然而，这一行业也是全球碳排放的主要来源之一，占全球二氧化碳排放量的 3%。面对这一挑战，航空业正在不断地寻求通过采用可持续航空燃料（SAF），如生物质和合成燃料，来减少其碳足迹，并有望在 2050 年实现净零排放的目标。尽管这一转变可能会带来成本上的显著增加，但是它可以减少高达 85%的碳排放，具体减排效果依赖于所选原料和生产技术。

6.1.1　可持续航空燃料的研究进展

可持续航空燃料（SAF）的生产原料来源广泛，涵盖了从饲料或食品用途的农作物、林业和农业副产品、使用过的食用油到城市固体废物等多种生物质材料。目前，生物质原料的发展已经经历了四代，如图 6.2 所示。第一代是用于食品和饲料的作物，第二代包括非食用作物和有机废弃物，第三代是藻类，第四代是经过代谢工程技术改造的植物和藻类。早期，研究人员利用玉米和大豆等谷物作物生产汽油和柴油，相较于化石燃料，这种生物基汽油和柴油能够减少 12%~41%的温室气体排放。然而，使用用于食品或饲料的作物制备燃料不但难以满足人类的需求，还可能导致粮食供应的竞争。研究表明，即使将美国 2005 年所有玉米和大豆都用于生产乙醇和生物柴油，也只能分别满足美国汽油和柴油需求的 12%和 6%。因此，有必要从基于粮食和饲料的生物燃料转向纤维素基生物燃料，有研究证明纤维素基生物燃料的环境效益是基于粮食和饲料的生物燃料的 2 倍。

非粮食作物和有机废物，如麻风树、玉米秸秆、轮胎热解油、废弃葵花籽油和油脂（FOG），都是制备 SAF 的潜在原料。例如，Chintala 等人研究了在直接喷射柴油发动机中使用太阳能驱动的麻风树生物质热解油（PO）作为燃料的性能、燃烧和排放特性。研究发现，将热解油与柴油混合到一定程度（不超过 40%）可以提高发动机的热效率并降低碳基排放，但当热解油比例超过 40%时，发动机性能和排放特性会受到轻微的不利影响。该研究为生物质衍生的热解油在发动机中的应用提供了新的见解，尤其是在高比例混合燃料对发动机特性的影响

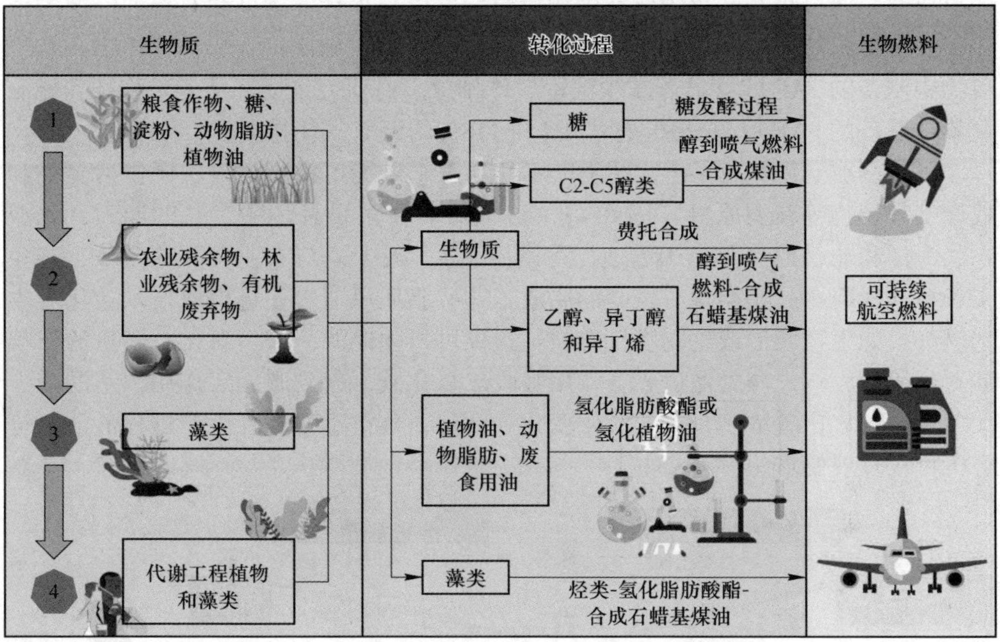

图 6.2 可持续航空燃料（SAF）的原料及合成技术

方面。Gunerhan 等人详细介绍了从废旧轮胎中通过热解技术生产航空生物燃料的过程（图 6.3），指出其高热值和良好的燃烧特性使其成为替代传统石油基航空燃料的有潜力的候选者。尽管使用这种燃料可能会对发动机性能产生一定影响，如降低静态推力和增加比油耗，但其在可持续性和可再生性方面的优势具有重要的研究和应用价值。他们还强调了废旧轮胎回收利用对环境保护和资源可持续性

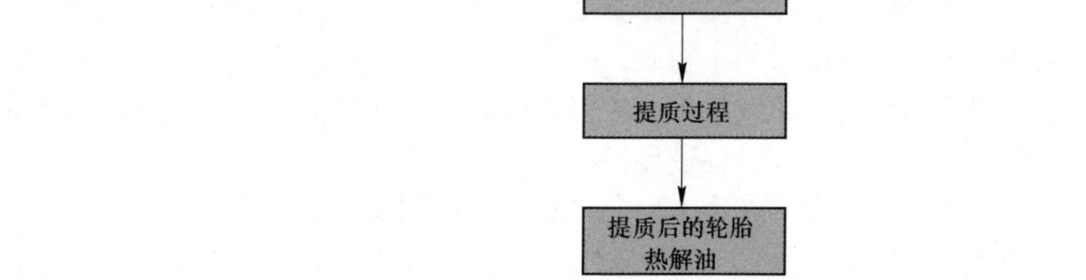

图 6.3 通过热解途径生产废旧轮胎油的流程图

的重要性，通过将其转化为航空生物燃料，可以减少环境污染和对石油资源的依赖，实现资源的循环利用和可持续发展。与化石燃料相比，从非粮食作物和有机废物中制备的 SAF 能够显著减少温室气体排放。有研究证明，从玉米秸秆和能源高粱中制备的 SAF 可以分别减少 74%和 118%的温室气体排放。

可持续航空燃料（SAF）的生产不再局限于传统生物质材料，还包括藻类和代谢工程植物等新型原料（图 6.4）。藻类具有在多种环境中生长的能力，如淡水、海洋和非耕地（如高山雪地、荒漠沙土），减少了与农业资源的竞争，避免了森林砍伐问题。藻类含有较高的脂质，这些脂质可通过先进提取技术转化为生物燃料，如生物柴油或生物喷气燃料，提供可再生能源，减少对化石燃料的依赖和对环境的影响。藻类通过光合作用吸收二氧化碳，起到碳固定作用，帮助减少大气中的二氧化碳浓度，对抗气候变化。此外，藻类生物燃料生产过程清洁，符合可持续发展要求。

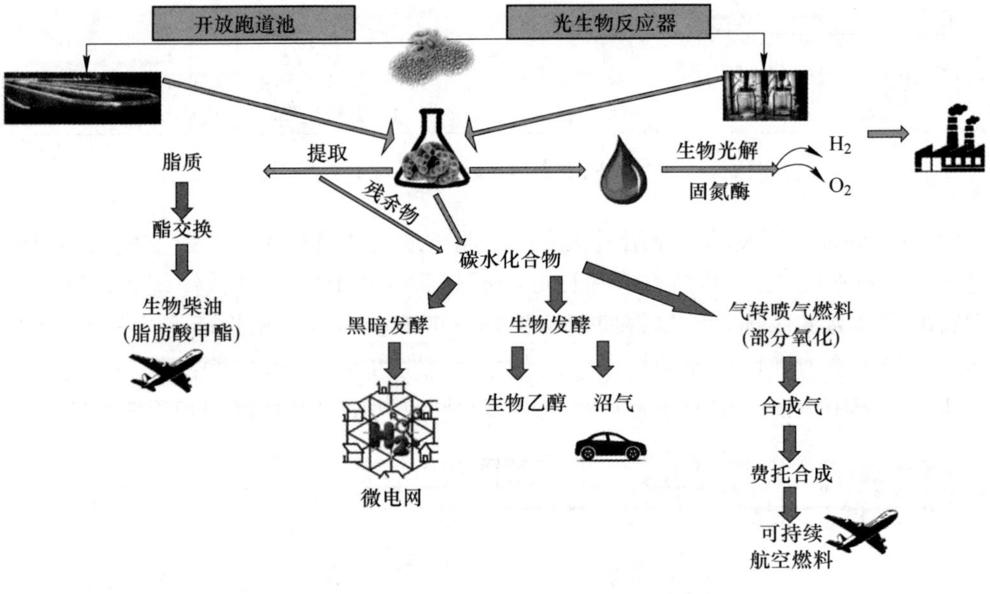

图 6.4　从藻类生产生物燃料的可能途径

利用废水养殖微藻作为 SAF 来源也具有重要意义。废水中的营养物质可促进微藻生长，生产高含油量的生物质，减少废水处理成本。生命周期评估显示，废水养殖微藻的热化学转化路线具有较低碳排放和高能源效率，减少对化石燃料的依赖，降低温室气体排放，促进可持续发展。总之，藻类和代谢工程植物为 SAF 生产提供了高效、环保的解决方案，具有广阔应用前景和重要战略意义。

代谢工程植物是可持续航空燃料（SAF）的有前景的原料来源。通过基因工程，植物可被改造以增加生物质产量或改变其组成，使其更适合生产生物燃料。

例如，增强植物脂质合成途径可提高油分含量，如在油菜中上调脂肪酸合成酶表达，显著增加油脂产量。此外，还可导入外源基因，使植物合成更多糖类或油类化合物。

这些改造植物不仅能提供丰富的生物质资源，还能减少氮肥使用，降低温室气体排放，并可在边际土地种植，避免与粮食作物竞争土地。在藻类方面，美国蓝宝石能源公司通过基因工程优化藻类代谢途径（图 6.5），使其高效地将二氧化碳转化为油脂，用于生产航空燃料。埃克森美孚与合成基因组公司的合作项目则通过基因编辑提高藻类油脂产量和环境适应性，其产出的油脂在航空燃料炼制中表现出色。代谢工程植物和藻类为 SAF 生产提供了高效且环保的原料，具有广阔的应用前景。

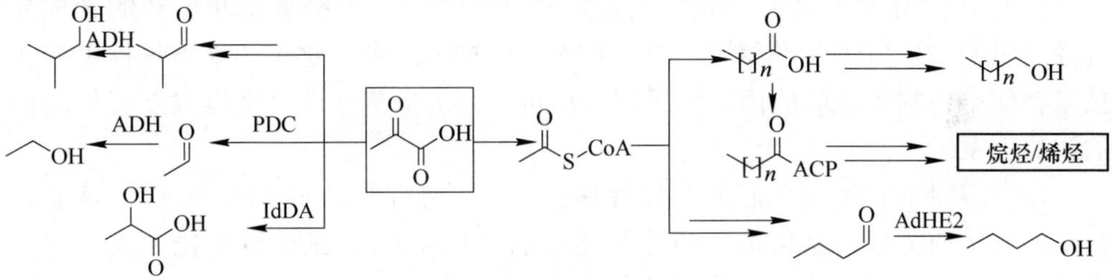

图 6.5　微藻类产生各种醇类的代谢途径与代谢工程

ADH—醇脱氢酶；PDC—丙酮酸脱羧酶；IdDA—一种特定的酶；S-CoA—辅酶 A 硫酯；ACP—酰基载体蛋白；AdHE2—一种特定的酶

可持续航空燃料（SAF）的原料来源正向多元化、创新化发展。第一代原料如玉米、大豆等因可能影响粮食供应而逐步向第二代非粮食作物和有机废物拓展，有效减少温室气体排放，为 SAF 生产奠定基础。第三代藻类原料发展迅猛，能在多种非耕地环境中生长，不仅能高效转化为生物燃料，还能通过光合作用固定碳，助力环保。第四代代谢工程植物则通过基因技术改造，富含糖类和油类，满足生产需求的同时降低环境影响。随着技术进步和原料潜力挖掘，SAF 将推动航空业向绿色、可持续方向发展。

6.1.2　生产 SAF 的高值化技术

在可持续航空燃料（SAF）的发展进程中，鉴于生物质原料所呈现出的广泛而丰富的多样性，开发与之适配的多种转化技术已然成为满足 SAF 生产需求的关键环节。回溯至 2009 年，ASTM D7566 标准开启了对 SAF 不同生产途径的认证之路，截至目前，已有八种成熟且各具特色的技术途径获得认可，如图 6.2 所示，各种技术途径的起源及获得认证的时间如下。

（1）费托合成烃类煤油（FT）。费托合成烃类煤油（FT）是煤炭间接液化的核心技术之一，德国化学家 F. Fischer 和 H. Tropsch 首先发现了这一反应因此得名，简称 FT 合成。它是以煤气化产生的合成气（CO 和 H_2）为原料在催化剂和适当反应条件下合成烃类液体产品的工艺过程。2009 年，利用非石油基合成气通过费托合成和加氢改制生产航煤的技术成功通过了严格的测试，并获得了 ASTM D7566 标准的认证。

（2）从酯和脂肪酸水解生产的合成烃类煤油（HEFA）。从酯和脂肪酸水解生产的合成烃类煤油（HEFA）在 2011 年获得了美国 ASTM D7566 燃料标准的认证。这一认证标志着这种可持续航空燃料（SAF）的生产技术得到了国际认可，可以与传统的石油基航空燃料混合使用，为航空业的可持续发展提供了重要的支持。

（3）从发酵糖水解生产的合成异烷烃（SIP）。从发酵糖水解生产的合成异烷烃（SIP）在 2014 年获得了 ASTM D7566 标准的认证，这一认证不仅标志着该技术在航空燃料领域的应用得到了国际认可，还为航空业的可持续发展提供了新的解决方案。

（4）从非石油来源的轻质芳烃烷基化衍生的芳香族煤油（FT-SKA）。从非石油来源的轻质芳烃烷基化衍生的芳香族煤油（FT-SKA）是通过费托合成工艺生产的可持续航空燃料，它在传统的费托合成石蜡煤油（FT-SPK）的基础上，通过添加芳烃成分来提升燃料的性能，并在 2015 年获得了 ASTM D7566 标准的认证。

（5）酒精至喷气合成烃类煤油（ATJ-SPK）。酒精至喷气合成烃类煤油（ATJ-SPK）通过将乙醇等酒精类原料转化为合成烃类煤油，不仅减少了对化石燃料的依赖，还显著降低了碳排放。该技术在 2016 年获得了 ASTM D7566 的认证。

（6）催化水热裂解喷气燃料（CHJ）。催化水热裂解喷气燃料（CHJ）可以将藻类或油料作物转化为航煤，该技术通过对脂肪酸酯和脂肪酸进行水热处理，将其转化为含有芳烃的合成煤油，并在 2020 年获得了 ASTM D7566 的认证。

（7）从烃类-酯和脂肪酸水解生产的合成烃类煤油（HC-HEFA-SPK）。从烃类-酯和脂肪酸水解生产的合成烃类煤油（HC-HEFA-SPK）是一种创新的生物航煤生产技术，它综合了烃类和酯类水解的工艺，能够从多种可再生原料中提取并转化烃类物质。通过加氢处理，该技术将酯类和脂肪酸转化为适合航空使用的烃类燃料，主要工艺包括酯类和脂肪酸的水解、加氢脱氧、加氢裂化和异构化反应。这不仅拓宽了生物航煤的原料来源，还提升了燃料的性能和可持续性。2020 年，HC-HEFA-SPK 技术获得了 ASTM D7566 认证，标志着其在航空燃料领域的正式被认可。

（8）含芳香族的合成烃类煤油（ATJ-SKA）。含芳香族的合成烃类煤油

(ATJ-SKA) 是在原有的醇制合成煤油 (ATJ-SPK) 工艺基础上改进而来的。通过调整芳烃的比例，ATJ-SKA 能够使制成的可持续航空燃料 (SAF) 在成分和性质上与传统航空煤油 (Jet A-1) 完全一致。这种改进使得 ATJ-SKA 燃料在性能上更接近传统航空煤油，从而提高了其在航空业中的适用性和兼容性。2023 年，ATJ-SKA 技术获得了 ASTM D7566 的认证，这标志着其在航空燃料领域的正式认可。

在可持续航空燃料的发展进程中，生物质原料的多样性和丰富性促使了多种转化技术的开发，以满足 SAF 的生产需求。这些 SAF 生产技术的成功应用和认证，不仅拓宽了 SAF 的生产途径，还为减少航空业的碳排放和推动全球能源转型作出了积极贡献。随着技术的不断进步和市场的逐步扩大，未来 SAF 有望在全球航空燃料市场中占据更大的份额，为实现航空业的可持续发展目标提供更有力的保障。

6.2 建筑材料

建筑业是全球能源消耗的主要领域之一，占据了全球一次能源需求的近三分之一，其中建筑材料的生产过程消耗了超过 80%的能源。面对可持续发展的挑战，建筑业正在逐步淘汰传统建材，转而采用新型环保材料。生物质基材料作为传统建材的有效替代品，不仅减轻了对环境的影响，还提升了建筑的能源效率，有助于减少建筑行业的碳排放，推动实现碳中和目标。

6.2.1 生物基胶黏剂

功能化木质素 (FPL) 树脂黏合剂是一种常见的木材黏合剂，通过将分离得到的木质素与苯酚在碱性条件下与甲醛反应制备。然而，目前商业木质素存在分子量大、固化条件苛刻等问题，限制了其应用性能。尽管通过额外的物理和化学处理可以改善木质素的性能，但会增加生产成本，对胶合板制造商不利。因此，在生物精炼和胶合板制造领域，将木质素作为工业可行的木材黏合剂仍面临诸多挑战。对此，福建农林大学帅李教授团队提出了一种制备木质素基木材黏合剂的策略 (图 6.6)，他们通过从木质纤维素生物质中分离出未浓缩或轻微浓缩的木质素，然后直接将木质素和水的悬浮液作为黏合剂涂抹在胶合板上。使用这种木质素黏合剂可以在不同温度下制备出性能优越的胶合板产品，成为传统木材黏合剂的理想替代品。

传统人造板材生产依赖脲醛树脂和酚醛树脂等石化基胶黏剂，这些胶黏剂消耗石化资源且可能释放甲醛等有害物质，存在环保和健康风险。木质素作为一种天然、低成本、无须固化时间的植物细胞黏合剂，具有替代传统胶黏剂的潜力，

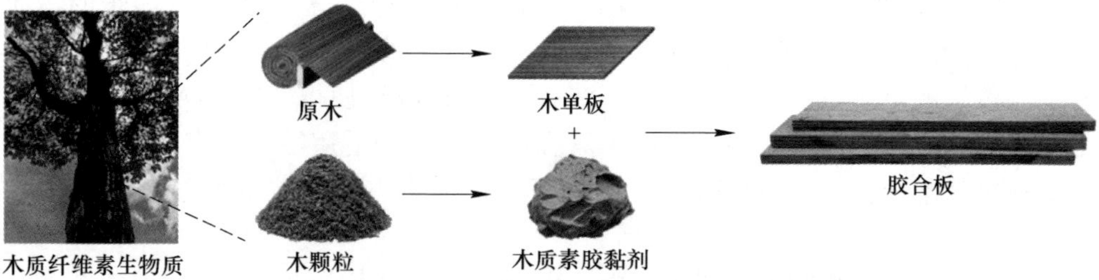

图 6.6　用木质素作为黏合剂从木单板制备胶合板的示意图

是一种环保且可持续的选择。然而，以小麦秸秆为原料的纤维板存在耐水性不足和与合成树脂相容性差的问题。在 Shi 等人的一项研究中，通过将清洗、烘干、粉碎后的小麦秸秆与不同质量分数的木质素混合，并添加双氧水后进行热压处理，成功制备出无胶秸秆纤维板材。性能测试结果显示（表 6.1），随着木质素添加量的增加，板材的邵氏硬度先上升后趋于稳定，当木质素添加量为 12%时，邵氏硬度达到最大值 83.88 MPa；吸水厚度膨胀率则先降低后升高，当木质素添加量为 10%时，吸水厚度膨胀率达到最低值 21.0%，表现出最佳的耐水性能；同时，当木质素添加量为 10%时，板材的弹性模量、最大载荷和最大应力也显著提升，分别为 37.0098 MPa、3001.80 N 和 4.3584 MPa。

表 6.1　板材的厚度及邵氏硬度测量值

木质素的添加量/%	板材厚度/mm	邵氏硬度/MPa
0	2.65	72.55
2	3.47	73.81
4	2.74	77.23
6	2.94	80.01
8	2.73	82.75
10	2.76	83.43
12	2.88	83.88

此外，其他类型的生物质如工业废弃物也可用于开发黏合剂。例如，Kássia 等人利用工业副产品腰果壳液体（CNSL）开发出一种创新的生物基酚醛清漆型酚醛树脂，如图 6.7 所示。CNSL 是一种富含酚类化合物的工业残留物，被视为石油基化学品的可持续替代品。他们以草酸为催化剂，在无溶剂条件下促使 CNSL 与甲醛发生缩合反应，成功合成了高分子量、热稳定性强的暗色树脂。此外，他们将这种 CNSL 基酚醛清漆树脂（CNSL-nov）与商用环氧树脂结合，开发出一种新型高生物基黏合剂。这种黏合剂不仅具有高交联密度和热稳定性，还表

现出疏水性，其剪切强度达到 1.71 MPa，伸长率为 2.79%，符合 GB/T 9846—2015 标准对室内胶合板的强度要求。

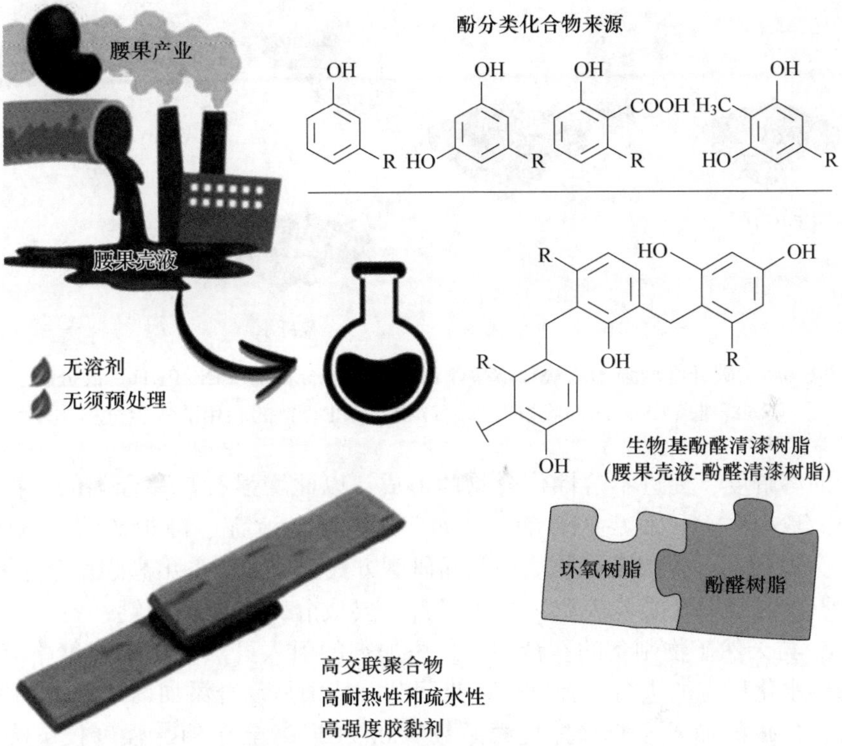

图 6.7 腰果壳液-酚醛清漆树脂合成的反应方案

由于热固性聚酰亚胺（PI）的废弃处理方法不够环保，对环境造成严重威胁，四川大学王玉忠院士和刘雪辉副研究员团队开发了一种温和且可持续的回收方法（图 6.8），用于处理废弃的碳纤维增强苯乙炔封端聚酰亚胺（CF/PETI）复合材料。他们通过乙醇胺选择性断裂 PI 中的 C—N 键，将其降解为 DPETI，并转化为高性能黏合剂。实验表明，DPETI 在室温下对多种表面的最大黏合强度为 1.84 MPa，在−196 ℃时提升至 2.22 MPa，且在 25～196 ℃循环 10 次后仍保持稳定。研究揭示了其黏合机理，发现低温下黏合强度的增强主要源于界面和内聚能的提高，氢键在其中发挥关键作用。DPETI 不仅减少了塑料废弃物对环境的影响，还在极端环境下展现出卓越的黏合性能和多重复用性，具有广泛的应用前景。

石膏黏合剂因操作性能出色且生产能耗低，在诸多领域有广泛的应用潜力。不过，其较弱的水抵抗力限制了其在一些特定场景的使用。以往研究中，常用的方法是向石膏混凝土添加化学添加剂和塑化剂来提升性能，或者通过降低硫酸钙

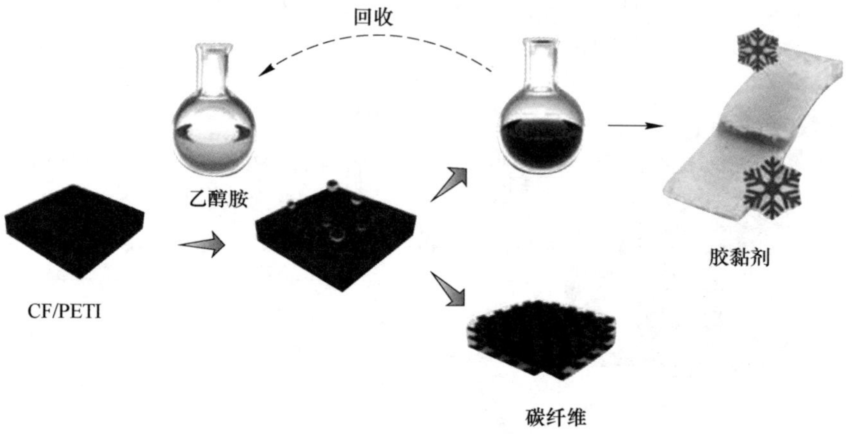

图 6.8　碳纤维增强苯乙炔封端聚酰亚胺树脂复合材料（CF/PETI）的分解、碳纤维（CF）的回收以及降解产物（DPETI）的利用的实验过程

在水中的溶解度，促进不溶性化合物的形成，以此增强石膏黏合剂的水抵抗力。Kamarou 等人通过添加工业废弃物（如普通硅酸盐水泥、高炉矿渣、电炉钢渣等）作为添加剂，采用高压釜法和共同研磨方式，成功制备出高强度且水抵抗力更强的石膏黏合剂。实验表明，合成石膏主要成分为二水硫酸钙，粒径在 200～500 μm，与天然矿物制备的石膏相近。添加剂的引入虽然使早期强度略有降低，但是随着水化反应的进行，强度会逐步回升。特别是复合添加剂（如电炉钢渣和花岗岩筛分）的加入，使水抵抗力系数从 0.38 提高至 0.81，强度仅下降 12%。扫描电子显微镜-能量色散 X 射线光谱分析表明，硅、铝、铁等化合物的均匀分布有助于提升水抵抗力，但过多则会削弱强度。该研究显示，工业废弃物作为添加剂可显著提升石膏黏合剂的水抵抗力，且性能与天然矿物添加剂相当，兼具环境效益和经济效益。

随着环保意识的提升和可持续发展的需求，生物基胶黏剂的研究和应用成为材料科学的重要课题。从木质素基黏合剂到腰果壳液体基酚醛树脂，再到废弃聚酰亚胺的回收利用，这些创新研究展示了生物基材料的巨大潜力，为替代传统石化基胶黏剂提供了可行方案。通过优化制备工艺和添加剂选择，生物基胶黏剂在关键性能上不断提升，逐渐接近甚至超越传统胶黏剂。这不仅减少了对石化资源的依赖，还降低了环境污染，推动了各行业的绿色转型。未来，随着技术进步和市场需求增长，生物基胶黏剂有望在更多领域广泛应用，为实现可持续发展目标作出重要贡献。

6.2.2　生物基绝热材料

随着对可持续发展的日益关注，建筑行业的 CO_2 排放问题成为研究热点，促使新技术和建筑形式不断涌现。近年来，建筑工业化和预制建筑成为行业焦点，外墙保温技术因其施工便捷、生产清洁且成本低廉，成为重要的节能手段。因此，研发环保高效的保温材料成为当代建筑行业的关键目标，其中生物质保温材料展现出巨大潜力。

藻类、小麦秸秆、锯末和汉麻等原料可用于制造隔热材料。例如，Zhou 等人利用锯末废物和泡沫地质聚合物开发出一种新型生物质基建筑保温材料，如图 6.9 所示。他们选用地质聚合物作为黏合剂，因为其具备高抗压强度、防火、防酸以及自然成型等优势。研究中采用直接发泡法制备泡沫地质聚合物，发现湿水与生物质质量比和 H_2O_2 用量对材料的物理性能及孔结构影响显著。通过精确调整这些参数，团队成功制备出具有卓越热性能、力学性能、良好防水性和稳定微观结构的保温材料，为建筑行业的绿色转型和可持续发展提供了有力支持。

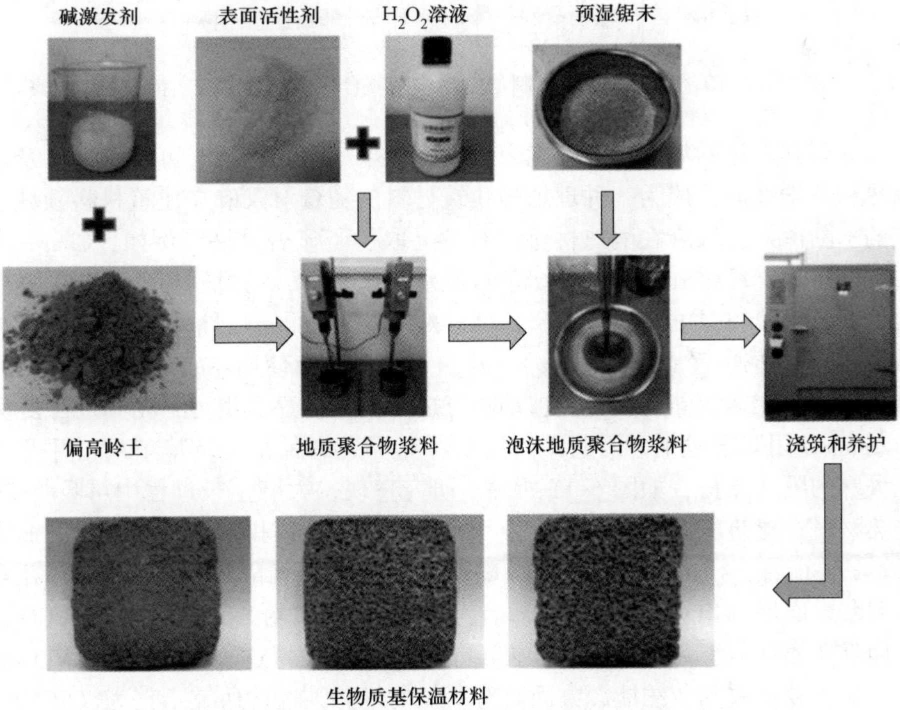

图 6.9 利用锯末制备生物质基建筑保温材料的示意图

Zhou 等人还利用杉木锯末作为原料，通过热解工艺和防火的地质聚合物作为无机黏合剂，制备了一种新型的生物质基复合保温材料，工艺流程如图 6.10 所示。研究发现，随着热解温度或停留时间的增加，热解锯末的着火点从 270 ℃显著提高到 360 ℃，而固体产率从 95%下降到 34%。当热解锯末的固体产率为 60%时，复合保温材料的综合性能达到最佳，其热导率为 0.087 W/(m·K)，密度为 430.8 kg/m^3，抗压强度为 0.97 MPa。此外，复合保温材料在高温火焰喷射下能保持结构完整性，并具有满意的碳封存能力。

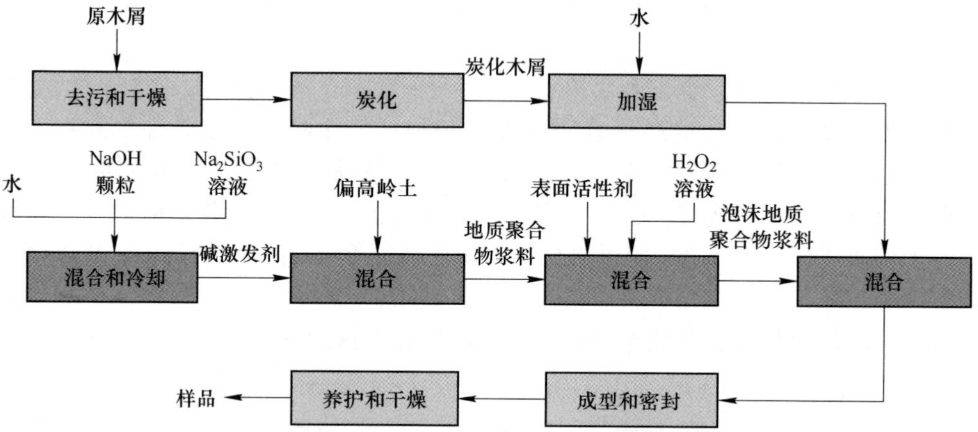

图 6.10　利用杉木锯末制备生物质基复合保温材料的工艺流程

汉麻因其卓越的温湿度管理能力、隔音效果、多功能性、可持续性以及出色的隔热和声学性能，成为一种理想的建筑材料。随着对汉麻在建筑材料领域应用研究的不断深入，汉麻在隔热材料的开发上取得了显著进展。例如，Charai 等人利用摩洛哥大麻纤维开发了一种绿色石膏基建筑材料，通过添加 6%质量的纤维，显著降低了石膏基质的密度（降低 24.5%），增强了隔热性能（提高 31.3%），并减缓了热传递速率（降低 8.5%）。建筑模拟显示，使用 40mm 厚的摩洛哥大麻石膏板的建筑在减少能耗和提供被动热舒适方面具有显著潜力，尤其是在夏季。

Zampori 团队通过生命周期评估技术研究了大麻种植的环境效应，并开发出基于大麻的隔热建材，如图 6.11 所示。研究发现，大麻生长过程中可吸收 CO_2，其隔热材料在建筑应用中碳足迹较轻，尤其在温室气体排放和能源消耗方面表现优异。具体而言，相比岩棉隔热板（CV.02），大麻纤维隔热板（CV.01）在全球变暖潜力方面展现出更显著的优势。它不仅显示出负的二氧化碳当量（CO_2 eq）值，而且在累计能源需求（CED）方面也低了 28.8%。这表明大麻纤维隔热板在减少二氧化碳排放和节约能源方面具有明显的优势。这些研究不仅为汉麻在建筑材料中的应用提供了科学依据，还为开发本地轻质低环境影响建筑材料提供了新思路，有助于提高建筑能效和可持续性，同时促进当地就业和经济发展。

生物基绝热材料在建筑行业展现出广阔的应用前景。从藻类、小麦秸秆到锯末和汉麻，这些天然原料不仅为保温材料提供了丰富资源，还在环境可持续性方面具有显著优势。通过创新工艺和科学设计，这些材料在热性能和力学性能上满足建筑需求，同时在减少 CO_2 排放、降低能源消耗和促进资源循环利用方面发挥了重要作用。随着研究和技术的不断进步，生物基绝热材料有望成为推动建筑行

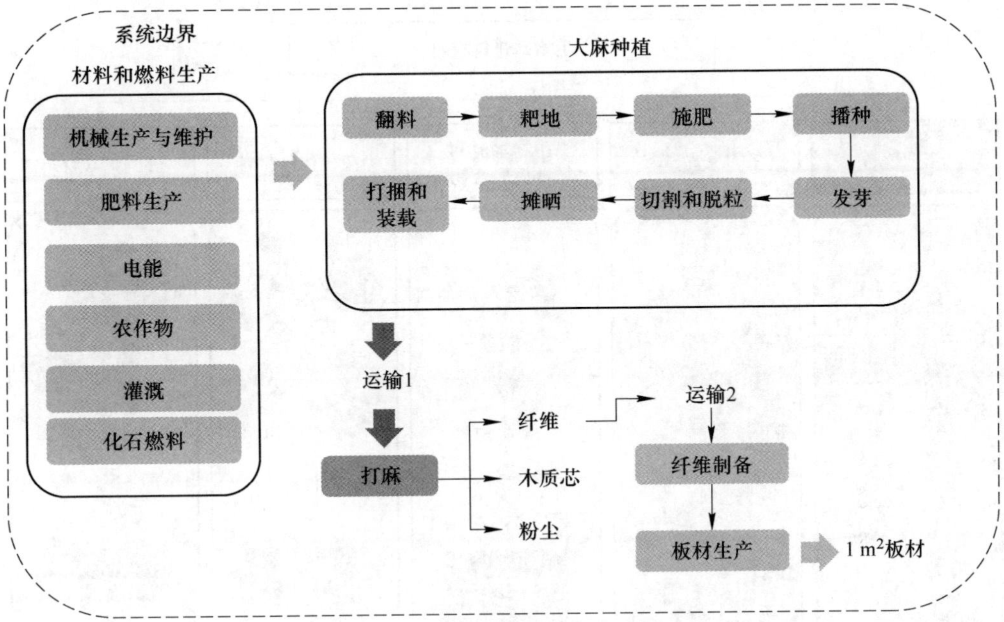

图 6.11 大麻基绝缘板的生产流程图

业绿色转型的关键力量，助力可持续发展目标的实现。

6.2.3 生物基建筑材料的发展

经过多年发展，生物基建筑材料已形成丰富多样的创新材质体系（图 6.12），涵盖生物塑料、生物复合材料、生物水泥、菌丝体基材料和纤维素基材料等。这些材料不仅性能优异、环保可持续，还在降低碳足迹、优化室内空气质量、节省资源等方面表现突出。例如，生物塑料源自可再生资源，性能媲美传统塑料；生物复合材料结合天然纤维与生物基聚合物，兼具高强度与可降解性；生物水泥通过生物质或生物技术优化传统工艺，显著减少碳排放；菌丝体基材料和纤维素基材料则具备优良的隔热隔音性能和力学特性。这些材料在建筑性能提升和创新应用拓展上潜力巨大，为建筑行业的可持续发展提供了多元路径。

南京林业大学王开立教授与刘晓蓉副教授领导的研究团队成功开发出一种光致变色透明竹材复合材料（PTB），为建筑和装饰行业的绿色转型提供了有力支持，如图 6.13 所示。该材料通过预交联去木质化技术处理切片竹单板，随后浸渍含光致变色颜料的环氧树脂，具备 81.6%的高光透射率和 79.0%的雾度，同时展现出快速光致变色响应、隔热性能和高达 84.9 MPa 的抗拉强度。这些特性使 PTB 在智能窗户、信息存储和智能装饰材料等领域具有巨大应用潜力，标志着竹材作为可再生资源在现代工业中的重要应用进展。

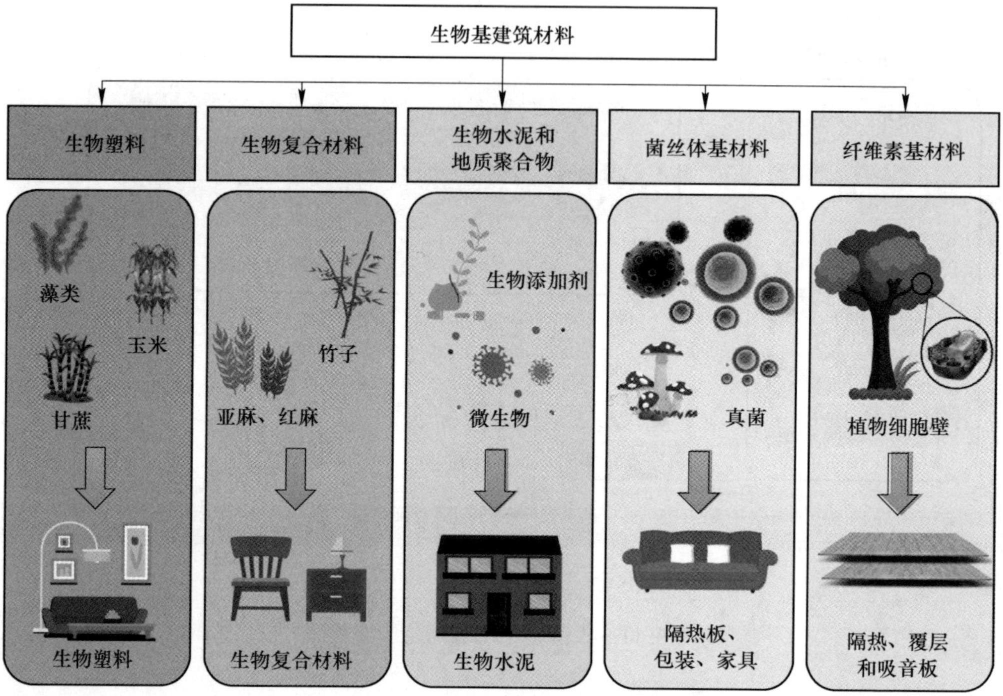

图 6.12　生物基材料在建筑领域的应用

此外，南京林业大学的 Zhong 等人成功开发了一种将废弃生物质资源（如废弃竹粉）转化为具有热致变色特性的智能建筑材料（图 6.14）——羟丙基纤维素（HPC）的方法。该方法通过从废弃竹粉中提取纤维素，并用羟丙基基团对其进行改性，制备出具有独特温度敏感性的 HPC 材料。通过精心调整反应条件，包括 NaOH 浓度、反应时间和处理温度，实现了高达 48% 的纤维素最大提取效率。进一步优化碱化温度、碱化时间、NaOH 浓度、环氧丙烷浓度、醚化温度和醚化时间，改性过程的最大产率达到 1.32 g/g。

HPC 是一种两亲性聚合物，具有独特的热响应特性，可在冷水中形成透明凝胶，随温度升高发生相分离并沉淀。它还具备热电性、悬浮能力、凝胶能力、发泡、乳化和成膜能力，广泛应用于食品、医药、涂料、建筑、化工、纺织和化妆品等行业。研究还探索了 HPC 水凝胶在智能窗户中的应用，发现其相比普通玻璃具有显著的节能潜力，为废弃生物质的高值化利用提供了新方法，有助于可持续发展和环境保护。

随着环保意识的增强，生物基建筑材料因其可再生、低能耗、良好的吸湿性和隔热性能，展现出广阔的应用前景。这些材料不仅能改善室内空气质量、提升

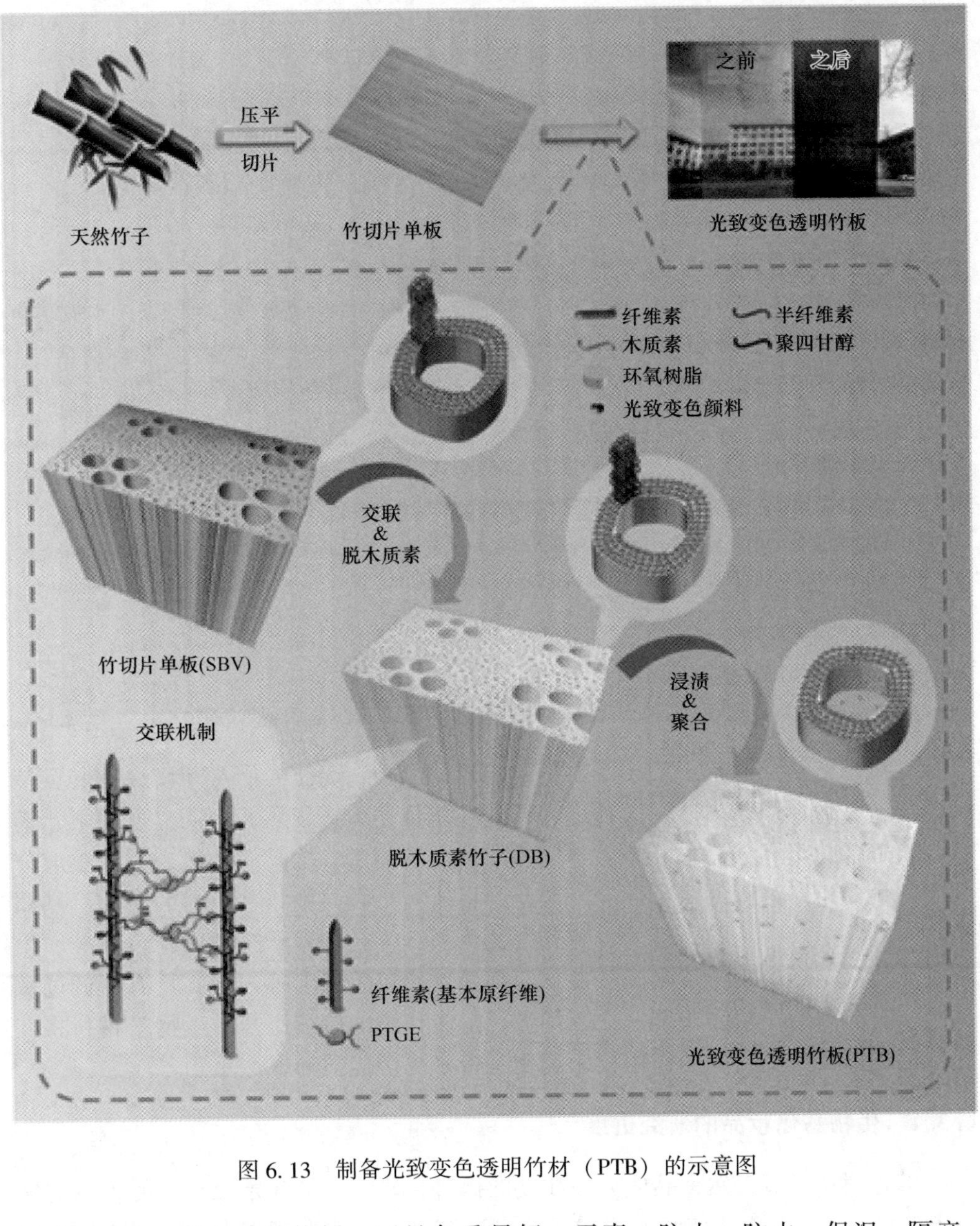

图 6.13 制备光致变色透明竹材（PTB）的示意图

居住舒适度、降低建筑能耗，还具备重量轻、无毒、防火、防水、保温、隔音、坚固耐用等优点，有助于减少化石能源消耗和碳排放。其发展标志着建筑行业在环保和可持续性方面迈出了坚实步伐，推动了行业的绿色转型。政策支持和市场需求将进一步促进其推广，为实现可持续发展目标作出更大贡献。

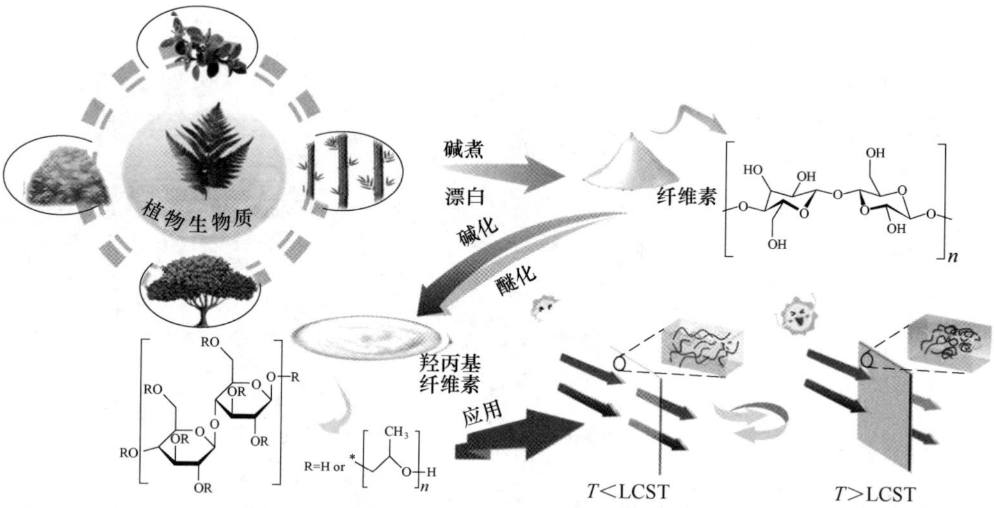

图 6.14　生物质资源转化为智能窗用材料的综合流程示意图

T < LCST—温度低于低临界溶解温度（Temperature is lower than the Lower Critical Solution Temperature）；
T > LCST—温度高于低临界溶解温度（Temperature is higher than the Lower Critical Solution Temperature）

6.3　护肤/化妆品

在全球工业化进程中，环境污染问题日益严峻，促使人们对环境保护和可持续发展的重视达到新高度，这种观念转变在化妆品消费领域尤为明显。当下，消费者对环保化妆品的需求高涨，不仅关注产品的美白、抗皱等功效，更注重成分的天然性和生产过程的绿色环保。因此，科研人员转向生物基原料的研究，利用植物、动物、微生物等丰富的资源开发化妆品，生产过程严格遵循绿色标准。生物基化妆品广泛应用于皮肤、头发、面部护理及口腔卫生等领域，具有降低过敏风险、自然降解、减少环境污染等优势。随着技术的持续进步，生物基材料将在化妆品领域发挥更重要的作用，为消费者带来更多优质环保产品。

6.3.1　生物基化妆品的研究进展

随着消费者对天然食品成分关注度的提升，研究人员开始探寻新的天然抗氧化剂来源。Azizah 等人将目光投向了可可副产品，这些在巧克力和可可粉生产中大量产生的废弃物此前常被丢弃，造成资源浪费。Azizah 团队收集了可可壳、可可豆荚等六种可可副产品，并采用甲醇、乙醇、水等七种不同极性溶剂进行提取，最终得到 42 种提取物，提取方案如图 6.15 所示。测试发现，其中 12 种提取物具有强大抗氧化活性，尤其是甲醇提取物，其抗氧化能力可与茶多酚相媲美。研究还表明，提取物的抗氧化活性与浓度、温度和酸碱度密切相关，且在50 ℃以下及中性至碱性 pH 条件下活性最高。Azizah 推测，可可副产品中的黄酮类化合物是抗氧化活性的主要来源。这一发现不仅为可可副产品的高值化利用提供了新思路，还为天然抗氧化剂的开发提供了科学依据。

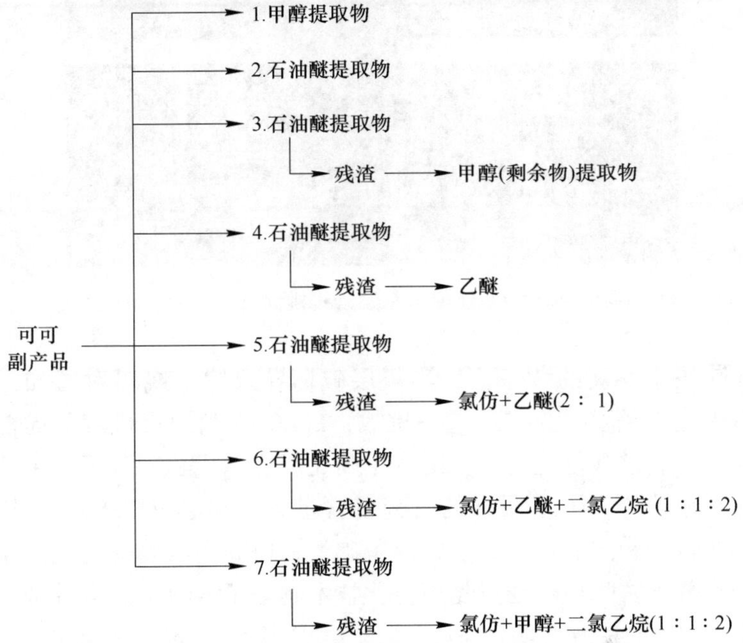

图 6.15 从可可副产品中提取抗氧化剂的方案

此外，Zhang 等人采用短时水热处理法（STH），以水为溶剂，在 180~200 ℃、10 MPa 的条件下对杨木处理 5~10 min，成功制备了木质素衍生的多酚抗氧化剂（LPA）。该方法避免了酸、碱或有机溶剂的使用，减少了化学废液的产生，简化了后处理过程。实验结果显示，LPA 产率高达 37.6%，其自由基清除指数为 53.5~67.3，显著高于商业抗氧化剂 BHT 和 BHA 的 0.2~11.1。此外，LPA 在保鲜测试中表现出色（图 6.16），喷洒 LPA 废液的樱桃在 480 h 内保持新鲜，而对照组樱桃开始腐烂。这表明 LPA 不仅可作为天然防腐剂防止细菌扩散，还能在水果表面形成保护膜，防止氧化变质。

生物质不仅可用于制备抗氧化剂，还能用于开发美白霜和防晒霜。这些产品利用生物质中的天然成分，如多酚类化合物，这些成分具有抗氧化和紫外线防护特性。多酚类化合物能清除自由基、提高抗氧化酶活性，预防和治疗皮肤病。其优异的紫外线吸收能力和自由基清除能力使其在防晒霜中得到广泛应用。此外，多酚类化合物的独特结构允许其与其他分子整合，设计混合防晒活性成分，扩展了防晒霜的应用范围。

图 6. 16　LPA 处理与对照组樱桃保鲜效果对比图

在工业化快速发展的背景下，臭氧层破坏导致紫外线辐射增加，引发皮肤癌、白内障等健康风险。为应对这一挑战，Liu 等人利用有机溶剂提取的木质素作为基础原料，通过酸催化与茶多酚发生酚化反应，成功制备了一种新型酚化木质素。该过程显著提升了木质素的酚羟基含量（增幅达 218. 8%），从而大幅增强了其紫外线防护和抗氧化能力。在此基础上，研究团队以酚化木质素颗粒为乳化剂，结合小分子防晒剂，通过超声空化技术制备了微纳米胶囊乳液，并将其作为活性成分开发出生物基防晒霜，如图 6. 17 所示。该防晒霜的 SPF 值高达 100. 2，展现出优异的稳定性、强大的抗氧化性能和不透水性。

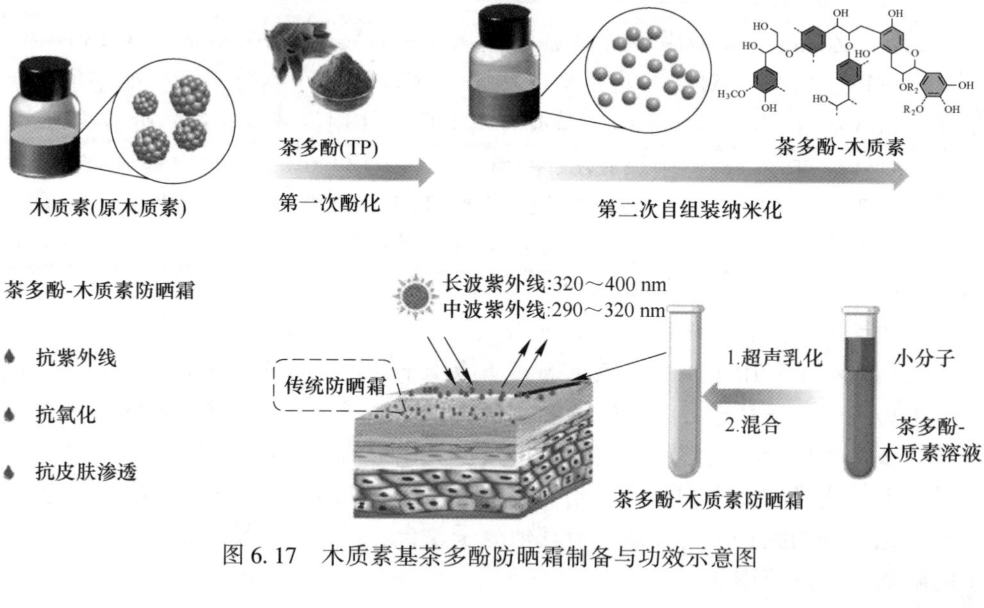

图 6. 17　木质素基茶多酚防晒霜制备与功效示意图

在全球可持续发展和环保意识增强的背景下，工业副产品如橄榄叶和柑橘皮等食品工业废弃物正被研究者探索作为化妆品成分的潜在资源。例如，d'Avanzo等研究者利用超临界流体提取技术从橄榄叶和柑橘皮中获取了富含抗氧化成分的提取物（抗氧化能力约25%），并将其应用于面霜配方（图6.18）。通过Turbiscan分析技术，研究者在室温及40 ℃极端条件下验证了提取物在面霜中的稳定性。此外，这些提取物在体外测试中对人类角质形成细胞表现出良好的生物相容性（24 h内无细胞毒性），且未对面霜稳定性产生负面影响。进一步的体内测试表明，面霜在皮肤经皮水分流失（TEWL）和红斑指数方面与阴性对照组无显著差异，证明了其安全性。该研究不仅为化妆品行业提供了天然、经济且有效的原料来源，还通过利用可再生生物质资源，推动了环保型个人护理产品的发展。

图6.18 从柑橘皮和橄榄叶中提取活性成分并应用于面霜的流程示意图

总体而言，这些研究展示了生物质资源在化妆品行业中的广泛应用前景，强调了开发环保、天然化妆品成分的重要性。随着全球对可持续发展和环保意识的增强，利用可再生生物质资源开发化妆品成分不仅有助于减少对环境的影响，还能满足消费者对天然、安全产品的需求。这一领域的研究进展为化妆品行业提供了创新的、可持续的原料来源，有望推动整个行业向更环保、更健康的方向发展。

6.3.2 生物基化妆品生产技术的研究进展

随着全球消费者对产品品质、功效和安全性的要求不断提高，化妆品和护理产品领域迎来深刻变革。科研人员通过基因编辑、细胞培养和微生物发酵等生物技术，开发出解决肌肤问题的独特活性成分，并创新绿色生产工艺，提高效率、降低成本，减少环境污染。同时，基于消费者基因信息和皮肤状况的个性化定制，提升了产品效果和用户满意度，推动行业迈向更美好的未来。

在化妆品和护肤品领域，生产技术的发展经历了显著的变革。以透明质酸（HA）的制备为例，研究进展如图 6.19 所示，这是一种广泛用于凝胶、乳液和精华等化妆品中的保湿活性成分，能够减少皱纹和衰老迹象。透明质酸最初从动物组织中提取，但这种方法存在透明质酸损失、操作困难、成本高和伦理问题。对此，Murado 等人通过一系列精细的物理和化学技术，从鱼眼中高效提取和纯化高纯度透明质酸（HA）。他们首先利用蛋白质电沉积技术去除杂质蛋白，该步骤可灵活安排在透析过滤前后或同时进行。随后，将通过酒精沉淀法得到的 HA 不纯沉淀物置于含水醇溶液中，进行选择性回收。通过精确调控碱性条件、温度、乙醇浓度和沉淀时长，促使 HA 沉淀析出，同时使蛋白质溶解。最终，利用碱性悬浮液在含水醇磷酸二氢钠体系中溶解 HA，中和提取液，并使蛋白质以不溶性沉淀形式分离。这一优化工艺使从鱼眼中提取的 HA 纯度高达 99%以上，满足了临床和化妆品行业对高品质 HA 的要求。

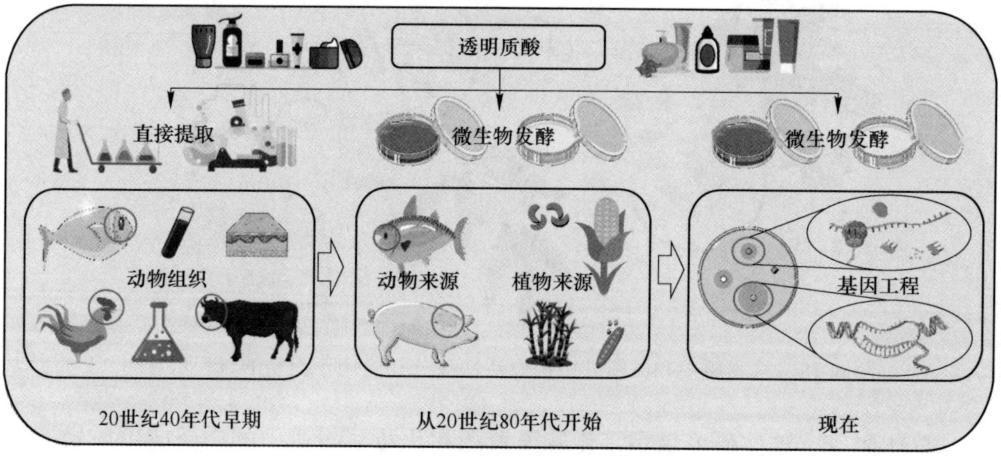

图 6.19　透明质酸制备的研究进展

鉴于动物源材料在化妆品生产中可能带来的诸多环境问题，科研人员正致力于探索以植物基原料及农业与工业废弃物来取代传统的动物源成分，以降低环境污染并契合化妆品产业对可持续发展的追求。例如，Benedini 和 Santana 等科研人员以大豆蛋白胨（SP）为替代品，在链球菌的培养环节中，取代了传统初代种子培养基中常用的脑心浸液（BHI）以及羊血，进而制备出可用于生产透明质酸（HA）的接种物。研究结果显示，当仅用 SP 部分替代 BHI 且保留羊血时，除了 HA 的平均分子量有所变化外，发酵性能与采用传统培养基时基本一致；而当 SP 完全取代 BHI 和羊血时，除了 HA 产量和与葡萄糖相关的产率与传统组有所不同外，其他各项参数也存在差异，但并未出现因细胞生长受限而导致 HA 合成受阻的代谢异常情况。此外，无论是部分替代还是完全替代，HA 的分子量都有所上升，这与乳酸和乙酸产量的减少密切相关，同时使用 SP 时 HA 的多分散性也略有提高。该研究成果极为关键，它为兽疫链球菌接种物的制备开辟了新的营养源途径，一方面有效消除了动物源成分可能引发的污染风险，另一方面也契合了制药和化妆品行业对非动物源成分的迫切需求，为透明质酸的生产及相关产业的稳健发展提供了更为安全、可靠的技术支撑。

Amado 等人利用农业工业副产品糖蜜和玉米浸泡液（CSL）制备了用于生产透明质酸（HA）的培养基。在实验中，他们配制了三种含有玉米浸泡液和甘蔗糖蜜（M）的培养基，使用分批生物反应器条件进行微生物 HA 生产。结果显示，在含有玉米浸泡液（10%，体积分数）和葡萄糖的培养基中，HA 的最终浓度达到了 3.48 g/L，与含有胰蛋白胨和葡萄糖的对照培养基（3.60 g/L）相当。然而，使用甘蔗糖蜜（10%，体积分数）作为碳源的培养基显著抑制了链球菌的生长和 HA 的生产，这是由于糖消耗低。在 CSL 培养基中生产的 HA 具有较高的分子质量［3.8×10^3 kDa（Da，道尔顿，1 Da = 1 g/mol = 1.66054×10^{-27} kg）］，高于在含有胰蛋白胨的培养基中生产的 HA（3.0×10^3 kDa）。Pan 等人利用甘蔗糖蜜作为培养基成分，来提高链球菌生产透明质酸的产量。他们通过优化发酵条件，包括控制 pH、搅拌速度和通气量，成功地在甘蔗糖蜜培养基中实现了高效的 HA 生产。实验结果显示，优化后的发酵条件显著提高了 HA 的产量，同时保持了 HA 的高质量和高分子量。这一研究成果不仅为利用低成本的农业副产品生产高价值的生物材料提供了新的方法，还为透明质酸的可持续生产提供了科学依据，有助于降低生产成本，提高生产效率，同时也减少了对传统昂贵培养基的依赖，促进了资源的循环利用和环境保护。

微生物发酵法生产透明质酸（HA）虽然广泛应用，但是仍面临诸多挑战。首先，纯化成本高，因 HA 前体底物与产物间不平衡，导致底物竞争和副产物生成，消耗大量碳源，影响 HA 产量。其次，链球菌作为自然 HA 生产菌株存在病原性风险，且分子修饰困难，限制了不同分子量 HA 的研究。此外，基因工程改造菌株虽然被尝试，但是异源表达技术不成熟，导致 HA 产量和分子量低，应用受限。

为克服这些限制，研究人员通过代谢工程和合成生物学技术优化 HA 合成。例如，Kaur 和 Jayaraman 利用代谢工程手段改造了乳酸乳球菌，特别是针对乳酸脱氢酶（ldh）缺陷型菌株，制备了透明质酸，工艺流程如图 6.20 所示。通过优化发酵条件和添加乙酸等过程策略，成功提高了 HA 的产量和分子量。实验结果显示，改造后的菌株在 HA 产量和分子量上都有显著提升，特别是 L. lactis MKG6 株，HA 产量达到 3.03 g/L，分子量达到 1.4 MDa，分别是未改造菌株的 3 倍和 3 倍。

Pourzardosht 和 Rasaee 通过基因工程技术对兽疫链球菌进行改造，成功敲除

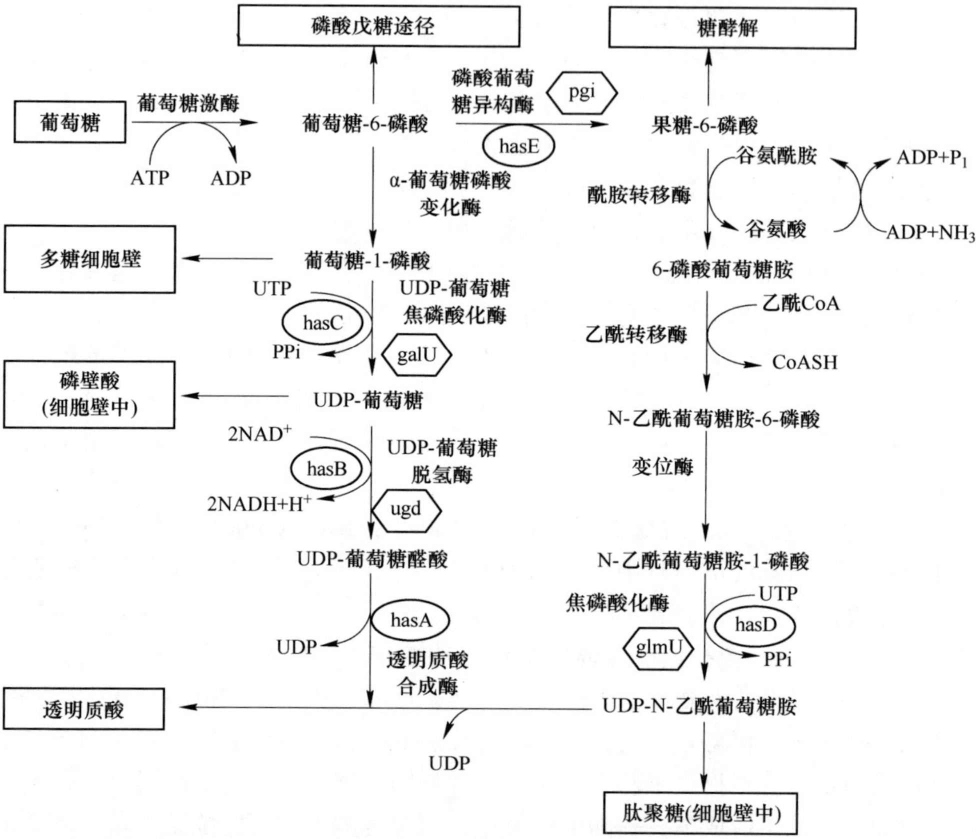

图 6.20　乳酸乳球菌中透明质酸的生物合成途径

（椭圆形中所示的 has 基因来自链球菌的异源基因，这些基因可在乳酸乳球菌中潜在表达。六边形中的基因是乳酸乳球菌的同源基因）

hasE—透明质酸合成相关基因；pgi—磷酸葡萄糖异构酶基因；ATP—三磷酸腺苷；ADP—二磷酸腺苷；UTP—尿苷三磷酸；hasC—透明质酸合成相关基因；PPi—焦磷酸；galU—尿苷二磷酸葡萄糖焦磷酸化酶基因；NAD$^+$—烟酰胺腺嘌呤二核苷酸（氧化态）；NADH—烟酰胺腺嘌呤二核苷酸（还原态）；UTP—尿苷三磷酸；hasA—透明质酸合成酶基因；UDP—尿苷二磷酸

了编码透明质酸酶的基因。透明质酸酶是一种能够降解透明质酸（HA）的酶，其存在会降低 HA 的产量和分子量。通过基因敲除操作，研究者构建了一个稳定的基因敲除菌株，专门用于生产高分子量的透明质酸。这一创新操作显著提升了透明质酸的分子量，从 1.5 MDa 增加到 3.8 MDa，同时提高了产量，如图 6.21 所示。该成果验证了基因敲除技术在提高透明质酸产量和分子量方面的有效性，并为微生物生产透明质酸提供了新的高效方法。这些方法不仅提高了透明质酸的产量和分子量，还保持了菌株在多次发酵过程中的稳定性，确保了生产的连续性和可靠性。

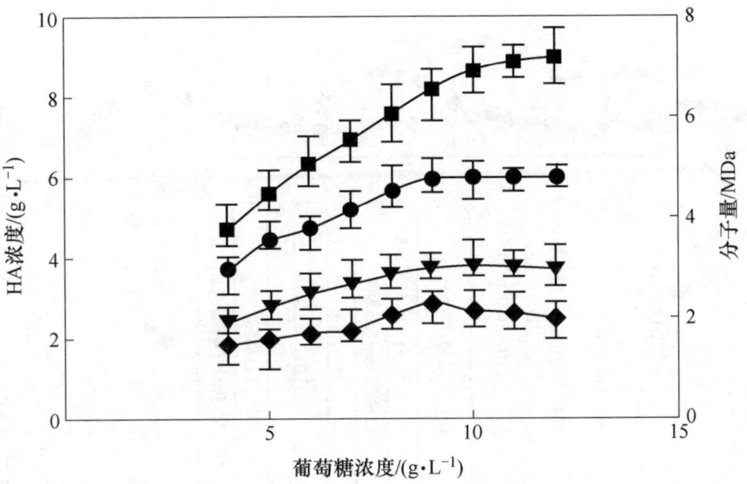

图 6.21 在不同葡萄糖浓度下，野生型和重组型兽疫链球菌生产 HA 的浓度和分子量
（实心正方形表示重组菌株的 HA 浓度，实心圆形表示野生型菌株的 HA 浓度，实心倒三角形表示重组菌株的 HA 分子量，实心菱形表示野生型菌株的 HA 分子量）

研究人员通过一系列精心设计的基因工程策略，成功提高了工程化谷氨酸棒杆菌中透明质酸的产量。具体来说，他们利用了四种间接代谢工程策略（图 6.22）：首先，通过敲除 *iolR* 基因，解除了对葡萄糖转运蛋白 IolT1/IolT2 和葡萄糖激酶的抑制，从而提高了葡萄糖的摄取效率；其次，通过表达 *pgsA2* 和 *cls* 基因，增强了心磷脂（cardiolipin，CL）的合成，心磷脂是 HA 合成酶（HAS）的辅助因子，对维持 HAS 的高活性至关重要；第三，通过适当表达 Vitreoscilla 血红蛋白（VHb），改善了细胞的氧气传递和能量代谢，进而促进了 HA 的合成；最后，通过转录组分析识别了谷氨酰胺在 HA 合成中的重要性，并通过补充谷氨酰胺进一步提高了 HA 的产量。这些策略的综合应用，使得最优菌株 Cg-dR-CLS 在 60 h 内的 HA 产量达到了 32 g/L，相比起始菌株提高了 30%。这一成果不仅验证了基因敲除和过表达在提高 HA 产量方面的有效性，还为 HA 的微生物生产提供了一种新的高效方法，有望降低生产成本并提高产品质量。

生物质基化妆品生产技术正蓬勃发展。从传统动物组织提取法的局限性突破，到微生物发酵法的广泛应用，再到基因编辑和代谢工程等前沿技术的应用，透明质酸等关键成分的生产效率和品质显著提升。科研人员探索农业与工业废弃物作为原料，降低成本的同时契合可持续发展理念。针对微生物发酵法的高纯化成本、病原性问题及工程菌异源表达技术不成熟等挑战，代谢工程和合成生物学技术优化策略成功攻克了诸多难题，为透明质酸的高效、稳定生产提供了保障。这些成果推动了化妆品行业的技术升级，助力相关产业协同发展，为消费者提供更优质、高效、安全且个性化的产品，引领行业向绿色、环保、可持续的未来迈进。

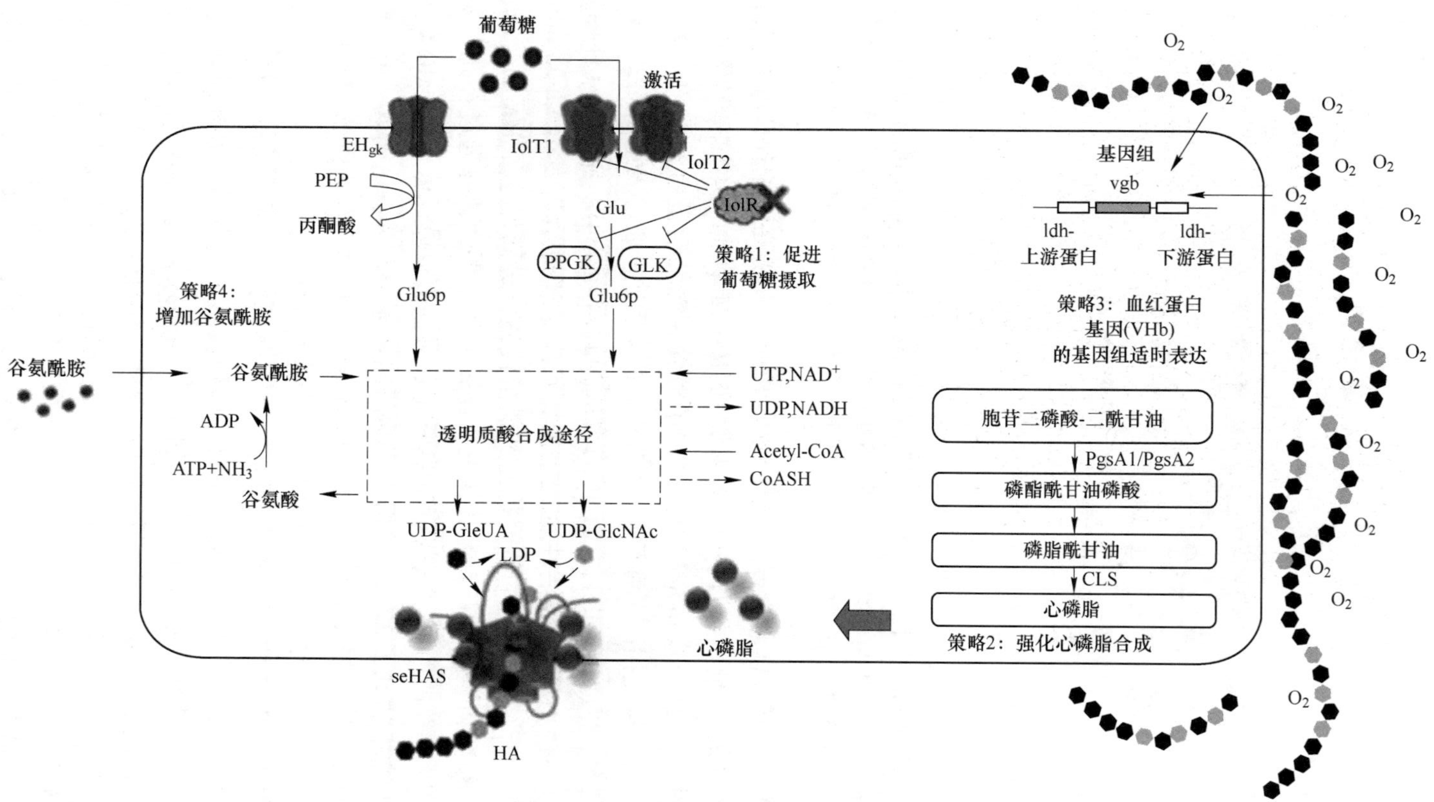

图6.22 促进透明质酸生产的四种间接代谢策略

PEP—磷酸烯醇式丙酮酸；IolT1—肌醇通透酶1；IolT2—肌醇通透酶2；IolR—一种GntT型调节因子；PPGK—磷酸葡糖激酶；GLK—葡萄糖激酶；Glu6p—葡萄糖-6-磷酸；UTP—尿苷三磷酸；NAD^+—烟酰胺腺嘌呤二核苷酸(氧化态)；ATP—三磷酸腺苷；CoASH—辅酶A；UDP—尿苷二磷酸；NADH—烟酰胺腺嘌呤二核苷酸(还原态)；Acetyl-CoA—乙酰辅酶A；PgsA1/PgsA2—磷脂酰甘油磷酸合酶1/磷脂酰甘油磷酸合酶2；GleUA—葡萄糖醛酸；GlcNAc—N-乙酰葡糖胺；CLS—心磷脂合酶；seHAS—马疫链球菌透明质酸合成酶；HA—透明质酸

6.4 能源储存与利用

目前，制备碳纤维材料主要依赖石油精细化学品或化石基碳源，如甲烷、乙烯、沥青、煤炭和焦炭等。这些碳源虽然在工业生产中应用广泛，但是均为有限的不可再生资源，形成需漫长地质年代。随着工业化进程加速，碳纤维需求日增，对这些碳源的开采和消耗也越发迅猛，导致资源枯竭风险加剧，同时给环境带来巨大压力。因此，开发创新型碳源用于功能性碳材料的制备成为材料科学领域的关键课题。在众多潜在资源中，生物质因其储量丰富、可再生性强以及全生命周期内的环境友好性脱颖而出，几乎契合了可持续发展对理想碳源的所有期待。

6.4.1 生物基碳材料的研究进展

在能源存储领域，锂离子电池的重要性不言而喻，但随着需求的增长，开发高性能、低成本的电极材料成为关键。科研人员将目光投向了廉价且来源广泛的稻壳，这是一种全球每年产生约 1.2 亿吨的农业废弃物，大部分未被有效利用。通过创新性的酸水解处理和热解工艺，Ma 等人成功将稻壳转化为碳/二氧化硅（C/SiO_2）复合材料（图 6.23），用于锂离子电池的负极。实验中，Ma 等人使用不同浓度的盐酸对稻壳进行水解，以提取其中的多糖成分，如半纤维素和纤维素，同时获得糖残渣（SR）。这些糖残渣经过炭化和球磨处理后，转化为 C/SiO_2 复合材料。在众多实验条件下，4 mol/L 盐酸水解处理的 C/SiO_2 复合材料表现尤为出色。在 0.1 A/g 的电流密度下，其首次放电容量高达 1580 mA · h/g，100 次循环后仍保持 1050 mA · h/g 的容量。在 0.5 A/g 的电流密度下，经过 200 次循环，容量保持率高达 85%，且在不同电流密度下均展现出良好的倍率性能。

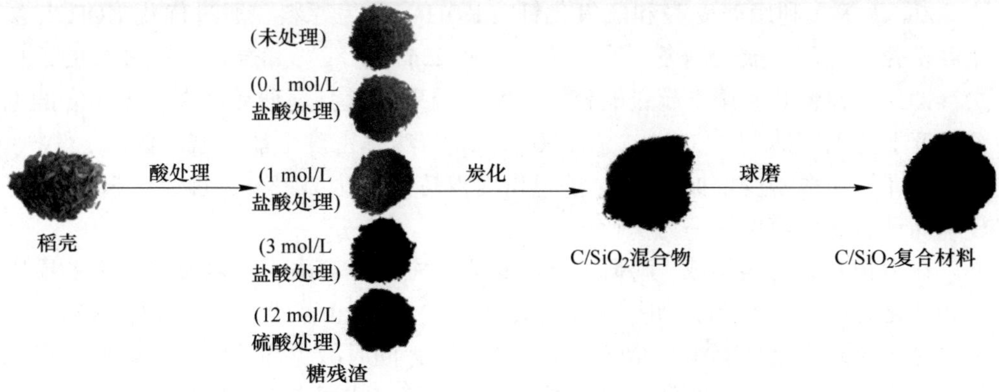

图 6.23 C/SiO_2 复合材料的制备过程

这一创新方法为生物质废物的高值化利用和石墨烯的广泛应用提供了新途径，推动了石墨烯产业的可持续发展。未来，进一步探索 FJH 技术的工业化应用和优化，有望引领石墨烯产业变革，为全球环境保护和资源利用提供新范例，助力人类社会可持续发展。

Ji 等人利用光伏产业中的硅切割废料和生物质蚕粪，通过水热法和热处理制备了片状多孔硅-碳（FP-Si@C）复合材料，它们作为锂离子电池的负极材料。这种复合材料具有独特的多孔结构，能够缓冲硅在充放电过程中的体积变化，并促进电解液的渗透。其表面的石墨化碳层不仅提高了电子导电性，还有助于维持电极结构的完整性。因此，FP-Si@C 复合材料展现出了优异的电化学性能，包括在 0.1 A/g 电流密度下高达 1322 mA · h/g 的放电比容量，以及在 1.0 A/g 电流密度下仍能保持 406 mA · h/g 的可逆容量。这项工作不仅为光伏硅切割废料的高值化应用提供了一种简便且成本效益高的方法，而且为高性能硅基负极材料的设计和制备开辟了新的途径，对于推动能源存储技术的发展具有重要意义。

此外，石墨烯作为一种具有卓越性能的材料，其在能源存储、医疗保健、电子设备等多个领域的应用前景备受瞩目。然而，传统石墨烯的生产方法存在诸多问题，如高昂的成本、大量的能源消耗以及对环境的负面影响，这些因素严重限制了石墨烯的大规模应用和可持续发展。Jia 等利用闪速焦耳加热（FJH）技术，将生物质废物成功转化为高质量的闪速石墨烯（FG），如图 6.24 所示。具体来说，FJH 技术通过将生物质废物（如小麦秸秆、稻草等）在极短的时间内加热至高温，迅速将其转化为石墨烯。这一过程不仅高效，而且环境友好。实验结果显示，生物质废物衍生的 FG 在碳和水足迹方面减少了 90%以上，显著降低了对环境的影响。与传统石墨烯生产方法相比，FJH 过程使得生命周期环境影响，包括碳排放和淡水使用，减少了 10 倍以上。生物质废物衍生的 FG 比基于石墨生产的石墨烯成本低 10 倍以上，这使得 FJH 技术在经济上更具吸引力。

Zhang 等人利用荞麦壳和氢氧化钾（KOH）作为原料，通过优化 KOH 与炭化荞麦壳的比例，成功制备了高比表面积（2347 m^2/g）和合适孔径分布的活性炭（AC），并将其应用于超级电容器。实验结果显示，这种活性炭在 1 A/g 的电流密度下比电容达到 295 F/g，在 500 W/kg 的功率密度下能量密度为 12.3 W · h/kg，即使功率密度增加 30 倍，能量密度保持率仍达 70.5%，且经过 3000 次充放电循环后比电容保持率为 98.5%。

在生物基碳材料领域，科研人员将稻壳、蚕粪、荞麦壳、木质素等生物质废弃物转化为高性能材料，如锂离子电池电极、超级电容器活性炭和碳纳米管纤维。这些成果为全球能源存储问题提供新思路，同时减少环境污染、降低生产成本，并推动高性能材料的商业化发展。未来，随着技术进步，生物基碳材料研究将不断深化，为可持续发展提供更多解决方案和机遇。

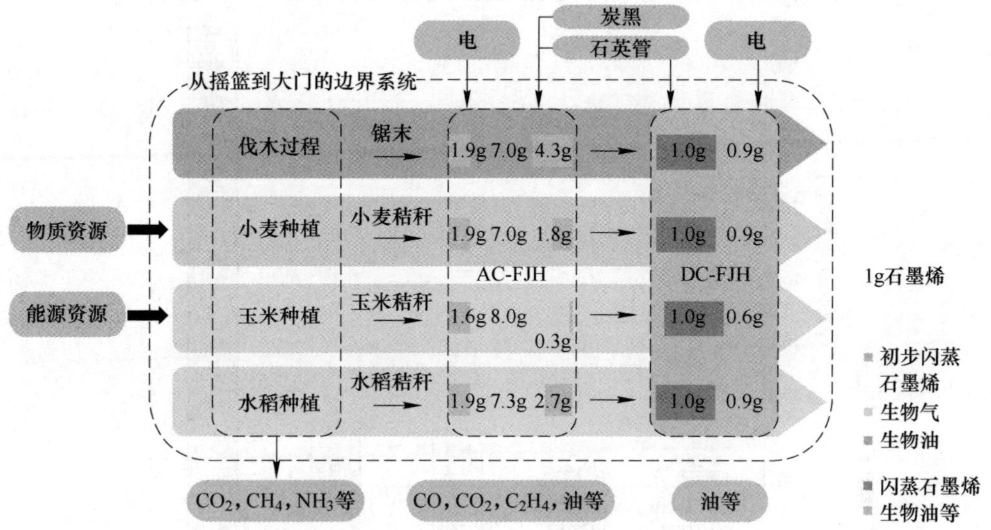

图 6.24 生物质衍生 FG 的制备路线及工艺

AC-FJH—交流闪焦耳加热（Alternating Current-Flash Joule Heating）；
DC-FJH—直流闪焦耳加热（Direct Current-Flash Joule Heating）

6.4.2 生物基碳材料生产技术的研究进展

在生物质用于碳材料制备的研究过程中，研究人员识别了不同生物质利用技术的不足之处，并进行了改进，从而推动了该领域高值利用技术的发展。目前，大规模制备石墨烯的主要方法是自上而下的合成方法，该方法涉及剥离石墨烯。然而，这种方法依赖于天然石墨，并且需要大量的溶剂，这存在潜在的环境和健康风险。更重要的是，其碳足迹非常高，使用传统方法制备 1 g 石墨烯所产生的温室气体（CO_2 当量）高达 330 g，如图 6.25 所示。从废弃生物质中制备的石墨烯材料也存在一些缺点，如质量低、缺陷多、污染和氧化等，这些因素可能会限制其在石墨烯行业的大规模应用。

为了克服这些挑战，研究人员正在探索新的制备方法。例如，Liu 等人通过创新的转化技术，利用废弃的木质素作为原料，成功连续制备了高性能碳纳米管纤维。具体方法包括溶剂分散、高温热解、催化合成和组装，如图 6.26 所示。首先，将木质素溶解在适当的溶剂中，然后在高温炉中加热，使溶剂蒸发，木质素分解为单环芳香烃。在 1300 ℃以上的温度下，这些单环芳香烃进一步热解为氢气和一氧化碳，在铁催化剂的作用下合成碳纳米管。最终，通过水密化和扭转或滚动处理，将合成的碳纳米管进一步组装成袜状集成体，得到碳纳米管纤维。这些纤维不仅具有高抗拉强度（1.33 GPa）和高电导率（1.19×10^5 S/m），还实

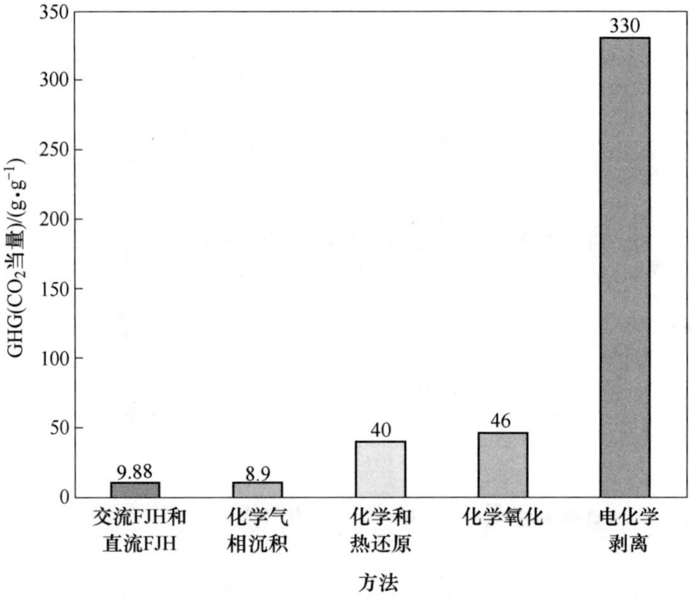

图 6.25　使用 FJH 技术和传统方法制备 1 g 石墨烯所排放的温室气体（以二氧化碳当量计）

现了高制备速率（120 m/h）。该技术不仅打破了生物质不能连续制备 CNT 纤维的限制，还通过溶剂分散、高温裂解、催化合成和组装，成功制备了 CNT 纤维，生产速率高达 120 m/h。使用木质素作为前驱体，相比传统的聚丙烯腈基碳纤维，生产成本显著降低，且制备过程简单，能耗低。制备的 CNT 纤维具有高拉伸强度、高热导率［33.21 W/(m·K)］和高电导率，超过了大多数已报道的生物质衍生碳材料。

此外，该制备方法不仅适用于木质素，还适用于其他芳香生物质材料，如茶多酚和单宁酸，大大促进了各种生物质材料的高值化利用。这项研究不仅为生物质木质素的高附加值利用提供了一种新的途径，还为高性能能量存储设备的开发提供了新的思路和方法，具有重要的科学和实际应用价值。

Ding 等人通过创新的转化技术，将生物质木质素转化为石墨烯量子点（GQDs），并将 GQDs 重新融合到石墨烯上，实现了石墨烯量子点在石墨烯上的原位生长，形成了石墨烯量子点和石墨烯片（GQD/Gr）异质结，如图 6.27 所示。与 AL 电极相比，这种 GQD/Gr 异质结展现出更高的等效串联电阻（0.684 Ω）、更低的电荷转移电阻（1.2384 Ω）、更高的特征频率（3.3 Hz）和更短的时间常数（0.3 s）。这种材料不仅解决了大多数木质素基超级电容器低比电容的缺陷，还实现了高比电容（404.6 F/g）和短充电时间常数（0.3 s），分别是未改性木质素电极的 2.5 倍和 7.5 倍。此外，GQD/Gr 异质结还展示了良好的倍率性能和循环稳定性。通过这种创新的转化技术，GQDs 在石墨烯层之间的间隔作用避免了

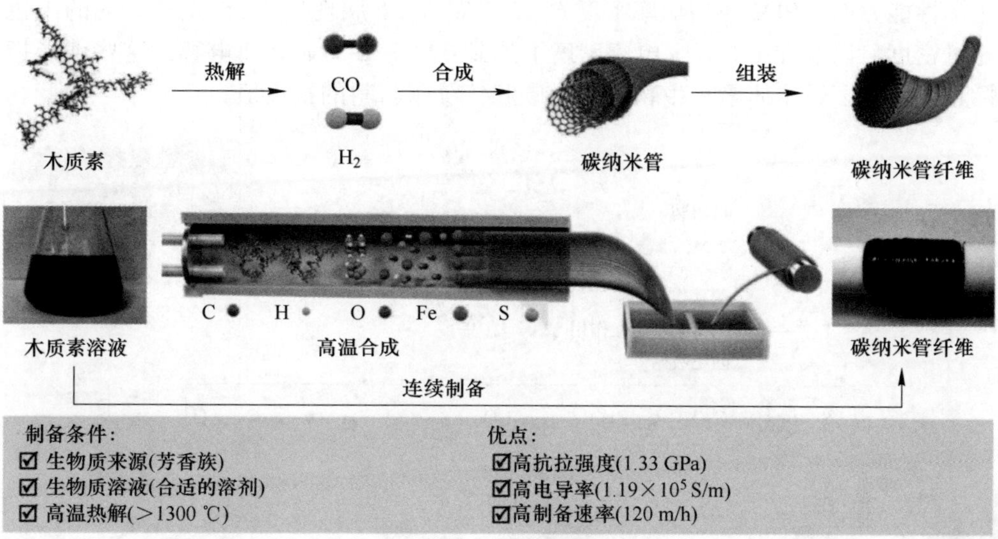

图 6.26 从木质素到 CNT 纤维的合成机制及其各自的加工示意图

石墨烯层的堆叠和聚集，增加了电子电容位点，并提供了更加复杂的电子传输通道，从而显著提高了超级电容器的性能。

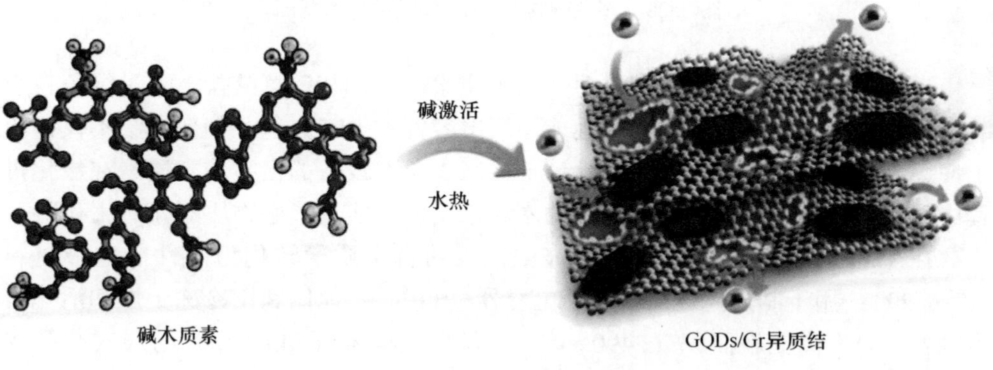

图 6.27 碱激活水热法制备 GQDs/Gr 异质结示意图

部分科研人员利用先进实验设备和精密测试技术，深入研究合成碳材料的孔隙分布。通过大量严谨实验和数据分析，他们为高性能碳材料的制备提供了宝贵思路，涵盖性能提升和应用拓展等方面。例如，Fu 等人采用原位炭化技术，从木材中提取了多组分聚合物阴离子表面活性剂木质素磺酸盐，并在不同环境下制备了独特的多孔木质素衍生碳准纳米片（PLC），同时分析了它们的孔隙分布，如图 6.28 所示。通过这种方法获得的 PLC 具有显著的中孔体积比例和较小的微孔比例，展现出大的比表面积、平衡的孔隙分布和合理的孔径分布。特别是在电化学性能方面，PLC 在高功率密度 6157.9 W/kg 下展现出 9.75 W · h/kg 的出色能量密度，以及在 1.0 A/g 电流密度下达到 320 F/g 的显著比电容，这些性能指标超过了大多数木质素、生物质衍生碳和传统碳材料的报道值。

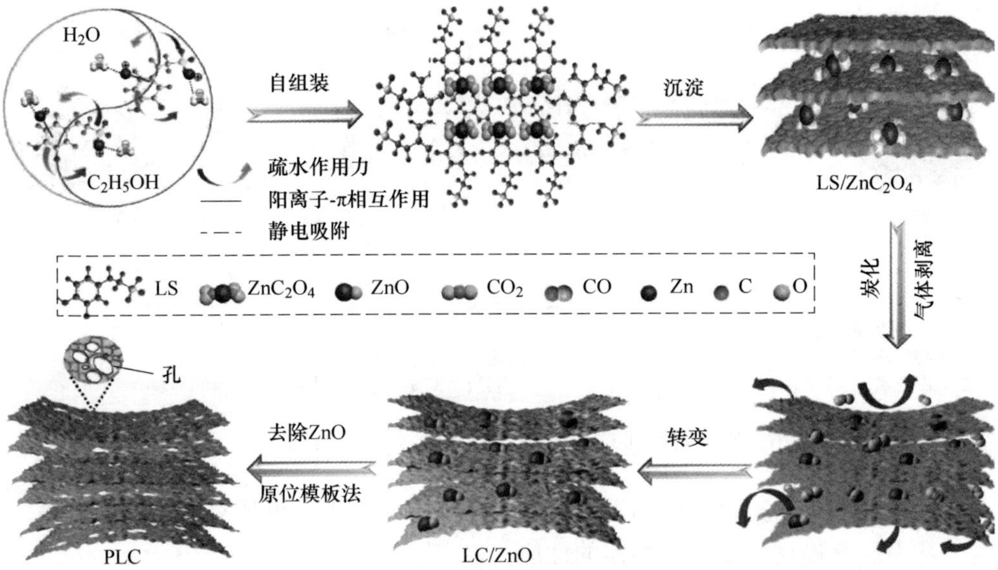

图 6.28　多孔碳材料 PLC 合成过程示意图

进一步地，科研人员利用水溶性的木质素磺酸钠和锌草酸盐，通过绿色自组装合成方法，成功制备了用于高性能超级电容器的 PLC。这一创新方法不仅避免了使用传统化学活化中的强腐蚀性试剂，减少了对设备的损害和木质素在炭化过程中的收缩，还充分利用了可再生的木质素资源，实现了生物质的高值化利用。

在 Yang 等人的一项创新性研究中，成功将木质素转化为高性能电极材料（图 6.29），用于制造先进的锂离子电容器（LICs）。他们利用冷冻干燥和活化技术制备了具有高比表面积（2490 m^2/g）和高比电容（145 F/g）的层次孔隙碳（LPC-3）。同时，通过铁催化石墨化策略合成的石墨碳（LGC-1500）展现出了优异的平台容量和倍率性能，这种技术通过铁催化剂将有机物转化为石墨碳纳米结构，提供了一种均相固态催化的新方法。将 LPC-3 和 LGC-1500 组合成的 LICs 在能量密度、功率密度和循环稳定性方面均表现出色，分别达到了 97 W · h/kg、11.4 W/g 和 92.3%的容量保持率，这些性能指标不仅优于一些已报道的 LIC 配置，而且为设计高性能、可持续的能源存储系统提供了重要的指导和见解。

从孔结构的角度来看，表 6.2 揭示了 LPCs 具有相对较大的微孔和中孔比例（微孔与中孔两者之间的比例），其中 LPC-3 的孔径大于 1.25 nm 的比例最高，达到 54%，这种孔结构有利于电解液离子的快速扩散。相比之下，LPC-4 的孔径大

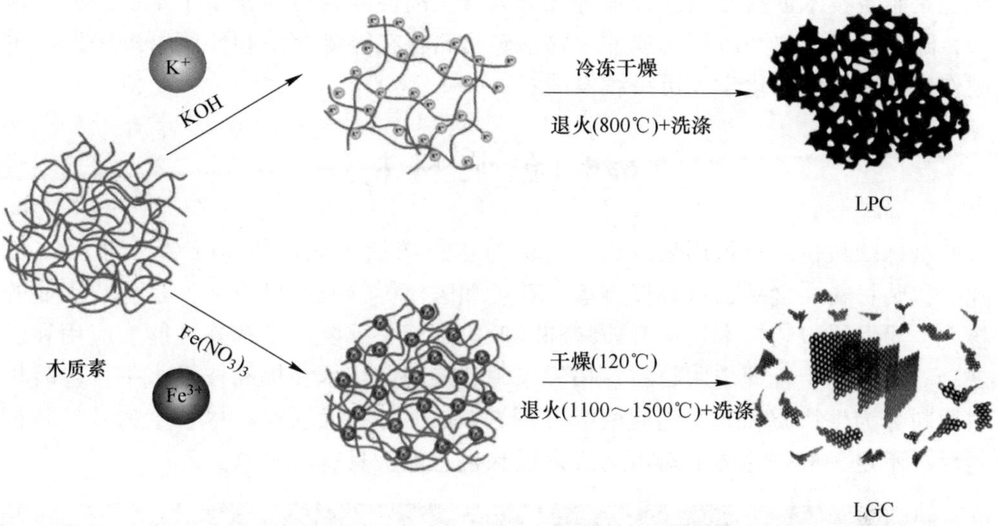

图 6.29　木质素衍生功能碳的制备过程示意图

于 1.25 nm 的比例较低，这可能是由于金属钾对碳骨架的过度腐蚀以及微孔附近碳骨架的坍塌，导致一些微孔转化为中孔甚至大孔。在 LGCs 中，微孔相对较小，中孔几乎不存在，而大孔占相当大的比例。LGC-1500 完全由大孔组成，这可能是由于炭化温度的升高、碳原子的重排以及炭化过程中孔结构的融合所致。通过这种创新的转化技术，Yang 等人的研究团队不仅提高了木质素的利用效率，还为解决能源存储领域的关键挑战提供了新的解决方案，推动了可持续能源存储技术的发展。

表 6.2　木质素衍生的 LPCs 和 LGCs 的孔隙分布情况　(%)

样品	V<1.25 nm	V=1.25~5 nm	V>5 nm
LPC-2	83	16.9	0.1
LPC-3	46	53.7	0.3
LPC-4	49.4	49.6	1
LGC-1100	44.4	0	55.6
LGC-1300	48.9	0	51.1
LGC-1500	0	0	100

注：在 LPC-X 中，X 表示氢氧化钾对木质素的质量比例；在 LGC-Y 中，Y 表示合成时的温度。

生物基碳材料技术发展迅速，科研人员不断探索完善，已实现将木质素等废弃生物质高效转化为高性能碳材料用于能源存储。这些成果提升了生物质利用效率，降低了环境污染，推动了可持续能源存储技术的进步。无论是在孔隙结构优化还是制备技术创新方面，每项进展都为开发高性能碳材料积累了重要经验。未来，随着技术成熟和应用拓展，生物基碳材料将在能源存储和环境管理中发挥关键作用，助力绿色化学和可持续发展。

6.5　包装材料

全球塑料包装材料用量巨大，占塑料年总产量4亿吨的40.5%，约1.62亿吨。包装材料在食品、汽车仪表盘、鞋类和医疗等领域不可或缺，是包装工业的核心，对发展包装技术、提升质量和降低成本至关重要。了解其性能、应用和发展趋势，有助于合理选用材料、拓展来源、采用新技术和提高技术水平。包装材料原料分为生物质和非生物质两类（图6.30），各有优缺点。尽管生物基包装材料存在不足，但是总体上对可持续发展和生态保护具有积极意义。

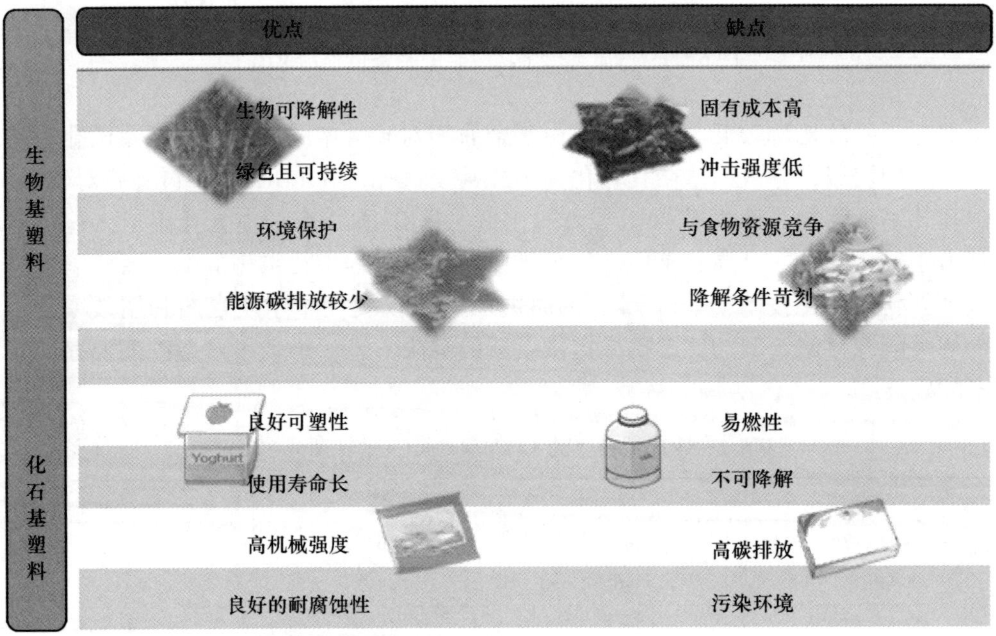

图6.30　生物基塑料与石油基塑料优缺点

塑料包装处理的难度以及其对环境的影响促使了塑料包装的不断创新，使用天然有机萃取物和生物基材料代替化学防腐剂和传统塑料材料是一个可行的方案，不仅能够减少对环境的污染，还可以提高生物质的利用率，促进可持续发展。同时，消费者的日常需求以及对健康的关注促使智能包装系统的出现，以达到监控包装的质量。在智能包装中使用化学染料作为指示剂，虽然能够达到监控的作用，但是这些化学染料具有较高的毒性，会对人体健康和环境造成不良影响。智能包装系统是一门非常有前途的技术，它可以通过监控包装的质量和状态，保证食品的安全和质量，从而提高消费者对食品的信任和满意度。使用天然色素作为指示剂可以避免化学染料对人体健康和环境造成的潜在危害。因此，它推动了从废弃生物质中提取出天然色素用作可生物降解包装中的指示物质研究方向的发展。这些研究不但能够实现废弃生物质的高值化利用，实现其价值，还能有利于人体健康和生态环境，对于推动包装行业的可持续发展具有重要意义。

生物复合材料在食品包装行业中的潜力和价值。采用天然材料和可降解填料作为生物基和填充物，可以制备出环保型、高效的活性包装材料，其力学性能、阻隔性能、抗氧化和抗菌活性等方面表现出良好的性能。同时，这些生物复合材料的开发和应用不仅能够减少对环境的污染，还能够实现食品垃圾的高值化利用，促进农业废物的处理和转化。

6.5.1 生物基包装材料的研究进展

可用于制备生物基包装材料的物质有很多，如低成本、可生物降解的孤雌果枣浓缩纤维、橙皮、茶树油等。利用这些材料可以制备出具有某些独特性能的包装材料。例如，Merino 等研究人员通过创新方法，将醋酸水解得到的橘皮（hOP）与增塑的壳聚糖（pCS）结合，采用浇铸法开发出一种新型生物基包装材料，如图 6.31 所示。该材料中 hOP 的质量分数高达 70%，通过几丁质和果胶分子间的强相互作用，显著提升了力学性能、阻隔性能和热性能。虽然其水阻力增强，但是因静电作用丧失了抗菌活性。该薄膜在土壤中 26 天后质量损失达 62.9%，表现出优异的生物降解性，同时具有高透明度和抗氧化能力，适用于干食品活性包装。这项研究展示了利用蔬菜废弃物和几丁质开发环保、高性能生物基包装材料的潜力，为包装行业向可持续方向发展提供了可行方案，具有重要的应用价值和环境意义。

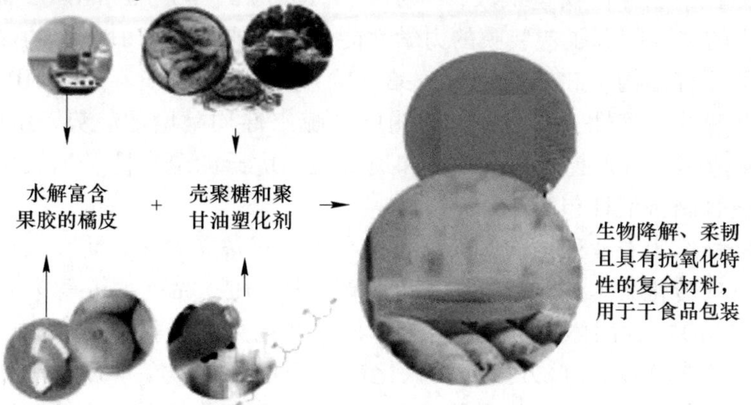

图 6.31 使用橘皮制备生物基膜的基本原理

Wang 等人以聚乙烯醇（PVA）和橘形树胶（SG）为基质，茶树油（TTO）为活性成分，羟基磷灰石多孔微球（HPMS）为载体，研发出一种新型环保活性包装薄膜。通过扫描电子显微镜（SEM）和透射电子显微镜（TEM）表征，发现 HPMS 呈球形或椭圆形，直径为 3~4 μm，外壁覆盖羟基磷灰石纳米纤维，且具有多孔特性。在制备过程中，TTO-HPMS 以不同质量比添加到 PVA/SG 复合薄膜中，制备出不同性能的活性包装薄膜。这些薄膜具有良好的力学性能、光学性能，以及显著的抗菌和抗氧化能力。抗菌能力分析（图 6.32）显示，不含 TTO-HPMS 的薄膜对金黄色葡萄球菌和大肠杆菌无抑菌作用，而随着 TTO-HPMS 含量增加，其抗菌性能显著提升。

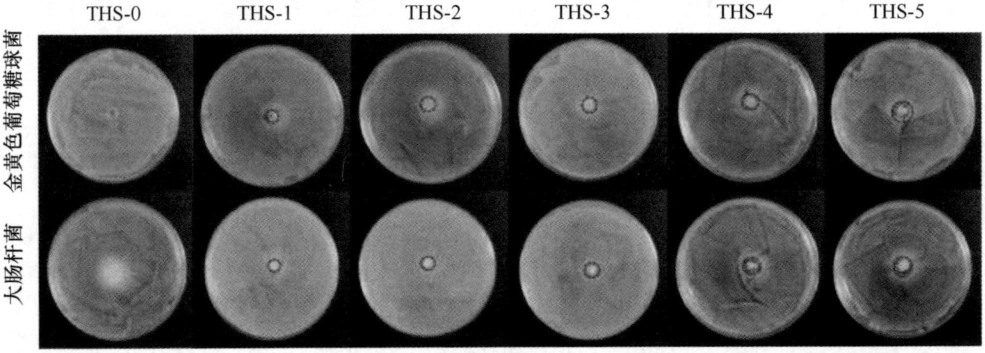

图 6.32　不同 TTO-HPMS 含量的包装膜对金黄色葡萄球菌和大肠杆菌的抗菌性能
［THS-*X*（*X*= 0、1、2、3、4、5）分别表示含有 0、0.5%、1%、1.5%、2%、2.5%（质量分数）TTO-HPMS 的薄膜］

如图 6.33（a）所示，随着 TTO-HPMS 添加量的增加，薄膜厚度增加，抗拉强度和断裂伸长率减小，弹性模量先减小后增大。其中，THS-0 薄膜的抗拉强度、断裂伸长率和弹性模量最大，分别为 9.13 MPa、43.7%和 8.82 MPa，说明 TTO-HPMS 的加入削弱了包装膜的力学性能，这可能是由于 HPMS 的加入破坏了薄膜基体的原有结构。此外，从图 6.33（b）可以看出，随着 TTO-HPMS 含量的增加，包装膜的透气性、抗菌性、透明度和疏水性均呈增加趋势。由图 6.33 可知，THS-4 薄膜具有理想的力学性能和透气性，优异的疏水性、抗氧化性和抗菌性，非常适合制备活性包装。

玉米秸秆作为农业残留物，其高质化利用一直备受关注。研究人员不断努力寻找能够有效转化玉米秸秆的方法，以生产高附加值产品。Sun 等人开发了一种以氧化镍（NiO）为固体氧化剂，将玉米秸秆转化为乳酸等高附加值产品的绿色方法，如图 6.34 所示。该方法利用氧化镍作为催化剂，在水热条件下，将玉米秸秆中的碳水化合物高效转化为乳酸。通过优化氢氧化钠和氧化镍浓度、反应温度和时间等条件，乳酸的产率可达到 15.3%，显示出较高的转化效率。与传统发

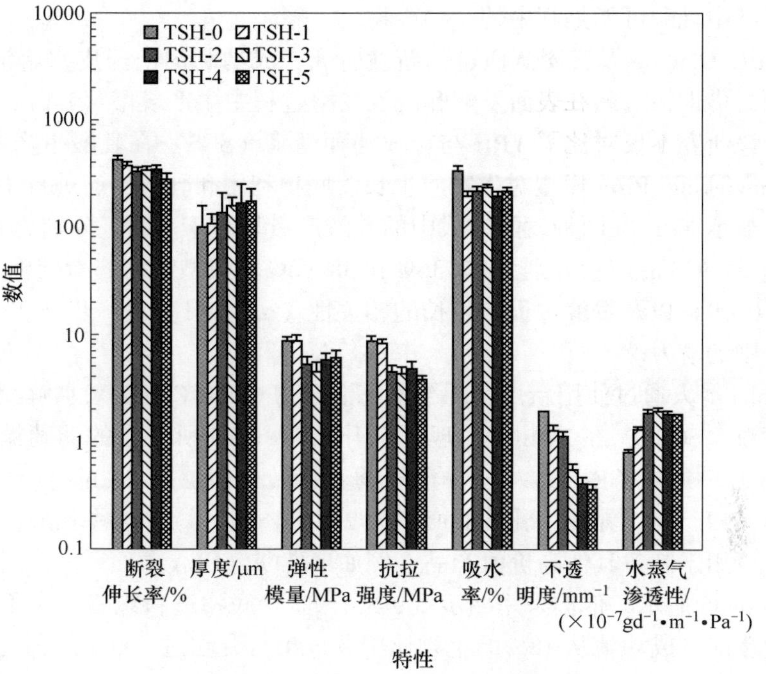

图 6.33 生物基包装材料特性对比

［THS-X（X= 0、1、2、3、4、5）分别表示含有 0、0.5%、1%、1.5%、2%、2.5% TTO-HPMS 的薄膜］

酵法相比，该方法生产效率更高，且相较于化石能源法，能够节约更多能源。此外，使用玉米秸秆生产的乳酸可直接用于制备有机融雪剂，无须额外分离处理，具有显著的高附加值。这种绿色转化方法为生物质废弃物的高值化利用提供了新思路，推动了可持续发展。

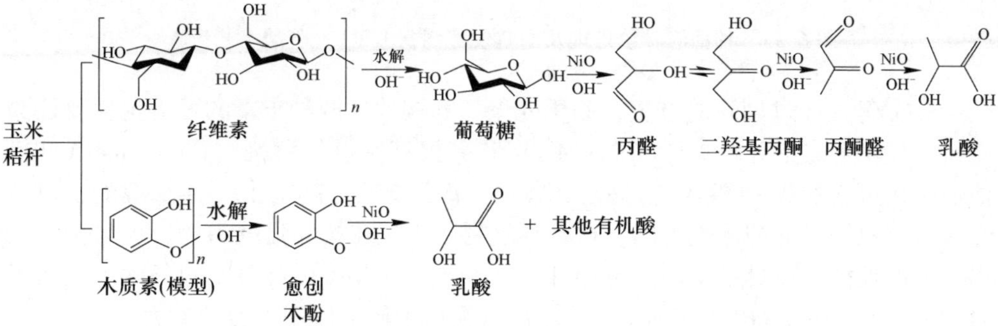

图 6.34 利用氧化镍将玉米秸秆转化为乳酸的途径

此外，Sun 等人还提出了一种用氧化镍将玉米秸秆转化为乳酸的机理，其中氧化镍作为固体氧化剂，能够参与碳水化合物的部分氧化反应，从而使其转化为有机酸，其中乳酸可能是其中的一种产物。

Ajala E. Olawale 及其团队通过创新性研究，成功利用山药皮水解液（YPH）作为碳源，借助根霉菌在表面发酵和浸没发酵过程中生产乳酸（LA），取得了显著成效。该研究不仅对比了 YPH 与合成葡萄糖浆（SGS）在乳酸生产中的效率，还通过 Luedeking-Piret 模型对生物质生长、底物利用和乳酸生产进行了动力学分析，结果显示 YPH 在两种发酵方式中的乳酸产量均高于 SGS，分别为 80.03%和 75.63%，而 SGS 的产量分别为 77.36%和 38.96%。模型预测的高准确性（R_2 值在 0.89~0.99）以及发酵过程与生长的相关性（$\alpha/\beta > 1$）进一步证实了 YPH 在乳酸生产中的潜力。

Ratibha 等人通过使用新一代纤维素酶混合物 Cellic CTec2 来水解经过碱预处理的甘蔗渣（SCB），在 24 h 内实现了每升 126 g 的前所未有的葡萄糖产量，其产率达到了 5.27 g/(L · h)。这一过程的直接转化能够在 24 h 内产生（69.2±2.5）g/L 的 L（+）乳酸，乳酸的产率为 2.88 g/(L · h)。这些乳酸作为有价值的物质，可用于制备其他高价值产品，例如聚乳酸（PLA）。

如图 6.35 所示，他们采用两步（9% + 9%）底物进料策略，在不同方式下终止糖化反应，成功地从 18%的生物质中释放出每升超过 100 g 的葡萄糖，纤维素的水解率约为 84.5%。随后，利用嗜热的凝固芽孢杆菌 NCIM 5648 对富含葡萄糖的滤液进行发酵，在 24 h 内产生了（69.2 ± 2.5）g/L 的 L（+）乳酸，葡萄糖和乳酸的产率分别达到了 5.27 g/(L · h) 和 2.88 g/(L · h)。

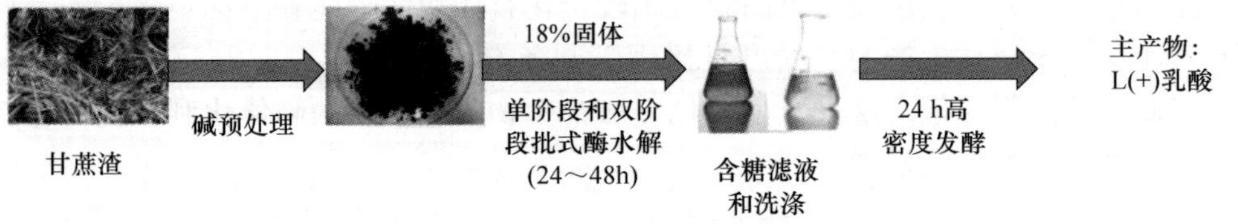

图 6.35　甘蔗渣碱预处理及酶解发酵制备 L（+）乳酸工艺流程

Song 等人通过创新的方法，利用壳聚糖和桐油这两种丰富的可再生生物质为原料，成功合成了环氧单体（ETOMA）和壳聚糖基链转移剂（Chitosan-RAFT）。他们采用可逆加成-断裂链转移（RAFT）聚合技术，制备出一种新型的、可持续且具有机械强度的环氧树脂。这种环氧树脂不仅在拉伸强度和杨氏模量上展现出优异的性能，还具备了质子传导性，在 90 ℃ 和 40%相对湿度的条件下，质子电导率达到了 6.6×10^{-5} mS/cm，显示出其在质子传导应用方面的潜力。

为了进一步构建具有可调节力学性能的材料，他们以 ETOMA/CTA/AIBN 的摩尔比为 100 : 1 : 0.3 进行接枝壳聚糖 ETOMA 单体的 RAFT 聚合，得到了 CS-g-PETOMA。随后，他们使用一水柠檬酸（CAH）在 90 ℃ 下无催化剂固化 CS-g-PETOMA，制备出生物质基环氧树脂，记为 CS-g-PETOMA/CAH-X，其中 X 代表羧酸/环氧基的进料比。所得材料的力学性能分析表明（图 6.36），随着羧酸/环氧基的料比的增加，材料的抗拉强度和杨氏模量也相应提高，最高分别可达 24.03 MPa 和 521.52 MPa，证明所得聚合物是一种同时具有刚性和柔韧性的环氧接枝共聚物。

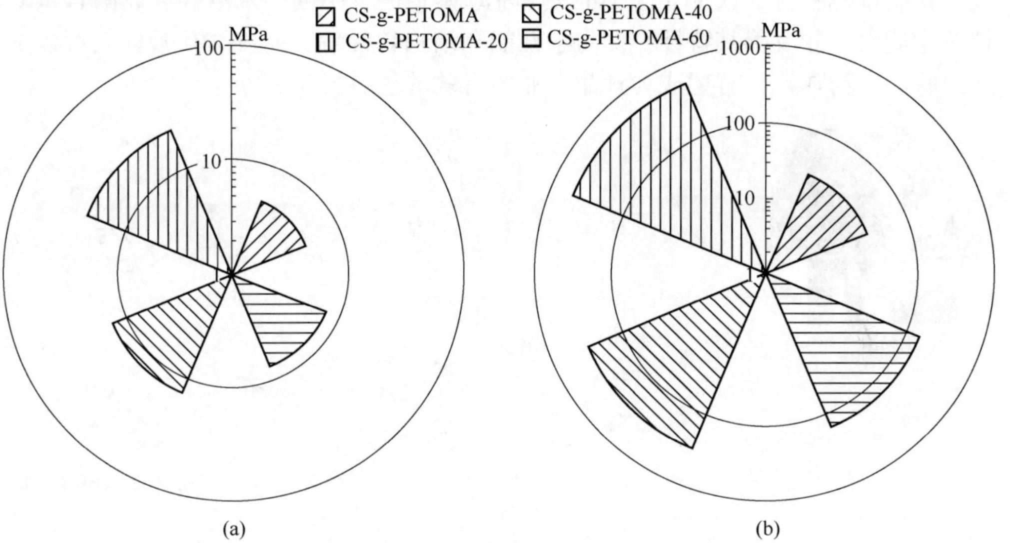

图 6.36　CS-g-PETOMA 和 CS-g-PETOMA/CAH-*X* 的力学性能

（a）抗拉强度；（b）杨氏模量

研究人员在生物基包装材料领域取得显著进展，利用壳聚糖、桐油、橘皮、茶树油和玉米秸秆等可再生生物质，开发出一系列新型可持续包装材料。这些材料不仅具有高拉伸强度和杨氏模量等优异力学性能，还具备质子传导、抗菌等独特功能，拓展了其在能源存储、食品保鲜和包装材料等领域的应用潜力。这些成果减少了对石油基塑料的依赖，降低了环境污染，为包装行业向环保和可持续方向发展提供了可行方案，具有重要的应用价值和环境意义，展现出广阔的应用前景。

6.5.2　生物基包装材料生产技术的研究进展

随着对环境可持续性的关注不断增加，生物基包装材料因其可降解性和环境友好性而受到广泛关注。然而，这些材料在性能上仍存在一些不足，如机械强度、防水性和气体阻隔性等。为了克服这些缺点，研究人员不断探索和改进生物基薄膜的制备方法。例如，Tabanelli 等人将生物基低黏度高纯度二聚胺（priamine 1075）与碳酸儿茶酚（catechol carbonate，CC）相结合，采用环保策略合成了具有增强功能特性的新型聚脲，具体制备流程和机理如图 6.37 所示。这种新型聚脲不仅具有良好的热化学稳定性、柔韧性和在有机溶剂中的溶解性，还表现出优异的气体阻隔性能，适用于可持续柔性包装以及软组织工程，如薄膜、吸能涂层以及防腐、防水和耐磨等方面。此外，单性结实枣棕纤维（FCPD）具有可生物降解性、成本低、易于获得等优点，可用来制作有效的可生物降解薄膜。在制备薄膜时加入 FCPD，可以提高薄膜质量、厚度、水溶性、总酚含量和抗氧化能力，并改善其特性，如力学性能和结构特性等，且 FCPD 被证实可以加速薄膜的生物降解，有望成为食品工业中有效的包装材料。

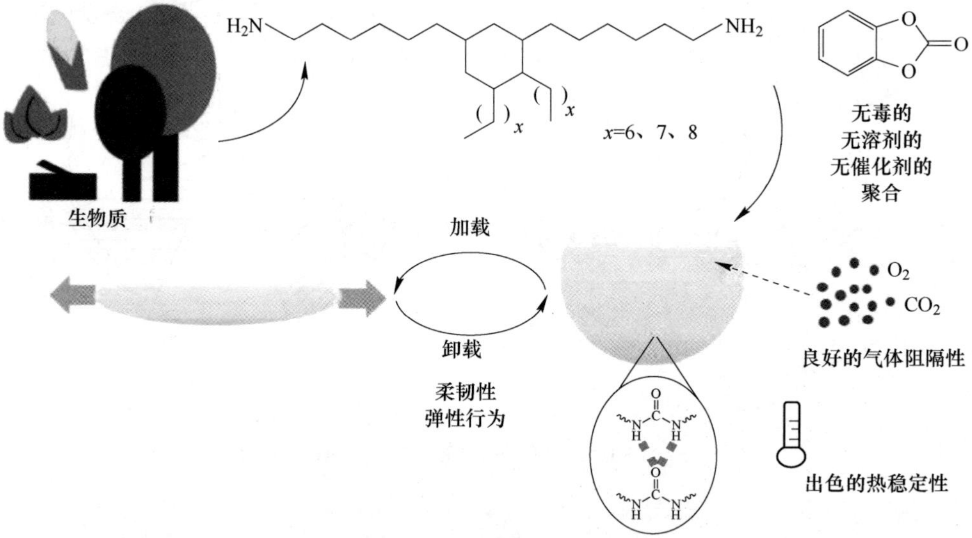

图 6. 37　新型聚脲的制备机理和流程

针对具有可生物降解性、生物相容性和优越成膜性能的氨基纤维素（AC）的热不稳定性和较差的力学性能，Periyasamy 等人利用氨基纤维素（AC）和姜黄素-硬脂胺基苯并恶嗪（C-st）制备了一种新型的氨基纤维素基复合薄膜。这种复合薄膜通过化学交联和氢键作用，成功地提升了薄膜的热性能和力学性能，拉伸强度比 AC 薄膜高 2. 5 倍。该研究的效果表明，这种复合薄膜可能在工业中用作包装材料和耐火材料，甚至可能在薄膜相关应用中替代天然存在的聚合物薄膜。这项研究的意义在于，它为聚合物行业在高端领域带来了显著的增长潜力，并且这种将合成聚合物与天然聚合物混合的方式发挥了它们的协同作用，在广泛的应用中提供了卓越的力学性能和热性能，包括包装材料、电子主板和膜分离等领域。此外，Periyasamy 等人还提出了多层体系作为提高生物基材料性能的替代方案，这可能有助于进一步增强生物基材料的性能。

在包装材料领域，食品包装材料的研究备受关注，涉及环境污染防控、人类健康以及生物基材料的经济与环保价值。尽管已有研究探讨多层系统以提升性能，但生物聚合物的开发和天然添加剂的应用仍需深入。利用农业、工业废物作为生物活性化合物的来源，开发高性能食品包装材料至关重要。Pulikkalparambil等人强调，确保原材料的持久供应和天然纤维的改性是解决环境问题的关键。未来，应探讨低成本农业、工业废物的经济可行性和工业化生产，推动食品包装材料向环保、经济和高性能方向发展。生物基包装材料，如聚乳酸（PLA）和生物基纳米复合材料，因为其可降解性、抗菌性和成本优势，有望逐步取代传统塑料包装，延长食品保质期。

综上所述，进一步关注和细化研究更加可持续和环保的食品包装解决方案，对于推动食品包装行业的绿色转型和可持续发展具有重要意义。这不仅有助于减少对环境的负面影响，还能满足消费者对健康和环保的需求。

6.6 医疗材料

在医疗行业，生物基材料正逐渐崭露头角，尤其是那些由低价值或废弃生物质制成的生物基材料，更是备受关注。众多研究者致力于从各种生物质中，运用不同技术手段制备出具有独特疗效的天然生物基药材，以期替代现有的传统治疗方法或药剂。他们不仅成功制备出了这些新型药材，还详细阐述了其可针对的疾病类型，为生物基医用材料的发展开辟了新的道路，推动了该领域的不断进步。

6.6.1 生物基医疗药剂研究进展

骨代谢紊乱（如骨质疏松症）的特征是骨组织中矿物质的损失，导致骨组织结构减弱和对骨折的易感性增加，炎症和氧化应激会加重这些症状。由于目前可用的治疗策略通常具有毒性作用（与其长期使用相关），虽然治疗策略可以成功实施，但是该方法具有副作用，不适合治疗骨质疏松等终身慢性疾病。为了寻找合适的替代工具，Carletti 等人研究了三种海参和四种被膜动物，探索它们作为抗氧化剂和抗炎化合物来源的生物活性潜力，用于预防和治疗以矿物质流失为特征的慢性骨病，如骨质疏松症和骨质减少症，共生产了 14 种水性和氢乙醇提取物，并筛选了其多酚含量及其抗氧化，抗炎和成骨潜力。结果显示，被膜动物的氢乙醇馏分显示出高多酚含量，具有很强的抗氧化潜力和抗炎活性，可以用于开发治疗与氧化应激和炎症过程相关的骨骼疾病的新药的底物；海参提取物通常显示出较低的抗氧化活性，但其有适度的抗炎和强烈的促骨活性。所以，这些化合物在治疗代谢性骨疾病方面具有应用的潜力。

大麻素和大麻提取物因其镇痛和抗炎特性，以及对中枢神经系统作用而长期受到研究和应用，然而其在肥胖和糖尿病等代谢疾病的潜在应用却鲜少受到关注。一些研究表明，大麻素可以调节体内脂肪代谢，减少体内脂肪沉积，并改善胰岛素敏感性，从而对肥胖和糖尿病具有潜在的治疗作用。但是大麻精油的提取技术仍存在一些壁垒。无溶剂微波辅助提取（MAE）是一种绿色提取方法(图 6.38)，与其他传统提取技术相比，它能够提高大麻精油的产量和质量。在使用无溶剂微波辅助提取技术提取大麻中的有用物质时，会产生两种副产品，即含有生物活性酚类的水性残留物和残留的去萜化生物质，两种副产品可用于进一步提取和纯化植物大麻素。Mazzara 等人探索了大麻等提取物控制体重和血糖的能力，评估并优化了影响无溶剂微波辅助提取（MAE）效率的变量，然后采用几乎无废的提取方法获得了大麻素和其他有价值的生物活性化合物，如糖苷类黄酮，它在医药、化妆品、营养保健品等领域可作为有价值的物质，也可作为治疗糖尿病、肥胖症等代谢紊乱的辅助药物。

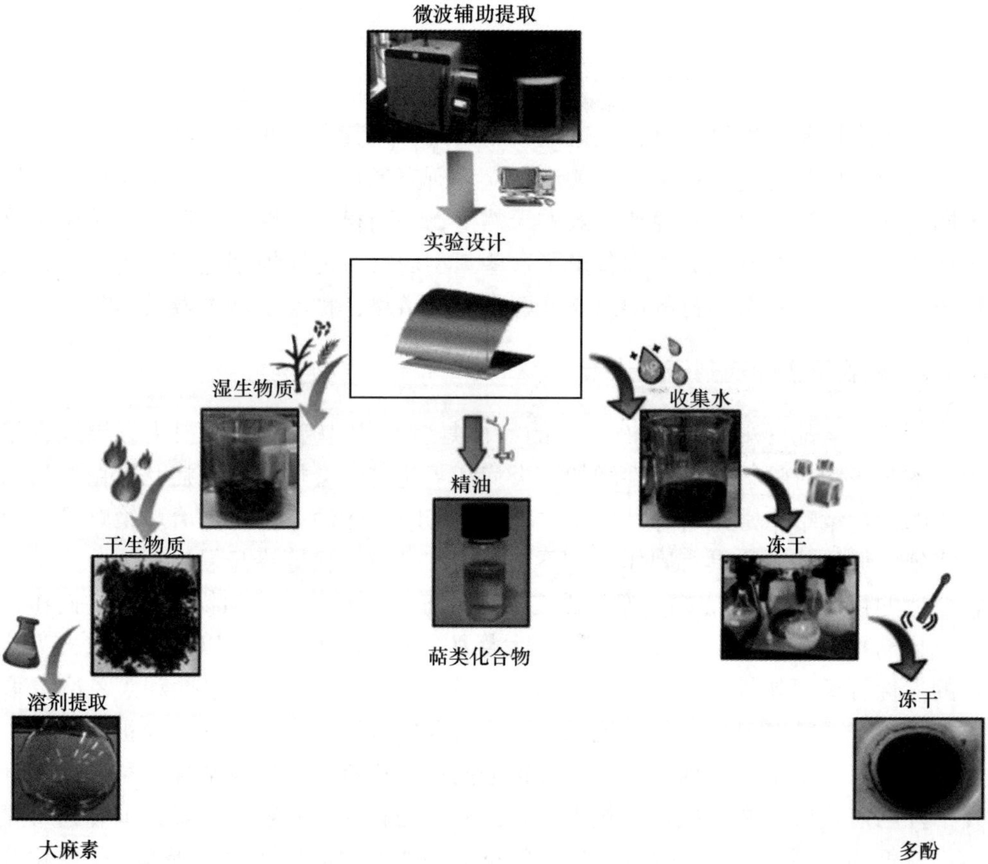

图 6.38　无溶剂微波辅助提取后获得的三种产物（精油、水残留物和残留去污生物质）

确保人类环境生物安全一直是全球面临的热点问题，尤其是防止致病性病毒和细菌在人类环境中传播。消毒在防止疾病传播方面起着非常重要的作用。然而，现有的商业消毒剂大多由不可再生材料制备，其复杂的制备过程将产生高碳足迹。有些消毒剂对细菌孢子（如炭疽芽孢杆菌）无效。针对现有的商业消毒剂存在着高碳足迹等问题，Yu 等人从可再生、经济高效和低碳足迹的角度，利用可再生的废弃生物质水热一锅法制备了生物质提取液（碳点和有机分子）作为病毒和细菌灭活剂，阻断携带病原体的环境介质的传播。结果表明，所制备的生物液体对致病病毒和细菌的灭活率较高，其中甲型 H1N1、H5N1、H7N9 流感病毒和枯草芽孢杆菌黑色变种孢子的灭活率高达 99.99%，炭疽杆菌的灭活率高达 99.49%，见表 6.3。大肠杆菌和表皮葡萄球菌的灭活证实了生物液体中的低分子量和低极性化合物是潜在的抗菌成分。此外，经兔子皮肤测试证实，生物液体是无害的，每公斤生物液体的成本也明显低于商业消毒剂。总的来说，该技术符合低碳足迹和可持续发展模式，对阻断由环境介质引起的疫情传播和应对未来人类环境生物安全具有非常重要的现实意义。

表 6.3 所制备的生物液体对致病病毒和细菌的灭活率

名称	载体	灭活率/%
H1N1	口罩	99.99
H1N1	石英砂	99.99
炭疽杆菌	石英砂	99.49
H5N1	—	99.99
H7N9	—	99.99
枯草芽孢杆菌黑色变种孢子	—	99.99

猩红色亚麻是一种有潜力的植物，它富含木脂素和新木脂素，这些化合物在抗氧化和抗炎应用方面具有潜力。木脂素和新木脂素是一类多酚化合物，已被广泛研究并被认为具有抗氧化、抗炎和抗菌等生物活性。Asad 等人在不同植物生长调节剂（PGR）浓度下，利用下胚轴和子叶外植体利用大花乳杆菌体外培养物生物生产必需的次生代谢物：木脂素。他们对该产品的抗氧化能力和抗炎能力进行了分析，如图 6.39 所示，在 1.0 mg/L NAA 的作用下，次生下胚轴愈伤组织提取物的 FRSA 抗氧化活性最高，在 2.5 mg/L TDZ 的作用下，次生下胚轴愈伤组织提取物的 FRAP 和 ABTS 抗氧化活性最高。

如图 6.40 所示，在 2.5 mg/L TDZ 处理下，COX-1 和 COX-2 对次生下胚轴和衍生愈伤组织提取物生长的抑制作用最大。这些发现为培养具有良好抗氧化和抗炎特性的木脂素和新木脂素提供了基础。

总体而言，生物基医疗药剂的研究不仅为解决传统治疗方法的局限性提供了新的思路，还为实现医疗领域的可持续发展开辟了新的道路。这些研究成果表明，通过深入挖掘和利用天然资源，可以在骨代谢紊乱、代谢性疾病以及生物安

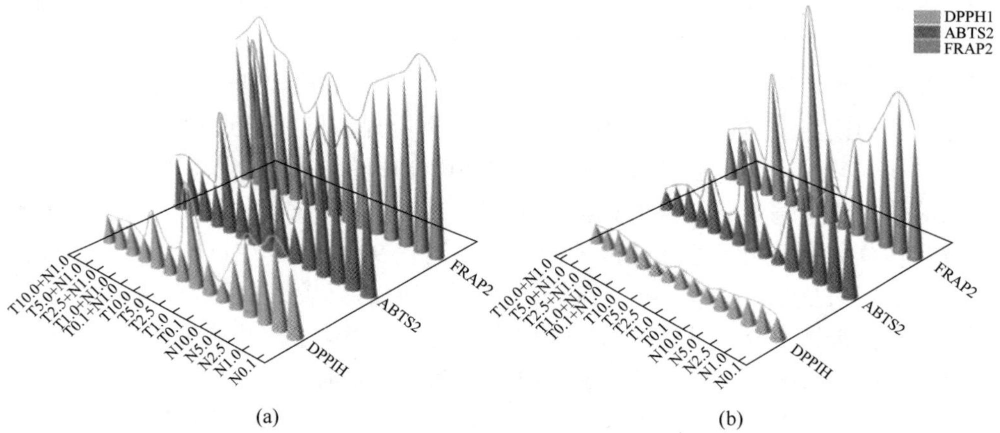

图 6.39　不同植物生长调节剂处理桔梗愈伤组织提取物的抗氧化能力

(a) 下胚轴；(b) 子叶

N—α-萘基乙酸；T—噻虫嗪，后面的数字代表各自的浓度（mg/L，DPPH 为 0.1 mg/L）

全等多个领域开发出更高效、更环保的治疗方案。未来，随着技术的进一步发展和应用的不断拓展，生物基医疗药剂有望在医疗健康领域发挥更加重要的作用。

6.6.2　生物基医疗设施设备研究进展

聚乳酸（PLA）是一种兼具可生物降解性和生物相容性的高分子材料，因为优异的性能在包装和医疗领域备受青睐，并获得了美国食品和药物管理局（FDA）的批准，广泛应用于多种临床场景，包括软组织植入物、骨植入物和生物可吸收血管支架。在医疗领域，PLA 不仅用于制造可吸收缝合线和组织工程支架，还被开发为药物缓释系统，实现长效治疗效果。此外，它在骨科和心血管领域的应用也日益广泛，例如用于骨缺损修复和生物可吸收血管支架的制备。凭借环保属性和多功能性，PLA 正成为现代医学中极具潜力的材料，展现出广阔的应用前景。

在一项关于软骨细胞培养的研究中，崔元禄等人采用壳聚糖修饰的聚乳酸（PLA）膜作为培养基质，对牛关节软骨细胞进行了体外培养实验。研究结果显示，壳聚糖修饰的 PLA 膜对软骨细胞的黏附、增殖和功能表现出了显著的促进作用，这表明经过壳聚糖修饰后的膜材料在细胞相容性方面得到了显著改善。在细胞增殖实验中，壳聚糖包被的 PLA 膜上培养的软骨细胞增殖能力为 0.667 ± 0.06，显著高于壳聚糖偶联 PLA 膜上培养的软骨细胞（0.565 ± 0.02），这一差异进一步证实了壳聚糖包被方式在促进软骨细胞生长方面的优势。

在心血管植入物的研究中，王坤等人首先分析了 CMC 和 SCMCS 的抗菌活性。CMC（羧甲基纤维素钠，对金黄色葡萄球菌和大肠杆菌无抑制和杀菌能力，

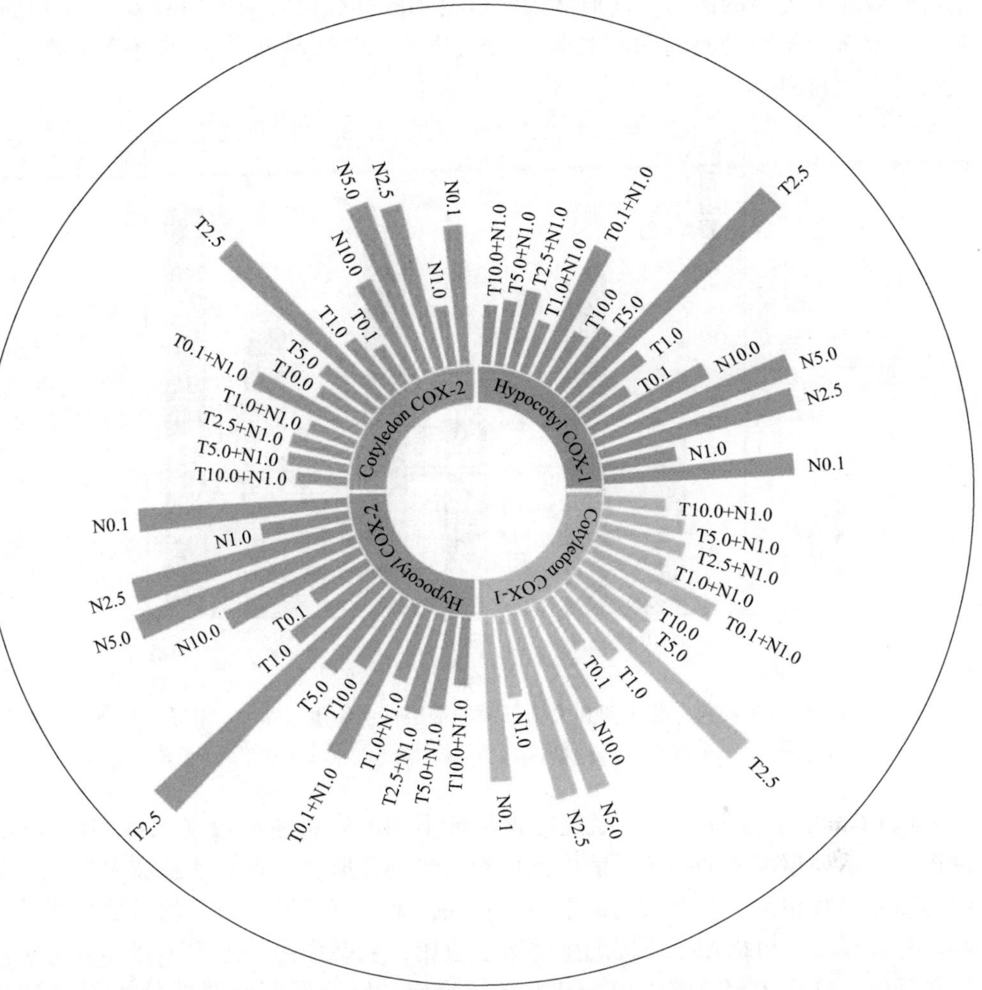

图 6.40 不同植物生长调节剂处理桔梗愈伤组织提取物 COX-1 和 COX-2 的抗炎活性

因此未在图 6.41 中显示）不具有抗菌活性，而 SCMC（通过三氧化硫-吡啶络合法制备的磺化 CMC，其中 s = 1，2，3 分别表示 CMC 与三氧化硫-吡啶络合物按 5∶1、10∶1、15∶1（g/g）的比例混合）具有抗菌活性（图 6.41），说明硫酸盐基团的引入可以有效提高 CMC 的抗菌活性。其中，SCMC 具有最好的抗炎和抗菌能力，因此 SCMC 是改性 PLA 膜的最佳选择。在拥有足够的理论知识之后，他们通过 LBL（分层技术）静电相互作用将用三氧化硫-吡啶络合法制备的硫化羧甲基纤维素钠（SCMC）和壳聚糖（CS）交替沉积在 PLA 膜表面上，成功制备了具有血液相容性、细胞相容性、抗菌和抗炎特性的 SCMC/CS 多层改性 PLA 薄膜。SCMC/CS 多层改性 PLA 薄膜是一种新型的生物可吸收材料，具有作为生物可吸收血管支架的潜力，在血液接触材料领域具有很大的应用潜力，其有望成为未来临床上所需的具有重要特性（如抗凝血、抗菌或抗炎）的优良生物可吸收血管支架材料。

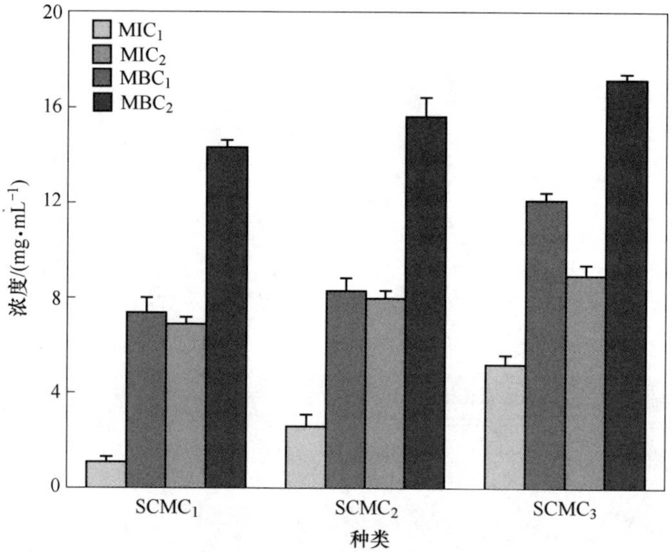

图 6.41　SCMC 对金黄色葡萄球菌和大肠杆菌的最小抑制浓度（MIC）和杀菌浓度（MBC）
（MIC_x 和 MBC_x 中的 x = 1，2 分别表示对这两种细菌的最小抑制浓度和杀菌浓度）

Joel Girón-Hernández 等人通过比较两种不同的有机酸溶液（乙酸和柠檬酸）进行了一系列超声辅助的苹果渣中氯化聚乙烯的提取，发现从苹果渣中提取的果胶与商业果胶相比，具有最高的细胞相容性，是具有能够保留生物活性功能的材料。并且该材料可以用于不同的生物医学应用，包括作为软组织工程和再生医学的水凝胶，并作为聚电解质用于开发多层涂层，以改变医疗器械的表面允许生物分子和药物的受控释放。用这种从苹果渣提取的果胶可以广泛地运用在医疗领域，实现了废弃生物质的高值化利用，减少了资源的浪费，减轻了环境的负担。

综上所述，生物基材料在医疗领域的研究进展展现了其巨大的应用潜力和可持续发展的价值。从聚乳酸（PLA）在多种临床场景中的广泛应用，到壳聚糖修饰 PLA 膜在软骨细胞培养中的优异表现，再到通过层层自组装技术制备的具有抗菌、抗炎和血液相容性特性的多层改性 PLA 薄膜，这些研究不仅推动了生物基材料在医疗器械和组织工程中的创新应用，也为未来生物可吸收材料的发展提供了新的思路和方向。此外，Joel Girón-Hernández 团队通过超声辅助技术从苹果渣中提取的高细胞相容性果胶，进一步证明了废弃生物质的高值化利用在减少资源浪费和环境负担方面的显著优势。这些研究成果不仅为医疗领域带来了新的解决方案，也为实现绿色、可持续的医疗材料开发提供了有力支持，预示着生物基材料将在未来的医学研究和临床应用中发挥更加重要的作用。

6.7 其他材料

在当前的资源利用与产业发展格局中，生物质高值化利用已然成为推动可持续发展的关键力量。除了前文着重阐述的那些高值化利用的典型范例，在日常的生产与生活场景里，其实还有众多高价值的生物质产品正悄然发挥着举足轻重的作用。以下两个例子针对现有聚氨酯和废弃棉织物的局限性，展示了生物质高值化利用技术的进步，并强调了其实际意义。

6.7.1 生物基聚氨酯

聚氨酯（PU）是一种广泛使用的聚合物合成材料，因其具有高延展性、强度和耐磨性等优异性能，被用作弹性体、泡沫、黏合剂、涂料和复合材料基体。然而，大多数聚氨酯是热固性材料，不可回收。为了改进这一点，研究人员引入了动态共价键和/或非共价键。一些研究人员还通过交换氨基甲酸酯键使聚氨酯可加工和可焊接，但这种反应速度缓慢，且条件苛刻，需要在高温或催化剂存在下进行。Zhou 等人进行了进一步研究，如图 6.42 所示，他们利用甘油（GLY）和 1,2-丙二醇（PDO）与六亚甲基二异氰酸酯（HDI）为原料，通过无催化剂和无溶剂的两步反应制备了一种生物基脂肪族聚氨酯玻璃态材料（PUV）。这种材料不仅展现出优异的力学性能，如 76.8 MPa 的拉伸强度和 60.4 kJ/m^2 的冲击强度，还具备独特的荧光特性，可用于检测材料表面的微裂纹和缺陷。此外，PUV 能够在 160 ℃下 10 min 内实现自修复，并且其碎片可以通过 180 ℃热压 2 h 重新加工成完整的薄膜。这种高性能、可修复且可回收的聚氨酯材料不仅解决了传统热固性聚氨酯难以回收和修复的问题，还因其生物基原料的使用符合可持续发展的要求。

此外，一些研究人员将 2,5-呋喃二甲酸二甲酯作为重要单体引入聚合物合成中，以改善聚合物的力学性能、热性能、透明度或实现特殊应用。例如，Wu 等人使用乙醇胺与二甲基 2,5-呋喃二羧酸（FDE）反应制备了一种具有高刚性结构、可用作非共价相互作用基序的生物基呋喃二甲酰胺二醇扩链剂，然后用来合成制备热塑性呋喃二甲酰胺基聚氨酯热熔胶（PUFD-HMA）。其中 FDE 是一种具有芳香特性的环状共轭呋喃衍生物，可从果糖、淀粉和木质纤维素生物质等可再生资源中提取；合成的呋喃二甲酰胺基团可以赋予聚氨酯优异的断裂伸长率和断裂强度。热塑性呋喃二甲酰胺基聚氨酯热熔胶对各种材料表现出很强的附着力，明显优于商用热熔胶；此外，其还具有优异的可重复黏合性，经过 5 次重黏

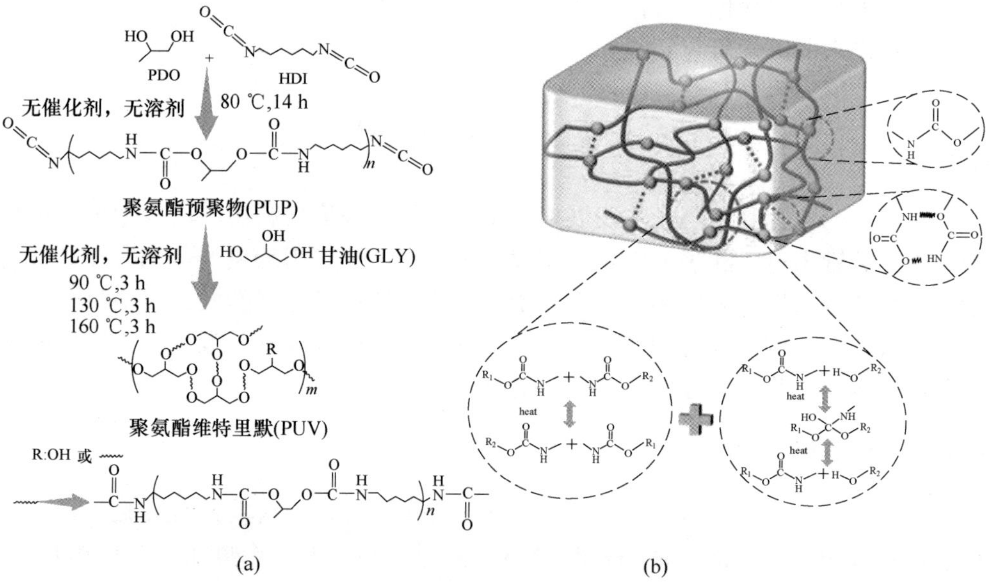

图 6.42　聚氨酯合成路线及其结构

（a）通过无催化剂、无溶剂的两步反应合成聚氨酯的路线；（b）聚氨酯网络结构、动态氨基甲酸酯交换反应（简称氨基甲酸酯交换）以及氢键的示意图

PDO—1,3-丙二醇；HDI—1,6-己二异氰酸酯

循环后，黏合强度保持在初始黏合的75%以上。所以该热塑性呋喃二甲酰胺基聚氨酯热熔胶（PUFD-HMA）可以广泛地运用于航空航天、电子设备部件、医疗设备、汽车部件黏合及其他领域。

6.7.2　生物基聚苯胺

废旧纺织品主要来源于三个方面：一是生产过程中的废丝、残料，以及服装制作过程中产生的下脚料；二是废弃的衣服、床上用品、窗帘、沙发巾、地毯等日常生活用品；三是可利用的废旧塑料，如聚酯瓶等。然而，当前国内废旧纺织品的综合利用率极低，大部分旧衣服被视为垃圾最终被填埋或焚烧处理。这种不合理的利用方式带来了严重的环境危害，其影响不容忽视。为了解决这一问题，研究人员将重点放在利用聚苯胺（PANI）上，聚苯胺具有原料易得、合成简单，具有优良的电磁微波吸收性能、电化学性能、化学稳定性及光学性能、独特的掺杂现象、高的电导率，拥有良好的环境稳定性等显著优点。聚苯胺作为功能性填料，在智能可穿戴纺织品领域展示了能量存储和传感应用能力。然而，用表面聚合法制备水稻级聚苯胺/再生纤维素（PC）纤维尚无报道。为此，Wang 等人以过硫酸铵（APS）为引发剂，在废棉织物 PC 纤维上原位聚合苯胺（图 6.43），制备了导电 PANI/PC 纤维。所得的 PC 纤维表面具有玉米状纳米结构聚苯胺层，具有更大的传感面积和更多的蒸汽通道，具有良好的人体运动检测性能，GF 值为 23.8。它可以灵敏地实时检测有机气体蒸汽、人体运动，包括呼/吸入、手指和手腕关节，为多功能智能可穿戴传感器的大规模生产提供了原料。

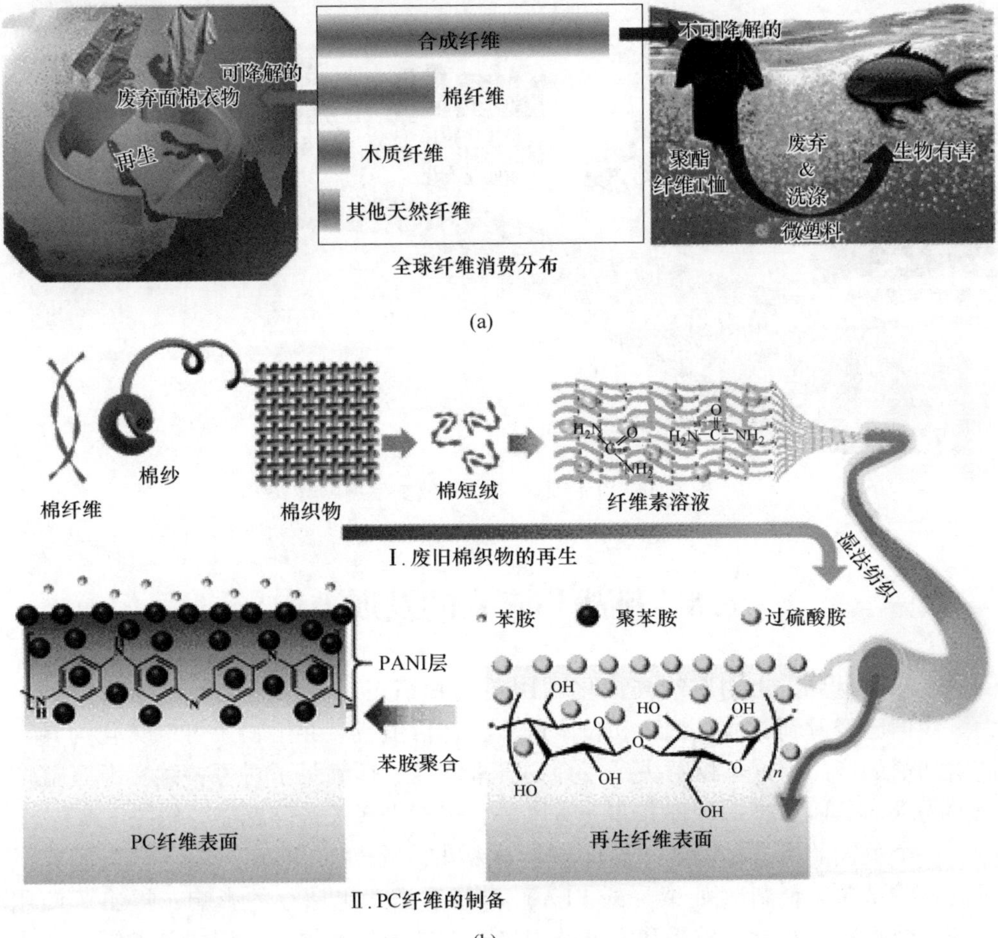

图 6.43　废棉织物的再生

（a）全球纤维消费量分布及其对微塑料污染的影响；（b）从废棉织物中制备米级 PC 纤维的示意图

高值化利用的案例层出不穷，以至于无法一一列举。然而，从总体趋势来看，随着生物质利用研究的不断深入，相关的技术也在持续进化。例如，如图 6.44 所示，生物质的利用方式已经从早期的直接燃烧或间接燃烧等低价值方法，逐渐转变为如今的微波辅助提取和原位产物移除等高附加值利用的技术手段。这些新兴技术不仅提高了生物质的利用效率，还拓展了其在多个领域的应用潜力，从而推动了生物质产业向更加可持续和高效的方向发展。

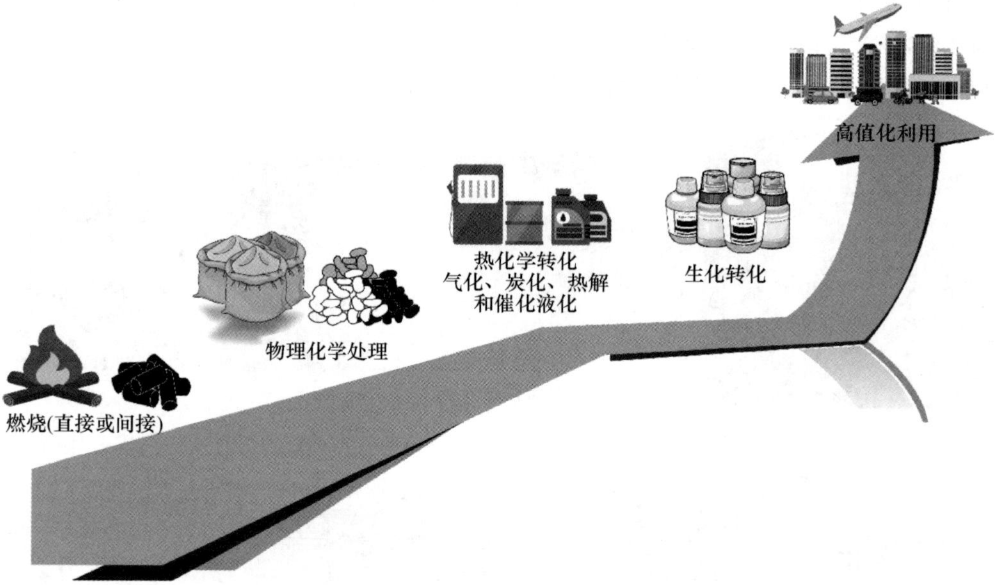

图 6.44　生物质利用技术及其发展趋势

6.8　挑战与未来的发展方向

在当今世界，生物质的高值化利用正面临诸多挑战，但也展现出无限的潜力。我们已经看到，通过创新和技术进步，低价值或废弃生物质可以转化为具有高附加值的产品，这不仅解决了废弃物管理问题，还满足了对可持续资源日益增长的需求。然而，这一过程并非一帆风顺，仍有许多关键问题需要解决。

一个关键的挑战是验证和确保包装材料的安全性。例如，Korte 等人研究了不同纤维基包装材料（如聚乳酸 PLA）对新鲜圣女果储存的影响，提出了使用创新包装材料时对食品质量和安全的担忧。在纳米材料领域，评估各种铜基纳米颗粒在复合膜中的迁移特性和安全性是至关重要的。

另一个挑战在于生物基产品的大规模生产。首先，有必要评估用于生产生物基产品的原材料是否可持续和可靠，以及它们是否对粮食作物构成威胁。其次，需要审查高价值利用技术的可行性和成本效益。虽然在高价值生物质利用技术方面取得了进展，但至关重要的是确定其实用性和商业规模生产的潜力。实施生物质高价值利用不应严重依赖于消耗大量资金，如金钱和时间。这个问题需要在未来进一步地探索和研究。此外，需要创新的检测技术来同时检测不同尺寸和形状的材料。此外，需要解决与扩大生产相关的潜在挑战，例如与粮食作物竞争土地。

提高生物基产品的性能，尤其是耐久性，是另一个挑战。包括纤维改性技术、纤维和生物聚合物的物理性质、化学组成等几个参数都会影响生物聚合物复合材料的性能。探索如何利用这些特性来开发具有优越特性并提高其耐久性的生物聚合物是一个至关重要的研究领域。

使用生物基材料的初衷是实现废弃生物质的高价值利用，降低能源消耗，并最大限度地减少对环境的影响。然而，在实践中，与石油基产品相比，生物基材料并不一定具有更低的整体环境影响。例如，Verbeek 等人使用血粉（肉类工业的低价值副产品）开发了 Novateins 插头，并将其与现有的聚丙烯等效物进行了比较。他们发现，尽管 Novateins 插头只需要 70.2%的不可再生能源，但其测量的全球变暖潜势（以 kg CO_2eq 计）增加了 40%，这表明生物基 Novateins 插头对全球变暖潜势的贡献很大。

未来的研究应优先考虑安全性，并专注于高效利用废弃物或低价值生物质。通过开发用于评估生物基产品安全性的监测或检测仪器，可以进一步确保这些产品的安全性。同时，评估生物质高值化利用技术的实际可行性和经济效益，寻找更高效的方法实现生物质的高值化利用，也是未来研究的重要方向。

总之，生物质的高值化利用不仅有助于解决废弃物管理问题，还能减少对化石燃料的依赖，保护不可再生能源资源，促进温室气体减排，实现“碳中和”和“碳达峰”的目标。然而，从废弃物或低价值生物质合成高性能、高附加值产品仍是一项艰巨的任务。我们需要在不影响粮食安全的前提下扩大生物基产品生产规模，确保其安全性和性能，评估现有技术的实际可行性，优化环境效益，加快实现碳中和目标的进程。这些问题需要引起环境专业人士和政策制定者的关注，以共同推动生物基材料的可持续发展。

参 考 文 献

[1] Gunerhan A, Altuntas O, Caliskan H. Utilization of renewable and sustainable aviation biofuels from waste tyres for sustainable aviation transport sector [J]. Energy, 2023, 276: 127566.

[2] Selected Results of the 2019 UN World Population Projections [J]. Population and Development Review, 2019, 45 (3): 689-694.

[3] Chintala V, Kumar S, Pandey J K. Assessment of performance, combustion and emission characteristics of a direct injection diesel engine with solar driven jatropha biomass pyrolysed oil [J]. Energy Conversion and Management, 2017, 148: 611-622.

[4] Fan X, Khanna M, Lee Y, et al. Spatially varying costs of GHG abatement with alternative cellulosic feedstocks for sustainable aviation fuels [J]. Environmental Science & Technology, 2024, 58 (26): 11352-11362.

[5] Falfushynska H. Advancements and prospects in algal biofuel production: A comprehensive review [J] 2024, 4 (4): 548-575.

[6] Hill J, Nelson E, Tilman D, et al. Environmental, economic, and energetic costs and benefits of biodiesel and ethanol biofuels [J]. Proceedings of the National Academy of Sciences of the United States of America, 2006, 103 (30): 11206-11210.
[7] Hill J, Polasky S, Nelson E, et al. Climate change and health costs of air emissions from biofuels and gasoline [J]. Proceedings of the National Academy of Sciences of the United States of America, 2009, 106 (6): 2077-2082.
[8] Association I a T. Sustainable Aviation Fuel: Technical Certification [Z] //Association I a T. International Air Transport Association. 2024 [2025-04-17]. https://www.iata.org/en/programs/sustainability/sustainable-aviation-fuels/#tab-2.
[9] Organization I C A O. Conversion processes [Z]. ICAO, 2024 [2025-04-17]. https://www.icao.int/environmental-protection/GFAAF/Pages/conversion-processes.aspx.
[10] Malik K, Capareda S C, Kamboj B R, et al. Biofuels production: A review on sustainable alternatives to traditional fuels and energy sources [J]. Fuels, 2024, 5 (2): 157-175.
[11] Marangon B B, Castro J D S, Calijuri M L. Aviation fuel based on wastewater-grown microalgae: Challenges and opportunities of hydrothermal liquefaction and hydrotreatment [J]. Journal of Environmental Management, 2024, 354: 120418.
[12] Marangon B B, Castro J D S, Assemany P P, et al. Wastewater-grown microalgae biomass as a source of sustainable aviation fuel: Life cycle assessment comparing hydrothermal routes [J]. Journal of Environmental Management, 2024, 360: 121164.
[13] Khujamberdiev R, Cho H M. Biofuels in aviation: Exploring the impact of sustainable aviation fuels in aircraft engines [J]. Energies, 2024, 17 (11): 2650-2676.
[14] Zwiercheczewski De Oliveira P, Porto De Souza Vandenberghe L, Amaro Bittencourt G, et al. Sustainable aviation fuel production [M] //Brar S K, Osorio Gonzalez C S, Soccol C R, et al. The microbiology of the drop-in biofuel production. Cham; Springer Nature Switzerland. 2024: 221-243.
[15] Deloitte. Sustainable Aviation Fuels (SAF) in China-Aviation's pathway to carbon neutrality [Z]. 2023.
[16] Bergero C, Gosnell G, Gielen D, et al. Pathways to net-zero emissions from aviation [J]. Nature Sustainability, 2023, 6 (4): 404-414.
[17] Schäfer A W, Barrett S R H. Pathways towards 90% decarbonization of aviation by 2050 [J]. Nature Climate Change, 2022, 12 (10): 895-896.
[18] Yang G, Gong Z, Luo X, et al. Bonding wood with uncondensed lignins as adhesives [J]. Nature, 2023, 621 (7979): 511-515.
[19] 石小琴, 苏琼, 王彦斌, 等. 木质素作为天然胶黏剂对无胶秸秆纤维板材性能的研究 [J]. 兰州石化职业技术学院学报, 2022, 22 (1): 1-4.
[20] Da Silva K T, Oliveira B S S, Da Silva L R R, et al. Bio-based novolac resins from cashew nut processing waste: Alternative resource for the development of high-value sustainable products [J]. Journal of Applied Polymer Science, 2023, 140 (13), 53661.
[21] Chen H, Liu X, He Q, et al. Upcycling waste thermosetting polyimide resins into high-

performance and sustainable low-temperature-resistance adhesives [J]. Advanced Materials, 2024, 36 (4), 2310779.

[22] Kamarou M, Moskovskikh D, Kuskov K, et al. High-strength gypsum binder with improved water resistance coefficient derived from industrial wastes [J]. Fuels, 2023, 43 (2): 213-224.

[23] Zou S, Li H Q, Wang S, et al. Experimental research on an innovative sawdust biomass-based insulation material for buildings [J]. Journal of Cleaner Production, 2020, 260: 121029.

[24] Zou S, Li H, Liu L, et al. Research on improving comprehensive properties of a new sawdust composite insulation material by torrefaction [J]. Process Safety and Environmental Protection, 2021, 152: 361-374.

[25] Zou S, Li H Q, Liu L F, et al. Experimental study on fire resistance improvement of wheat straw composite insulation materials for buildings [J]. Journal of Building Engineering, 2021, 43: 103172.

[26] Rojas Herrera C J, Rodríguez Neira K, Cárdenas-Ramírez J P. Evaluation of two chilean native macroalgae: "pelillo" (gracilaria chilensis) and "lamilla" (Ulva sp.) for thermal insulation application [J]. Building, 2023, 13 (10): 2622-2631.

[27] Charai M, Sghiouri H, Mezrhab A, et al. Thermal insulation potential of non-industrial hemp (moroccan cannabis sativa L.) fibers for green plaster-based building materials [J]. Journal of Cleaner Production, 2021, 292: 126064.

[28] Abdellatef Y, Khan M A, Khan A, et al. Mechanical, thermal, and moisture buffering properties of novel insulating hemp-lime composite building materials [J]. Materials (Basel, Switzerland), 2020, 13 (21): 5000.

[29] Zampori L, Dotelli G, Vernelli V. Life cycle assessment of hemp cultivation and use of hemp-based thermal insulator materials in buildings [J]. Environmental Science & Technology, 2013, 47 (13): 7413-7420.

[30] Chen L, Zhang Y, Chen Z, et al. Biomaterials technology and policies in the building sector: A review [J]. Environmental Chemistry Letters, 2024, 22 (2): 715-750.

[31] Pesode P, Barve S. Additive manufacturing of metallic biomaterials and its biocompatibility [J]. Materials Today: Proceedings, 2022.

[32] Azizah A H, Ruslawati N M N, Tee T S. Extraction and characterization of antioxidant from cocoa by-products [J]. Food Chemistry, 1999, 64 (2): 199-202.

[33] Zhang T, Zhou H, Fu Y, et al. Short-time hydrothermal treatment of poplar wood for the production of a lignin-derived polyphenol antioxidant [J]. Chemsuschem, 2020, 13 (17): 4478-4486.

[34] Panico A, Serio F, Bagordo F, et al. Skin safety and health prevention: An overview of chemicals in cosmetic products [J]. Journal of Reventive Medicine & Hygiene, 2019, 60 (1): 50-57.

[35] Goossens A, Beck M H, Haneke E, et al. Adverse cutaneous reactions to cosmetic allergens [J]. Contact Dermatitis, 1999, 40 (2): 112-113.

[36] Goyal N, Jerold F. Biocosmetics: Technological advances and future outlook [J]. Environmental Science and Pollution Research, 2023, 30 (10): 25148-25169.

[37] Brar S, Dhillon G, Soccol C. Biotransformation of waste biomass into high value biochemicals [M]. New York: Springer, 2013.

[38] Marto J, Gouveia L F, Chiari B G, et al. The green generation of sunscreens: Using coffee industrial sub-products [J]. Industrial Crops and Products, 2016, 80: 93-100.

[39] Almendinger M, Rohn S, Pleissner D. Malt and beer-related by-products as potential antioxidant skin-lightening agents for cosmetics [J]. Sustainable Chemistry and Pharmacy, 2020, 17: 100282.

[40] Liu B, Zhang W, Zeng J, et al. Acid-catalyzed phenolation of lignin with tea polyphenol: Enhancing uv resistance and oxidation resistance for potential applications [J]. International Journal of Biological Macromolecules, 2024, 267: 131462.

[41] D'avanzo N, Mancuso A, Mare R, et al. Olive leaves and citrus peels: From waste to potential resource for cosmetic products [J]. Cosmetics, 2024, 11 (2): 41.

[42] Gomes C, Silva A C, Marques A C, et al. Biotechnology applied to cosmetics and aesthetic medicines [J]. Cosmetics, 2020, 7 (2): 33.

[43] Matsumura G, De Salegui M, Herp A, et al. The preparation of hyaluronic acid from bovine synovial fluid [J]. Biochim Biophys Acta, 1963, 69: 574-576.

[44] Murado M A, Montemayor M I, Cabo M L, et al. Optimization of extraction and purification process of hyaluronic acid from fish eyeball [J]. Food and Bioproducts Processing, 2012, 90 (3): 491-498.

[45] De Oliveira J D, Carvalho L S, Gomes A M V, et al. Genetic basis for hyper production of hyaluronic acid in natural and engineered microorganisms [J]. Microbial Cell Factories, 2016, 15 (1): 119.

[46] Yao Y, Yuan X, Han L, et al. Progress and prospect of materializing utilization in bone waste protein from animal by-products [J]. Materials Review, 2021, 35 (9A): 17136.

[47] Vázquez J A, Montemayor M I, Fraguas J, et al. Hyaluronic acid production by streptococcus zooepidemicus in marine by-products media from mussel processing wastewaters and tuna peptone viscera [J]. Microbial Cell Factories, 2010, 9 (1): 46.

[48] Vázquez J A, Pastrana L, Piñeiro C, et al. Production of hyaluronic acid by streptococcus zooepidemicus on protein substrates obtained from scyliorhinus canicula discards [J]. Marine Drugs, 2015, 13 (10): 6537-6549.

[49] Benedini L J, Santana M H A. Effects of soy peptone on the inoculum preparation of streptococcus zooepidemicus for production of hyaluronic acid [J]. Bioresource Technology, 2013, 130: 798-800.

[50] Pires A M B, Macedo A C, Eguchi S Y, et al. Microbial production of hyaluronic acid from agricultural resource derivatives [J]. Bioresource Technology, 2010, 101 (16): 6506-6509.

[51] Amado I R, Vázquez J A, Pastrana L, et al. Cheese whey: A cost-effective alternative for hyaluronic acid production by streptococcus zooepidemicus [J]. Food Chemistry, 2016, 198:

54-61.
[52] Kaur M, Jayaraman G. Hyaluronan production and molecular weight is enhanced in pathway-engineered strains of lactate dehydrogenase-deficient lactococcus lactis [J]. Metabolic Engineering Communications, 2016, 3: 15-23.
[53] Pourzardosht N, Rasaee M J. Improved yield of high molecular weight hyaluronic acid production in a stable strain of streptococcus zooepidemicus via the elimination of the hyaluronidase-encoding gene [J]. Mol Biotechnol, 2017, 59 (6): 192-199.
[54] Du Y, Cheng F, Wang M, et al. Indirect pathway metabolic engineering strategies for enhanced biosynthesis of hyaluronic acid in engineered corynebacterium glutamicum [J]. Frontiers in Bioengineering and Biotechnology, 2021, 9: 748690.
[55] Pan N C, Pereira H C B, Da Silva M L C, et al. Improvement production of hyaluronic acid by streptococcus zooepidemicus in sugarcane molasses [J]. Appl Biochem Biotechnol, 2017, 182 (1): 276-293.
[56] Ma L J, Liu L, Liu X Y, et al. Acid hydrolysis to provide the potential for rice-husk-derived C/SiO_2 composites for lithium-ion batteries [J]. Journal of Electronic Materials, 2021, 50 (8): 4426-4432.
[57] Jia C, Pang M, Lu Y, et al. Graphene environmental footprint greatly reduced when derived from biomass waste via flash Joule heating [J]. One Earth, 2022, 5 (12): 1394-1403.
[58] Ji H, Li J, Li S, et al. High-value utilization of silicon cutting waste and excrementum bombycis to synthesize silicon– carbon composites as anode materials for Li-ion batteries [J]. Nanomaterials, 2022, 12: 2875.
[59] Zhang Q, Wang J L, Deng M G. Preparation of porous carbon from buckwheat husk and its electrochemical properties [J]. International Journal of Electrochemical Science, 2022, 17 (11): 221145.
[60] Liu F Y, Wang Q Q, Zhai G X, et al. Continuously processing waste lignin into high-value carbon nanotube fibers [J]. Nature Communications, 2022, 13 (1): 5755.
[61] Ding Z, Mei X, Wang X. All-lignin converted graphene quantum dot/graphene nanosheet hetero-junction for high-rate and boosted specific capacitance supercapacitors [J]. Nanoscale Advances, 2021, 3 (9): 2529-2537.
[62] Fu F B, Yang D J, Zhang W L, et al. Green self-assembly synthesis of porous lignin-derived carbon quasi-nanosheets for high-performance supercapacitors [J]. Chemical Engineering Journal, 2020, 392: 123721.
[63] Yang Z, Guo H, Yan G, et al. High-value utilization of lignin to prepare functional carbons toward advanced lithium-ion capacitors [J]. ACS Sustainable Chemistry & Engineering, 2020, 8 (31): 11522-11531.
[64] Fu F, Yang D, Zhang W, et al. Green self-assembly synthesis of porous lignin-derived carbon quasi-nanosheets for high-performance supercapacitors [J]. Chemical Engineering Journal, 2020, 392: 123721.
[65] Jin H L, Li J, Yuan Y F, et al. Recent progress in biomass-derived electrode materials for high

volumetric performance supercapacitors [J]. Advanced Energy Materials, 2018, 8 (23): 1801007.

[66] Wang J, Nie P, Ding B, et al. Biomass derived carbon for energy storage devices [J]. Journal of Materials Chemistry A, 2017, 5 (6): 2411-2428.

[67] Moon J Y, Kim M, Kim S I, et al. Layer-engineered large-area exfoliation of graphene [J]. Science Advances, 2020, 6 (44): 6601.

[68] Voiry D, Yang J, Kupferberg J, et al. High-quality graphene via microwave reduction of solution-exfoliated graphene oxide [J]. Science, 2016, 353 (6306): 1413-1416.

[69] Matsumoto M, Saito Y, Park C, et al. Ultrahigh-throughput exfoliation of graphite into pristine 'single-layer' graphene using microwaves and molecularly engineered ionic liquids [J]. Nature Chemistry, 2015, 7 (9): 730-736.

[70] Cossutta M, Mckechnie J, Pickering S J. A comparative LCA of different graphene production routes [J]. Green Chemistry, 2017, 19 (24): 5874-5884.

[71] Elmouwahidi A, Bailón-García E, Pérez-Cadenas A F, et al. Activated carbons from KOH and H_3PO_4-activation of olive residues and its application as supercapacitor electrodes [J]. Electrochimica Acta, 2017, 229: 219-228.

[72] Programme U N E. Our planet is drowning in plastic pollution—it's time for change! [Z]. 2024. https: //www. unep. org/interactives/beat-plastic-pollution/#: ~ : text=I%20total%2C%20half-%20of%20all, indicator%20of%20the%20Anthropocene%20era.

[73] Shlush E, Davidovich-Pinhas M. Bioplastics for food packaging [J]. Trends in Food Science & Technology, 2022, 125: 66-80.

[74] Nilsen-Nygaard J, Fernandez E N, Radusin T, et al. Current status of biobased and biodegradable food packaging materials: Impact on food quality and effect of innovative processing technologies [J]. Comprehensive Reviews in Food Science and Food Safety, 2021, 20 (2): 1333-1380.

[75] Van Den Broek L a M, Knoop R J I, Kappen F H J, et al. Chitosan films and blends for packaging material [J]. Carbohydrate Polymers, 2015, 116: 237-242.

[76] Winiarska E, Jutel M, Zemelka-Wiacek M. The potential impact of nano- and microplastics on human health: Understanding human health risks [J]. Environmental Research, 2024, 251: 118535.

[77] Nett R J, Cox-Ganser J M, Hubbs A F, et al. Non-malignant respiratory disease among workers in industries using styrene: A review of the evidence [J]. American Journal of Industrial Medicine, 2017, 60 (2): 163-180.

[78] Hamza H, Bettaieb I, Benltoufa A, et al. Bioplastic reinforced with parthenocarpic date palm fibers: Characterization and microorganisms involved in degradation [J]. Food Bioscience, 2023, 51: 102352.

[79] Merino D, Bellassi P, Paul U C, et al. Assessment of chitosan/pectin-rich vegetable waste composites for the active packaging of dry foods [J]. Food Hydrocolloids, 2023, 139: 108580.

[80] Wang Y, Cheng M, Yan X, et al. Preparation and characterization of an active packaging film

loaded with tea tree oil-hydroxyapatite porous microspheres [J]. Industrial Crops and Products, 2023, 199: 116783.

[81] Sun M, Li W, Zeng F, et al. Catalytic oxidation of corn straw by NiO under hydrothermal conditions to produce lactic acid [J]. Polish Journal of Environmental Studies, 2022, 31 (3): 2237-2243.

[82] Ajala E O, Ajala M A, Onoriemu O O, et al. Lactic acid production: Utilization of yam peel hydrolysate as a substrate using hizopus orysae in kinetic studies [J]. Biofuels Bioproducts & Biorefining, 2021, 15 (4): 1031-1045.

[83] Baral P, Pundir A, Kumar V, et al. Expeditious production of concentrated glucose-rich hydrolysate from sugarcane bagasse and its fermentation to lactic acid with high productivity [J]. Food and Bioproducts Processing, 2020, 124: 72-81.

[84] Dong W, Wang C, Gu M, et al. Synthesis of methyl lactate from glycerol using sn-beta zeolite [J]. Journal of Renewable Materials, 2017, 5: 22-30.

[85] Song H, Liu C, Gui D, et al. Sustainable and mechanically robust epoxy resins derived from chitosan and tung oil with proton conductivity [J]. Journal of Applied Polymer Science, 2023, 140 (20): 53857.

[86] Reichert C L, Bugnicourt E, Coltelli M-B, et al. Bio-based packaging: materials, modifications, industrial applications and sustainability [J]. Polymers, 2020, 12 (7): 1558.

[87] Vernaez O, Neubert K J, Kopitzky R, et al. Compatibility of chitosan in polymer blends by chemical modification of bio-based polyesters [J]. Polymers, 2019, 11 (12): 1939.

[88] Tabanelli T, Soccio M, Quattrosoldi S, et al. Priamine 1075 and catechol carbonate, a perfect match for ecofriendly production of a new renewable polyurea for sustainable flexible food packaging [J]. Polymer, 2023, 267: 15641.

[89] Periyasamy T, Asrafali S P, Kim S-C. Bio-based polybenzoxazine– cellulose grafted films: Material fabrication and properties [J]. Polymers, 2023, 15 (4): 849.

[90] Avila L B, Schnorr C, Silva L F O, et al. Trends in bioactive multilayer films: Perspectives in the Use of polysaccharides, proteins, and carbohydrates with natural additives for application in food packaging [J]. Foods, 2023, 12 (8): 1692.

[91] Yang S, Sun Y, Kapilevich L, et al. Protective effects of curcumin against osteoporosis and its molecular mechanisms: A recent review in preclinical trials [J]. Front Pharmacol, 2023, 14: 1249418.

[92] Compston J E, Mcclung M R, Leslie W D. Osteoporosis [J]. Lancet (London, England), 2019, 393 (10169): 364-376.

[93] El-Baz F K, Saleh D O, Abdel Jaleel G A, et al. Heamatococcus pluvialis ameliorates bone loss in experimentally-induced osteoporosis in rats via the regulation of OPG/RANKL pathway [J]. Biomed Pharmacother, 2019, 116: 109017.

[94] Carletti A, Cardoso C, Lobo-Arteaga J, et al. Antioxidant and anti-inflammatory extracts from sea cucumbers and tunicates induce a pro-osteogenic effect in zebrafish larvae [J]. Frontiers in Nutrition, 2022, 9.

[95] Palombo E A. Ethanol treatment does not inactivate spore-forming bacteria - A cautionary note about the safe transport of bacteria prior to identification by MALDI-TOF MS [J]. Journal of Microbiological Methods, 2020, 172: 105893.

[96] Asad B, Khan T, Gul F Z, et al. Scarlet flax linum grandiflorum (L.) in vitro cultures as a new source of antioxidant and anti-inflammatory lignans [J]. Molecules, 2021, 26 (15): 4511.

[97] Mazzara E, Carletti R, Petrelli R, et al. Green extraction of hemp (cannabis sativa) using microwave method for recovery of three valuable fractions (essential oil, phenolic compounds and cannabinoids): A central composite design optimization study [J]. Journal of the Science of Food and Agriculture, 2022, 102 (14): 6220-6235.

[98] Yu F B, Zhao W, Qin T, et al. Biosafety of human environments can be supported by effective use of renewable biomass [J]. Proceedings of the National Academy of Sciences of the United States of America, 2022, 119 (3): 2106843119.

[99] Zhou W, Chang Y C, Liu T, et al. Biobased aliphatic polyurethane vitrimer with superior mechanical performance and fluorescence-based defect diagnostic function [J]. ACS Applied Polymer Materials, 2023, 5 (4): 3129-3137.

[100] Wu H, Chen Y, Zhu W, et al. Highly adhesive and tough thermoplastic polyurethanes using a furandicarboxamide rigid chain extender with noncovalent interactions [J]. ACS Applied Polymer Materials, 2023, 5 (5): 3515-3523.

[101] Wang C, Li Y, Yu H Y, et al. Continuous meter-scale wet-spinning of cornlike composite fibers for eco-friendly multifunctional electronics [J]. ACS Applied Materials & Interfaces, 2021, 13 (34): 40953-40963.

[102] Korte I, Albrecht A, Mittler M, et al. Influence of different bio-based and conventional packaging trays on the quality loss of fresh cherry tomatoes during distribution and storage [J]. Packaging Technology and Science, 2023, 36 (7): 569-583.

[103] Pulikkalparambil H, Varghese S A, Chonhenchob V, et al. Recent advances in natural fibre-based materials for food packaging applications [J]. Polymers, 2023, 15 (6): 21.

[104] Kumar K, Umapathi R, Ghoreishian S M, et al. Microplastics and biobased polymers to combat plastics waste [J]. Chemosphere, 2023, 341: 140000.

[105] Singh P K, Pandey P. Fiber reinforced biopolymer composites: A review [J]. Macromolecular Symposia, 2023. 10: 501.

[106] Verbeek C J R, Van Der Merwe D W, Bier J M. A Lifecycle assessment of meat processing products made from protein-based thermoplastics [J]. Sustainability, 2023, 15 (4): 3455.

[107] Gevrek T N, Sanyal A. Furan-containing polymeric materials: Harnessing the diels-alder chemistry for biomedical applications [J]. European Polymer Journal, 2021, 153: 110514.

[108] Krishnakumar B, Sanka R V S P, Binder W H, et al. Vitrimers: Associative dynamic covalent adaptive networks in thermoset polymers [J]. Chemical Engineering Journal, 2020, 385: 123820.